应用型本科院校"十三五"规划教材/土木工程类

U0223679

主 编 邰连河 张家平
副主编 盖晓连 于 冰

测 量 学

Surveying

哈尔滨工业大学出版社

内 容 简 介

本书扼要介绍测量理论,较详尽介绍测量技术与方法及现代测量仪器,具有较强的实用性和应用性。全书共分 10 章,内容涵盖普通测量学和工程测量学的基本方面。第 1 章主要介绍测量学的基本概念和基本理论;第 2~4 章主要讲述测量学的基本工作和方法,以及常规测量仪器的操作;第 5 章着重介绍全站仪、GPS 以及 3S 集成等现代测量仪器与技术;第 6 章介绍测量误差的基本知识和基础理论;第 7 章主要讲述小区域控制测量的常用理论和方法,包括平面控制测量和高程控制测量的具体实施及计算;第 8 章主要介绍地形图的基本知识,大比例尺地形图的传统测绘方法和数字化测图方法以及地形图的应用等内容;第 9 章主要讲述施工测量的基本方法,民用建筑施工测量和工业建筑施工测量,以及建筑物的变形观测;第 10 章主要讲述道路中线测量,路线纵、横断面测量,道路工程和桥涵结构物的施工测量。

本书可作为高等学校土木工程(建筑、道路与桥梁、岩土工程等)、建筑环境与设备工程、建筑工程管理、给排水工程和交通工程等专业的应用型本科教材,也可供相关专业的工程技术人员参考。

图书在版编目(CIP)数据

测量学/邰连河,张家平主编. —哈尔滨:哈尔滨
工业大学出版社,2010.8(2019.7 重印)
应用型本科院校"十三五"规划教材
ISBN 978 - 7 - 5603 - 3070 - 9

Ⅰ.①测…　Ⅱ.①邰…②张…　Ⅲ.①测量学-高等
学校-教材　Ⅳ.①P2

中国版本图书馆 CIP 数据核字(2010)第 157570 号

策划编辑　赵文斌　杜　燕
责任编辑　张　瑞　唐　蕾
出版发行　哈尔滨工业大学出版社
社　　址　哈尔滨市南岗区复华四道街 10 号　邮编 150006
传　　真　0451 - 86414749
网　　址　http://hitpress.hit.edu.cn
印　　刷　哈尔滨市工大节能印刷厂
开　　本　787mm×1092mm　1/16　印张 14.5　字数 331 千字
版　　次　2010 年 8 月第 1 版　2019 年 7 月第 3 次印刷
书　　号　ISBN 978 - 7 - 5603 - 3070 - 9
定　　价　32.00 元

《应用型本科院校"十三五"规划教材》编委会

序

哈尔滨工业大学出版社策划的《应用型本科院校"十三五"规划教材》即将付梓,诚可贺也。

该系列教材卷帙浩繁,凡百余种,涉及众多学科门类,定位准确,内容新颖,体系完整,实用性强,突出实践能力培养。不仅便于教师教学和学生学习,而且满足就业市场对应用型人才的迫切需求。

应用型本科院校的人才培养目标是面对现代社会生产、建设、管理、服务等一线岗位,培养能直接从事实际工作、解决具体问题、维持工作有效运行的高等应用型人才。应用型本科与研究型本科和高职高专院校在人才培养上有着明显的区别,其培养的人才特征是:①就业导向与社会需求高度吻合;②扎实的理论基础和过硬的实践能力紧密结合;③具备良好的人文素质和科学技术素质;④富于面对职业应用的创新精神。因此,应用型本科院校只有着力培养"进入角色快、业务水平高、动手能力强、综合素质好"的人才,才能在激烈的就业市场竞争中站稳脚跟。

目前国内应用型本科院校所采用的教材往往只是对理论性较强的本科院校教材的简单删减,针对性、应用性不够突出,因材施教的目的难以达到。因此亟须既有一定的理论深度又注重实践能力培养的系列教材,以满足应用型本科院校教学目标、培养方向和办学特色的需要。

哈尔滨工业大学出版社出版的《应用型本科院校"十三五"规划教材》,在选题设计思路上认真贯彻教育部关于培养适应地方、区域经济和社会发展需要的"本科应用型高级专门人才"精神,根据前黑龙江省委书记吉炳轩同志提出的关于加强应用型本科院校建设的意见,在应用型本科试点院校成功经验总结的基础上,特邀请黑龙江省9所知名的应用型本科院校的专家、学者联合编写。

本系列教材突出与办学定位、教学目标的一致性和适应性,既严格遵照学科体系的知识构成和教材编写的一般规律,又针对应用型本科人才培养目标及与之相适应的教学特点,精心设计写作体例,科学安排知识内容,围绕应用讲授理论,做到"基础知识够用、实践技能实用、专业理论管用",同时注意适当融入新理论、新技术、新工艺、新成果,并且制作了与本书配套的PPT多媒体教学课件,形成立体化教材,供教师参考使用。

《应用型本科院校"十三五"规划教材》的编辑出版,是适应"科教兴国"战略对复合型、应用型人才的需求,是推动相对滞后的应用型本科院校教材建设的一种有益尝试,在应用型创新人才培养方面是一件具有开创意义的工作,为应用型人才的培养提供了及时、可靠、坚实的保证。

希望本系列教材在使用过程中,通过编者、作者和读者的共同努力,厚积薄发、推陈出新、细上加细、精益求精,不断丰富、不断完善、不断创新,力争成为同类教材中的精品。

前　言

本教材主要面向和满足应用型本科院校土木工程专业（建筑工程、道路与桥梁工程方向）的学生使用，教材结构和知识体系遵循以基础理论够用、实用、管用为立足点，突出测量实践技能、专长和工程应用能力的培养为核心，强调学以致用和有利于学生创新意识的激发，以适应未来社会发展和专业岗位的要求。教材在编写过程中，特别注重体现以下几方面特点：

（1）章节和内容的编排着重体现"简明实用"、"通俗易懂"、"循序渐进"的原则，以适应应用型本科院校学生的实际和特点；

（2）强化"三基"原则，即基本概念、基本方法和基本技能；

（3）突出"应用性"为核心和主线的原则，体现学以致用、理论联系实际以及为工程建设服务的目的；

（4）力求体现当前测绘科学和土木工程发展的新知识、新理论、新技术、新设备和新成果，摒弃落后或即将淘汰的知识内容，做到常规和现代知识技术的彼此兼顾，以体现教材的时代性和先进性。

（5）每章前有导读，即【本章提要】和【学习目标】，章后配有思考题与练习题，同时各章节中还配有一定数量的工程实例和算例，以帮助学生消化和理解所学知识。

本教材由东北石油大学华瑞学院、黑龙江工程学院、东方学院共同合作完成。参加编写的人员有：东北石油大学华瑞学院邰连河（第1章），黑龙江工程学院张家平（第5章），东北石油大学华瑞学院盖晓连（第7、10章），于冰（第2、3章），赵婧瑜（第6、8章），东方学院李军卫、贺文彪（第4章），孙佳鑫、刘腾（第9章）。本书由邰连河、张家平任主编，盖晓连、于冰任副主编。全书由邰连河、张家平统稿。

由于编者水平有限，教材中难免存在疏漏与不足，谨请读者批评指正。

编　者
2010 年 5 月

目　　录

第 *1* 章

绪 论

【本章提要】 本章主要介绍测量学的任务与作用,测量学的历史和发展,地面点空间位置的确定方法,测量工作的原则和程序,用水平面代替水准面的限度等有关测量学的基本知识和基本内容。

【学习目标】 了解测量学的历史和发展;重点掌握与测量学有关的基本概念,地面点空间位置的确定方法以及测量工作的原则与程序。

1.1 测量学的任务与作用

1.1.1 测量学的概念

测量学是研究地球的形状和大小以及确定地面点位的科学,它的内容包括测定和测设两个部分。

测定是指使用测量仪器和工具,通过测量和计算,得到一系列测量数据,或把地球表面的地形缩绘成地形图,供经济建设、规划设计、科学研究和国防建设使用。

测设是指把图纸上规划好的建筑物、构筑物的平面位置在地面上标定出来,作为施工的依据。

1.1.2 测量学的任务

测量学的任务主要有三个方面:①研究确定地球的形状和大小,为地球科学提供必要的数据和资料;②研究如何表达地球表面的空间信息;③将图纸上的设计成果测设到现场。

1.1.3 测量学的分类

测量学按照研究范围和对象的不同,分为以下几个分支学科:

1. 大地测量学

大地测量学是研究和确定整个地球形状和大小,解决大区域控制测量和地球重力场等问题的科学。

2. 普通测量学

普通测量学是研究地球表面小区域的测量理论、技术和方法的科学。

3. 摄影测量学

摄影测量学是研究利用遥感和摄影相片来测定地面物体的形状和大小的科学。又进一步分为航空摄影测量学、地面摄影测量学和卫星遥感测量学等。

4. 工程测量学

工程测量学是研究工程建设在勘测、设计、施工和管理等各阶段中的测量学及其技术应用的科学。

5. 地图制图学

地图制图学是研究如何利用各种地图投影方法,将测量成果资料编绘和制印成各种地图的科学。

6. 海洋测量学

海洋测量学是研究海洋和陆地水域的测量和绘图的科学。

本课程主要学习普通测量学及工程测量学的相关内容。

1.1.4 测量学的作用

测量学在土建类各专业工程建设中有着广泛的应用。例如:在建筑工程、道路与桥梁工程、交通工程、管道工程、城镇规划等勘测设计阶段需要测绘各种比例尺的地形图,供规划设计使用;施工阶段,通过一定的测量方法利用测量仪器将图纸上已设计好的建筑物、构造物等在地面上标定出来,以便施工的进行;在工程结束后进行竣工测量,供日后维修和扩建使用,对于一些大型或重要的建筑物和构造物还需要定期进行变形观测,以确保其安全。

1.2 测量学的发展概况

1.2.1 测量学的发展简史

测量学是一门古老的科学,与人类赖以生存的地球密切相关。人类通过对天体运行规律的观测和对地球的实地测量,逐渐认识到地球是一个球体。

1687年牛顿根据自己发现的万有引力定律,提出了地球为椭球的理论,地球在离心力的作用下,应该是一个两极略扁的扁球,其形状与一个椭圆绕其短轴旋转而形成的椭球体极为接近。我国从1708年开始进行的大规模天文大地测量,结果发现纬度越高,每度子午线弧长越长。法国科学院1735年至1741年测量子午线弧线,其结果是高纬度处的曲率半径较低纬度处的大。这些事实都证明了牛顿学说的正确性。牛顿旋转椭球体的学说,为地球形状和大小的研究奠定了基础。

1.2.2 测量学的发展现状

20世纪中叶,科学技术得到了快速发展,特别是电子学、信息学、电子计算机科学和空间科学等,在其自身发展的同时,给测量科学的发展开拓了广阔的空间和道路,推动着测量技术和仪器的变革和进步。测量科学的发展很大部分是从测绘仪器开始的,其后使测量技术产生了新的发展。

20 世纪 40 年代,自动安平水准仪的问世,标志着水准测量自动化的开端。之后,又发展了激光水准仪、激光扫描仪,为提高水准测量的精度和用途创造了条件。近年来,数字水准仪的诞生,也使水准测量中的自动记录、自动传输、自动储存和处理数据成为现实。

20 世纪 80 年代,全球定位系统问世,采用了卫星直接进行空间点的三维定位,引起了测绘工作的重大变革。由于卫星定位具有全球性、全天候、快速、高精度和无需建立高标等优点,被广泛用于大地测量、工程测量、地形测量及军事的导航定位上。世界上很多国家为了使用全球定位系统的信号,迅速进行了接收机的研制,现已生产出体积小、功能全、质量轻的第五代产品。

由于测量仪器的飞速发展和计算机技术的广泛应用,地面的测图系统由过去的传统测绘方式发展为数字测图,所以地形图是由数字表示的,用计算机进行绘制,使管理既便捷又高效,而且精度可靠。

1.2.3　我国测绘事业的发展

测绘事业的发展是伴随共和国一起成长的。在测绘工作方面,建立和统一了全国大地控制网、国家水准网、基本重力网,完成了大地网和水准网的整体平差;完成了国家基本地形图的测绘工作;进行了珠峰和南极长城站的地理位置和高程的测量;同时各种工程建设的测绘工作也取得显著成绩,如长江大桥、葛洲坝水电站等。出版发行了地图 1 600 多种,发行量超过了 11 亿册。在测绘仪器制造方面从无到有,迅速发展,已经产生了多种不同等级、不同型号的电磁波测距仪。我国全站仪已经批量生产,国产 GPS 接收机已经广泛使用,传统的测绘仪器产品已经配套下线。已经建成全国 GPS 大地控制网。各部门对地理信息系统的建立和应用十分重视,已经着手建立各行业的 GIS 系统,测绘工作已经为建立这一系统提供了大量的基础数据。

综上所述,我国的测绘事业实现了跨越式发展,已从传统的测绘技术体系发展为数字化作业技术体系,为国民经济建设和国防建设做出了不可磨灭的贡献,但是与国际先进水平相比还有一些差距,还需我们继续努力!

1.3　地面点空间位置的确定

1.3.1　地球的形状和大小

测量工作的主要研究对象是地球的自然表面,但地球表面形状十分复杂。我们知道,地球表面上海洋面积约占 71%,陆地面积约占 29%,世界第一高峰——珠穆朗玛峰高出海平面 8 844.43 m,而在太平洋西部的马里亚纳海沟低于海水面达 11 022 m。尽管有这样大的高低起伏,但相对于地球半径 6 371 km 来说仍可忽略不计。因此,测量中把地球总体形状看做是由静止的海水面向陆地延伸所包围的球体,即把地球的形状视为静止的

海水面并向陆地内部延伸形成的闭合曲面称为水准面。

由于地球的自转运动,地球上任意一点都要受到离心力和地球引力的双重作用,这两个力的合力称为重力,重力的方向线称为铅垂线。铅垂线是测量工作的基准线。水准面是受地球重力影响而形成的,是一个处处与重力方向垂直的连续曲面,并且是一个重力场的等位面。与水准面相切的平面称为水平面。水准面可高可低,因此,水准面有无数多个,我们将与平均海水面吻合并向大陆、岛屿内延伸而形成的闭合曲面称为大地水准面。大地水准面是测量工作的基准面。

实际上,大地水准面是一个十分复杂的和不规则的曲面,因为地球内部质量分布不均匀,地球表面上各点的铅垂方向产生不规则变化,因此,无法在其上面进行测量和数据处理。为了测量的方便,测量学中通常选择一个和大地水准面非常接近的椭球体来代替大地水准面所形成的大地体,如图1.1所示。地球椭球是一个由旋转轴与地球自转轴重合的椭球绕其短轴旋转形成的几何形体,这个球体可以用数学式表示。长半轴 a、短半轴 b 和扁率 α 之间的关系为:$\alpha = \dfrac{a-b}{a}$。

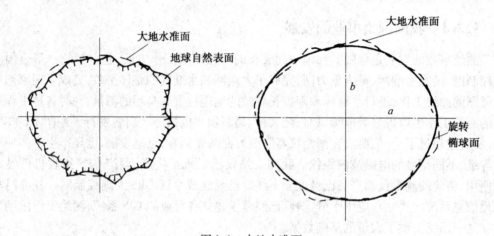

图1.1　大地水准面

目前我国采用的椭球元素为:长半轴为6 378 140 m,短半轴为6 356 755.3 m,扁率为1/298.257。并在陕西省泾阳县永乐镇确定了我国的大地原点,建立了全国统一的坐标系,称为"1980年国家大地坐标系"。在测量工作中,如果测区范围不大时,可以将椭球体视为圆球,其平均半径为6 371 km。

1.3.2　地面点的坐标系统

为了确定地面点的空间位置,需要建立测量坐标系。一个点在空间的位置,需要三个量来表示。在一般测量工作中,经常将地面点的空间位置用大地经度、纬度和高程表示,它们分别从属于大地坐标系和指定的高程系统,即使用一个二维坐标系与一个一维坐标系的组合来表示。随着卫星大地测量学的迅速发展,地面点的空间位置也可以用三维的空间直角坐标表示。

1. 大地坐标系

大地坐标系是以参考椭球面作为基准面,以通过格林尼治天文台的起始子午面和赤道面作为在椭球面上确定某一点投影位置的两个参考面。

过地面某点的子午面与起始子午面之间的夹角,称为该点的大地经度,用 L 表示。规定从起始子午面算起,向东为正,由0°至180°称为东经;向西为负,由0°至180°称为西经。

过地面某点的椭球面法线与赤道的交角,称为该点的大地纬度,用 B 表示。规定从赤道面算起,由赤道面向北为正,由0°至90°称为北纬;由赤道面向南为负,由0°至90°称为南纬。

2. 空间直角坐标系

以椭球体中心 O 为原点,起始子午面与赤道面交线为 X 轴,赤道面上与 X 轴正交的方向为 Y 轴,椭球面的旋转轴为 Z 轴,指向符合右手规则。在该坐标系中,P 点的点位用 OP 在这三个坐标轴上的投影 x、y、z 表示。如图1.2、图1.3所示。

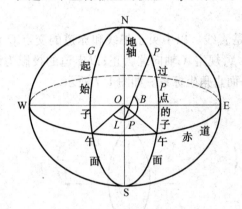

图1.2　大地坐标系

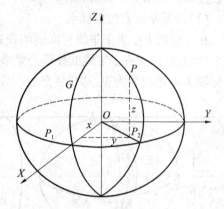

图1.3　空间直角坐标系

3. 独立平面直角坐标系

在测区范围较小时,常把球面投影面看做平面,这样地面点在投影面上的位置就可以用平面直角坐标来确定。测量工作中采用的平面直角坐标系,如图1.4、图1.5所示。

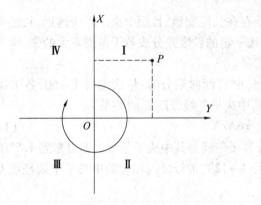

图1.4　测量平面直角坐标系

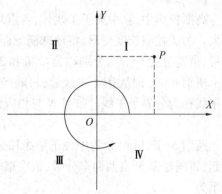

图1.5　数学平面直角坐标系

规定:南北方向为纵轴 X 轴,向北为正;东西方向为横轴 Y 轴,向东为正。象限按顺

时针方向排列。

坐标原点有时是假设的,假设原点的位置应使测区内点的 X,Y 值为正。测量平面直角坐标系与数学平面坐标系的区别主要是:坐标系 X、Y 轴互换;坐标象限顺序相反。

4. 高斯平面直角坐标系

（1）高斯投影

高斯平面直角坐标系采用高斯投影方法建立。高斯投影是由德国测量学家高斯于1830 年至 1852 年首先提出,到 1912 年由德国测量学家克吕格推导出实用的坐标投影公式,所以又称为高斯–克吕格投影。

设想有一个椭圆柱面横套在地球椭球体外面,使它与椭球上某一个子午线相切,椭球柱的中心轴通过椭球体中心,然后用一定的投影方法,将中央子午线两侧各一定经差范围内的地区投影到椭圆柱面上,再将此柱面展开即成为投影面。故高斯投影又称为横轴椭圆柱投影。如图 1.6 所示。

（2）高斯平面直角坐标系

在投影面上中央子午线和赤道的投影都是直线。以中央子午线和赤道的交点 O 作为坐标原点,以中央子午线的投影为纵坐标轴 X,规定 X 轴向北为正;以赤道的投影为横坐标轴 Y,Y 轴向东为正,这样便形成了高斯平面直角坐标系。如图 1.7 所示。

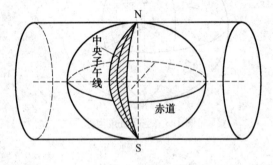

图 1.6　高斯投影

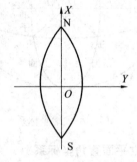

图 1.7　高斯平面直角坐标系

（3）投影带

高斯投影中,除中央子午线外,各点均存在长度变形,且距中央子午线越远,长度变形越大。为了控制长度变形,将地球椭球面按一定的经度差分成若干范围不大的带,称为投影带,带宽分为 6°、3°,分别称为 6°带和 3°带。

所谓 6°带,即从 0°子午线起,每隔经差 6°自西向东分带,依次编号 1~60,各带相邻子午线称为分界子午线。带号 N 与相应的中央子午线经度 L_0 的关系为

$$L_0 = 6N - 3 \tag{1.1}$$

所谓 3°带,以 6°带的中央子午线和分界子午线为其中央子午线。即自东经 1.5°子午线起,每隔经差 3°自西向东分带,依次编号 1~120,带号 n 与相应的中央子午线经度 l_0 的关系为

$$l_0 = 3n \tag{1.2}$$

(4)国家统一坐标

我国位于北半球,在高斯平面直角坐标系内,X 坐标值均为正,而 Y 坐标值有正有负。为避免 Y 坐标出现负值,规定将 X 坐标轴向西平移 500 km,即所有点的 Y 坐标值均加上 500 km。此外为了便于区别某点位于哪一个投影带内,还应在横坐标值前冠以投影带带号,这种坐标称为国家统一坐标。

举例说明,P 点的高斯平面直角坐标 $X_P = 3\ 275\ 611$ m,$Y_P = -376\ 543$ m,若该点位于第 19 带内,则 P 点的国家统一坐标表示为 $x_P = 3\ 275\ 611$ m,$y_P = 19\ 123\ 457$ m。

1.3.3　地面点的高程系统

为了建立全国统一的高程系统,必须确定一个高程基准面。通常采用平均海水面的大地水准面作为高程基准面,平均海水面的确定是通过验潮站多年验潮资料来确定的。

根据青岛验潮站 1950 至 1956 年七年验潮资料确定的高程基准面,我们称为"1956 年黄海平均高程面",为此建立了"1956 年黄海高程系",自 1959 年开始,我国统一采用 1956 年黄海高程系。

海洋潮汐长期变化周期为 18.6 年,随着时间的推移,经过 1952 年至 1979 年验潮资料的计算,确定了新的平均海水面,称为"1985 国家高程基准"。经国务院批准,我国自 1987 年开始采用"1985 国家高程基准"。

为维护平均海水面的高程,必须设立与验潮站相联系的水准点作为高程的起算点,这个水准点叫水准原点。我国水准原点设在青岛市观象山上,全国各地的高程都以它为基准进行测量。1956 年黄海平均海水面的水准原点高程为 72.289 m,"1985 国家高程基准"的水准原点高程为 72.260 m。

一般测量工作是以大地水准面作为高程基准面。某点沿铅垂线方向到大地水准面的距离,称为该点的绝对高程或海拔,简称高程,用 H 表示。在局部地区,如果引用绝对高程有困难时,可采用假定高程系统。即假定一个水准面作为高程基准面,地面点至假定水准面的铅垂距离,称为相对高程或假定高程。两点高程之差称为高差。所以,两点之间的高差与高程起算面无关,如图 1.8 所示。H_A、H_B 为 A、B 点的绝对高程,H'_A、H'_B 为相对高程,h_{AB} 为 A、B 两点间的高差,即

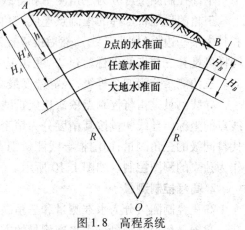

图 1.8　高程系统

$$h_{AB} = H_B - H_A = H'_B - H'_A \tag{1.3}$$

1.3.4　确定地面点空间位置的三个基本元素

测量工作的基本任务是确定地面点的位置,即地面点的高程和坐标。通常并不是直接测量出地面点的坐标和高程,而是通过测量待测边与已知边之间的水平角、待定点与已知点之间的水平距离和高差,然后经过计算得出地面点的坐标和高程。

因此,水平角、水平距离和高差是确定地面点位置的三个基本要素。水平角测量、水平距离测量和高差测量是测量工作的三项基本工作。

1.4 测量工作的原则和程序

1.4.1 测量工作的原则

地球表面的复杂形态可分为地物和地貌两大类。地球表面上人工或天然的具有一定几何形状的物体,称为地物。例如:建筑物、构造物、道路、河流、湖泊等。地球表面上高低起伏的变化形态,称为地貌。例如:高山、丘陵、盆地等。地物和地貌总称为地形。

测量的主要任务有测绘地形图和施工放样。测绘地形图就是将地物的平面位置和高程以及地貌的高低起伏变化形态测绘到图纸上,并按一定的比例缩小,绘成地形图。施工放样是把图纸上规划设计好的建筑物、构筑物的平面位置在地面上标定出来,作为施工的依据。不论采用任何方式,使用何种仪器进行测定或放样,都会给其成果带来误差。为了防止测量误差的逐渐传递,累计增大到不能容许的程度,要求测量工作遵循在布局上"由整体到局部"、在精度上"由高级到低级"、在次序上"先控制后碎部"的原则。

1.4.2 控制测量

控制测量包括平面控制测量和高程控制测量。

1. 平面控制测量

平面控制测量可分为三角测量和导线测量。

三角测量是将选择的控制点连成三角形,并构成锁状和网状。测定三角形的三内角和其中某些边长(称为基线),然后推算控制点的坐标;或测定三角形的三内角和三边长,同样可推算三角点的坐标。过去,我国基本的平面控制网,主要采用三角测量的方法建立。三角测量分为四个等级,一等精度最高,由纵横交叉的三角锁组成。如图1.9所示。

导线测量是指将控制点依次连成折线或多边形,测定所有转折角和边长,从而计算导线点的坐标。导线测量按其精度分为精密导线测量和图根导线测量。精密导线测量可以代替同级的三角测量;而图根导线测量则直接用于加密测图控制点,在小区域内,也可以作为独立的测图控制。如图1.10所示。

2. 高程控制测量

高程控制测量分为水准测量和三角高程测量。

我国高程控制测量是用水准测量的方法建立的,按其精度分为四等。一等水准测量的精度最高,三、四等水准测量除了用于加密二等水准网以外,还直接为地形测量和工程测量提供高程控制点。

随着测绘科学技术的发展,用GPS技术和方法建立测区控制网正在逐步得到发展和普及,特别是在一些高等级工程或大型项目的设计和施工中。

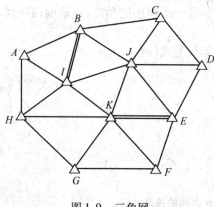

图 1.9　三角网

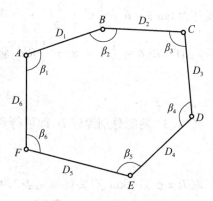

图 1.10　导线网

1.4.3　碎部测量

　　测量工作可分为控制测量和碎部测量两个部分。控制测量就是从测区整体出发,布设一些具有控制作用的点作为控制点,用高一级精度测定其位置。这些控制点具有测量精度高,分布均匀等特点,通过坐标连接成一个整体,为碎步测量定位、引测和起算提供依据。所谓碎部测量,就是以控制点为核心和基准划分测区范围,用低一级精度测定其周围碎部点位置。例如测图中的地物轮廓点、地貌特征点,施工中的建筑物定位点、放样点。这样碎部点的误差就局限在控制点周围,从而控制它的传播范围和大小,以保证整个碎部测量的精度要求。

1.5　用水平面代替水准面的限度

　　在相对较小的区域范围内,可以用水平面代替水准面作为基准面,将地面点直接投影到水平面上,在水平面上建立平面直角坐标系,对测量成果进行计算和绘图,这样可以大大简化测量计算和绘图工作。下面来讨论用水平面代替水准面的误差影响。

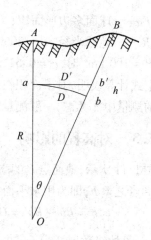

图 1.11　水平面代替水准面的差异

1.5.1　对水平距离的影响

　　如图 1.11 所示,地面上 A、B 两点,在大地水准面上的投影点为 a、b,过投影点 a 作大地水准面的切平面,则 A、B 两点在水平面上的投影点为 a、b'。设 A、B 两点在大地水准面上的距离为 D,在水平面上的距离为 D',两者之差 $\Delta D = D' - D$,即为水平面代替大地水准面所引起的水平距离差异。在进行公式推导时,将大地水准面近似看做半径为 R 的球面,则 $\Delta D = D' - D = R(\tan\theta - \theta)$,将 $\tan\theta$ 按级

数展开为 $\tan\theta = \theta + \dfrac{1}{3}\theta^3 + \dfrac{2}{15}\theta^5 + \cdots$ 因为 $\theta = \dfrac{D}{R}$ 是一个很小的角度,故取前两项代入上式,得 $\Delta D = R\left(\theta + \dfrac{1}{3}\theta^3 - \theta\right) = \dfrac{1}{3}R\theta^3$,将 $\theta = \dfrac{D}{R}$ 带入上式,得

$$\Delta D = \frac{D^3}{3R^2} \tag{1.3}$$

式(1.3)两侧分别除以 D,即可得到相对误差:

$$\frac{\Delta D}{D} = \frac{D^2}{3R^2} \tag{1.4}$$

取 $R = 6\ 371$ km,有关计算见表 1.1。

表 1.1 D、ΔD 和 $\Delta D/D$ 之间的关系

D/km	10	20	50	100
ΔD/mm	8	66	1 026	8 212
$\dfrac{\Delta D}{D}$	1/1 217 000	1/304 000	1/49 000	1/12 000

当 $D = 10$ km 时,相对误差为 1/1 217 000。因此,当半径为 10 km 的范围内进行距离测量时可以不考虑地球曲率对距离的影响,可以用水平面代替水准面。

1.5.2 对水平角的影响

由球面三角学可知,同一多边形投影在球面上的内角和,要比投影在水平面上的大一个球面角 ε,它的大小与图形面积成正比。其公式为

$$\varepsilon = \rho'' \frac{P}{R} \tag{1.5}$$

式中 P——球面多边形面积;
      R——地球半径,$\rho'' = 206\ 265''$。

当 $P = 100$ km^2 时,$\varepsilon = 0.51''$。

由上式计算表明,对于面积在 100 km^2 内的多边形,地球曲率对水平角的影响只有在最精密的测量中才考虑,一般测量工作时不必考虑。

1.5.3 对高程的影响

如图 1.11 所示,地面点 B 的高程为 Bb,如果用水平面代替大地水准面,则 B 点的高程为 Bb',两者之差 h,即为用水平面替代大地水准面对高程的影响。由上图可知:

$$h = Bb - Bb' = Ob' - Ob = R\sec\theta - R = R(\sec\theta - 1) \tag{1.6}$$

将 $\sec\theta$ 按级数展开为 $\sec\theta = 1 + \dfrac{1}{2}\theta^2 + \dfrac{5}{24}\theta^4 + \cdots$ 因为 $\theta = \dfrac{D}{R}$ 是一个很小的角度,故取前两项代入上式,得

$$h = R\left(1 + \frac{\theta^2}{2} - 1\right) = \frac{D^2}{2R} \tag{1.7}$$

取 $R = 6\,371$ km,有关计算结果见表 1.2。可见,用水平面代替大地水准面对高程的影响很大,当 $D = 200$ m 时,$h = 3$ mm,已经超出了高程测量的误差要求。因此,在高程测量时,应顾及地球曲率对高程的影响。

表 1.2 D 与 h 之间的数值关系

D/m	200	500	1 000	2 000
h/mm	3	20	78	314

思考题与习题

1. 名词解释:测量学、测定、测设、水准面、大地水准面、绝对高程、相对高程、控制测量、碎部测量。

2. 测定与测设有何区别?

3. 水准面和大地水准面在测量工作中的作用是什么?

4. 表示地面点位有哪几种坐标系统? 各适用于什么情况?

5. 测量学中的平面直角坐标系是怎样建立的? 与数学中的平面直角坐标系有何不同?

6. 某点的经度为 118°45′,试计算它所在的 6° 带和 3° 带的带号以及中央子午线的经度是多少?

7. 确定地面点位的三个基本要素是什么?

8. 测量工作应遵循的原则与程序是什么?

9. 用水平面代替水准面,对距离、水平角和高程有何影响?

第2章

水 准 测 量

【本章提要】 本章主要介绍水准测量的原理和方法,水准仪的构造、使用及其检校,水准路线施测方法及数据处理。此外还介绍了自动安平水准仪的基本构造和使用。

【学习目标】 要求掌握水准测量的原理和方法;重点掌握水准仪的操作使用,以及普通水准测量的实测方法和数据处理;了解自动安平水准仪,以及水准仪的检验与校正。

2.1 水准测量的原理

高程是确定地面点位置的要素之一,在工程建设的设计、施工与管理等阶段都具有十分重要的作用。测定地面点高程的工作称为高程测量。高程测量按所使用的仪器和施测方法不同,主要有水准测量和三角高程测量等。水准测量是高程测量中最常用的一种方法。

水准测量不是直接测定地面点的高程,而是测出两点间的高差。即在两个点上分别竖立水准尺,利用水准测量的仪器提供的一条水平视线,瞄准并在水准尺上读数,求得两点间的高差,从而由已知点高程推求未知点高程。

如图 2.1 所示,设已知 A 点高程为 H_A,用水准测量方法求未知点 B 的高程 H_B。在 A、B 两点中间安置水准仪,并在 A、B 两点上分别铅直竖立水准尺,根据水准仪提供的水平视线,在 A 点水准尺上读数为 a,在 B 点水准尺上读数为 b,则 A、B 两点间的高差为

$$h_{AB} = a - b \tag{2.1}$$

设水准测量是由 A 点向 B 点进行,如图 2.1 中箭头所示,则规定 A 点为后视点,其水准尺读数 a 为后视读数;B 点为前视点,其水准尺读数 b 为前视读数。由此可见,两点之间的高差一定是"后视读数"减"前视读数"。如果 $a > b$,则高差 h_{AB} 为正,表示 B 点比 A 点高;如果 $a < b$,则高差 h_{AB} 为负,表示 B 点比 A 点低。

在计算高差 h_{AB} 时,一定要注意 h_{AB} 的下标 AB 的写法:h_{AB} 表示 A 点至 B 点的高差,h_{BA} 则表示 B 点至 A 点的高差,两个高差应该是绝对值相同而符号相反,即

$$h_{AB} = -h_{BA} \tag{2.2}$$

测得 A、B 两点间高差 h_{AB} 后,则未知点 B 的高程 H_B 为

$$H_B = H_A + h_{AB} = H_A + (a - b) \tag{2.3}$$

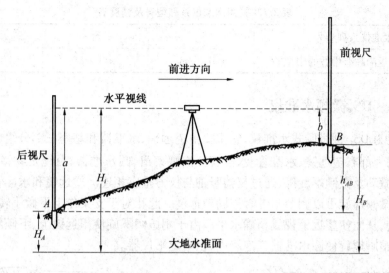

图 2.1　水准测量原理

由图 2.1 可以看出，B 点高程也可以通过水准仪的视线高程 H_i（也称为仪器高程）来计算，视线高程 H_i 等于 A 点的高程加 A 点水准尺上的后视读数 a，即

$$H_i = H_A + a$$

则

$$H_B = (H_A + a) - b = H_i - b \tag{2.4}$$

一般情况下，用式（2.3）计算未知点 B 的高程 H_B，称为高差法。当安置一次水准仪需要同时求出若干个未知点的高程时，则用式（2.4）计算较为方便，这种方法称为视线高法。即每一个测站上测定一个视线高程作为该测站的常数，分别减去各待测点上的前视读数，即可求得各待测点的高程，这在各类工程中经常用到。

2.2　水准测量的仪器和工具

水准仪是水准测量的主要仪器。按水准仪所能达到的精度，它分为 DS_{05}、DS_1、DS_3 及 DS_{10} 等几种等级（型号）。"D" 和 "S" 表示中文 "大地" 和 "水准仪" 中的 "大" 字和 "水" 字的汉语拼音的第一个字母，通常在书写时可省略字母 "D"；下标 "05"、"1"、"3" 及 "10" 等数字表示该类仪器的精度，见表 2.1。我国目前常用的 S_{05} 型（如威特 N3，蔡司 Ni004）和 S_1 型（如国产 S_1，蔡司 Ni007）水准仪属于精密水准仪，配有相应的精密水准尺。水准仪上配置光学测微器，可以在水准尺上估读至 0.01 mm，水准器有较高的灵敏度，望远镜也有较高的放大倍数，仪器的结构稳定，受外界影响小。精密水准尺是在木质或金属尺身槽内，贴一因瓦合金带，在带上标有分划线，数字注在周边木尺或金属上，尺上两排分划彼此错开，分划宽度有 10 mm 和 5 mm 两种。精密水准仪用于国家一二等水准测量、大型工程建筑物施工及变形测量以及地下建筑测量、城镇与建（构）筑物沉降观测等。DS_3 型水准仪称为普通水准仪，用于国家三四等及普通水准测量。本节主要介绍 DS_3 型水准仪及其使用。

表 2.1　常用水准仪系列型号及精度表

水准仪系列型号	S_{05}	S_1	S_3
每公里往返测高差中数的中误差	≤0.5 mm	≤1 mm	≤3 mm

2.2.1　DS$_3$ 微倾水准仪

图 2.2 为 DS$_3$ 型微倾式水准仪,它主要由望远镜、水准器和基座三部分组成。

仪器的上部有望远镜、水准管、水准管气泡观察窗、圆水准器、目镜及物镜对光螺旋、制动扳手、微动及微倾螺旋等,通过仪器竖轴与仪器基座相连。望远镜和水准管连成一个整体,转动微倾螺旋可以调节水准管连同望远镜一起相对于支架作上下微小转动,使水准管气泡居中,从而使望远镜视线精确水平。由于用微倾螺旋使望远镜上、下倾斜有一定限度,可先调整脚螺旋使圆水准器气泡居中,粗略定平仪器。

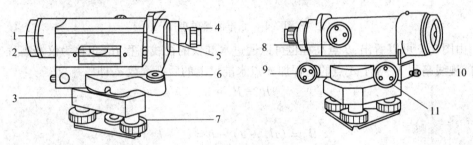

图 2.2　DS$_3$(简称 S$_3$)型水准仪

1—望远镜;2—水准管;3—基座;4—目镜对光螺旋;5—水准管气泡观察窗;6—圆水准器;7—脚螺旋;
8—物镜对光螺旋;9—微倾螺旋;10—制动螺旋;11—微动螺旋

整个仪器的上部可以绕仪器竖轴在水平方向旋转。水平制动扳手和微动螺旋用于控制望远镜在水平方向转动。松开制动扳手,望远镜可在水平方向任意转动;只有当扳紧制动扳手后,微动螺旋才能使望远镜在水平方向上作微小转动,以精确瞄准水准尺。

基座的作用是支承仪器的上部,并通过连接螺旋使仪器与三脚架相连。它包括轴套、脚螺旋、三角形底板等,仪器竖轴插入轴套内。

1. 望远镜

望远镜是用来精确瞄准远处水准尺和提供视线进行读数的设备。如图 2.3 所示,它主要由物镜 1、目镜 2、调焦透镜 3 及十字丝分划板 4 等组成。5 是物镜对光螺旋,6 是目镜对光螺旋,7 是从目镜中看到的经过放大后的十字丝分划板上的像,8 是分划板座止头螺丝。十字丝分划板是用来准确瞄准目标用的,中间一根长横丝称为中丝,与之垂直的一根丝称为竖丝,在中丝上下对称的两根与中丝平行的短横丝称为上、下丝(又称视距丝)。在水准测量时,用中丝在水准尺上进行前、后视读数,用以计算高差;用上、下丝在水准尺上读数,用以计算水准仪至水准尺的距离(视距)。

物镜和目镜采用多块透镜组合而成,调焦透镜由单块透镜或多块透镜组合而成。望远镜成像原理如图 2.4 所示,望远镜所瞄准的目标 AB 经过物镜的作用形成一个倒立而缩小的实像 ab。调节物镜对光螺旋即可带动调焦透镜在望远镜筒内前后移动,从而将不同距离的目标清晰地成像在十字丝平面上。调节目镜对光螺旋可使十字丝像清晰,再通过目镜,便可看到同时放大了的十字丝和目标影像 $a'b'$。

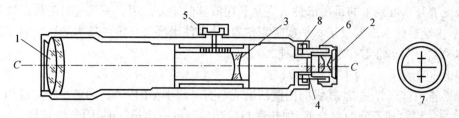

图 2.3　测量望远镜

1—物镜;2—目镜;3—调焦透镜;4—十字丝分划板;5—物镜对光螺旋;

6—目镜对光螺旋;7—十字丝放大像;8—分划板座止头螺丝

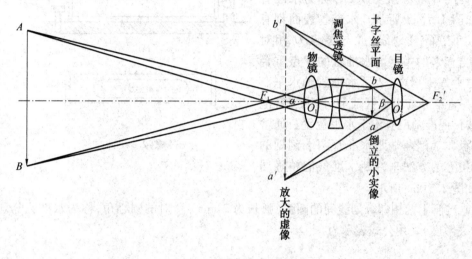

图 2.4　望远镜成像原理

通过物镜光心与十字丝交点的连线 CC 称为望远镜视准轴,视准轴的延长线即为视线,它是瞄准目标的依据。

从望远镜内所看到目标影像的视角与观测者直接用眼睛观察该目标的视角之比称为望远镜的放大率(放大倍数)。如图 2.4 所示,从望远镜内所看到的远处物体 AB 的影像 $a'b'$ 的视角为 β,肉眼直接观测原目标 AB 的视角可近似地认为是 α,故放大率 $V = \beta/\alpha$。S_3 型水准仪望远镜放大率一般不小于 28 倍。

由于物镜调焦螺旋调焦不完善,可能使目标形成的实像 ab 与十字丝分划板平面不完全重合,此时当观测者眼睛在目镜端略作上、下少量移动时,就会发现目标的实像 ab 与十字丝平面之间有相对移动,这种现象称为视差。测量作业中不允许存在视差,因为它不利于精确地瞄准目标与读数,所以在观测中必须消除视差。消除视差的方法:首先应按操作程序依次调焦,先进行目镜调焦,使十字丝十分清晰;再瞄准目标进行物镜调焦,使目标十分清晰,当观测者眼睛在目镜端作上下少量移动时,发现目标与十字丝平面之间没有相对移动,则表示视差不存在;否则应重新进行物镜调焦,直至无相对移动为止。在检查视差是否存在时,观测者眼睛应处于松弛状态,不宜紧张,且眼睛在目镜端上下移动量不宜大,

仅作很少量移动,否则会引起错觉而误认为视差存在。

2. 水准器

水准器是水准仪上的重要部件。它是利用液体受重力作用后使气泡居为最高处的特性,指示水准器的水准轴位于水平或竖直位置,从而使水准仪获得一条水平视线的一种装置。水准器分圆水准器和水准管两种。

（1）水准管

水准管由玻璃管制成,其纵向内壁研磨成具有一定半径的圆弧(圆弧半径一般为7～20 m),内装酒精和乙醚的混合液,加热密封冷却后形成一小长气泡,因气泡较轻,故处于管内最高处。

水准管圆弧中点 O 称为水准管零点,通过零点 O 的圆弧切线 LL,称为水准管轴,如图 2.5(a) 所示。水准管表面刻有2 mm 间隔的分划线,并与零点 O 相对称。当气泡的中点与水准管的零点重合时,称为气泡居中,表示水准管轴水平。若保持视准轴与水准管轴平行,则当气泡居中时,视准轴也应位于水平位置。通常根据水准气泡两端距水准管两端刻划的格数相等的方法来判断水准气泡精确居中,如图 2.5(b) 所示。

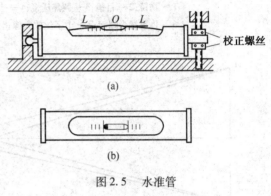

图 2.5　水准管

水准管上两相邻分划线间的圆弧(弧长为 2 mm)所对的圆心角,称为水准管分划值 τ(或灵敏度)。用公式表示为

$$\tau'' = \frac{2}{R}\rho''\qquad(2.5)$$

式中　R——水准管圆弧半径,单位为 mm;

　　　$\rho'' = 206\ 265''$。

上式说明分划值 τ'' 与水准管圆弧半径 R 成反比。R 越大,τ'' 越小,水准管灵敏度越高,则定平仪器的精度也越高;反之定平精度就低。S_3 型水准仪水准管的分划值一般为20″/2 mm,说明气泡移动一格(2 mm),水准管轴倾斜20″。

为了提高水准管气泡居中精度,S_3 型水准仪的水准管上方安装有一组符合棱镜,如图 2.6 所示。通过符合棱镜的反射作用,把水准管气泡两端的影像反映在望远镜旁的水准管气泡观察窗内。当气泡两端的两个半像符合成一个圆弧时,就表示水准管气泡居中,如图 2.6(a) 所示;若两个半像错开,则表示水准管气泡不居中,如图 2.6(b) 所示。此时可转动位于目镜下方的微倾螺旋,使气泡两端的半像严密吻合(即居中),达到仪器的精确置平。这种配有符合棱镜的水准器,称为符合水准器。它不仅便于观察,同时可以使气泡居中精度提高一倍。

（2）圆水准器

圆水准器用于初步整平仪器,如图 2.7 所示。圆水准器顶面的内壁磨成圆球面,顶面中央刻有一个小圆圈,其圆心 O 称为圆水准器的零点,过零点 O 的法线 $L'L'$,称为圆水准轴。由于它与仪器的旋转轴(竖轴)平行,所以当圆气泡居中时,圆水准轴处于竖直(铅垂)位置,表示水准仪的竖轴也大致处于竖直位置了。S_3 水准仪圆水准器分划值一般为 $8' \sim 10'$。由于分划值较大,所以灵敏度较低,只能用于水准仪的粗略整平,为仪器精确置平创造条件。

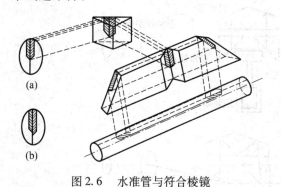

图 2.6 水准管与符合棱镜　　　　图 2.7 圆水准器

3. 基座

基座的作用是支承仪器的上部并与三脚架连接。它主要由轴座、脚螺旋、底板和三角压板构成。

2.2.2 自动安平水准仪

目前,自动安平水准仪已广泛应用于测绘和工程建设中。它的构造特点是没有水准管和微倾螺旋,而只有一个圆水准器进行粗略整平。当圆水准气泡居中后,尽管仪器视线仍有微小的倾斜,但借助仪器内补偿器的作用,视准轴在数秒内自动成水平状态,从而读出视线水平时的水准尺读数值。不仅在某个方向上,而且在任何方向上均可读出视线水平时的读数。因此自动安平水准仪不仅能缩短观测时间,简化操作,而且对于施工场地地面的微小震动、松软土地的仪器下沉以及大风吹刮时的视线微小倾斜等不利状况,能迅速自动地安平,有效地减弱外界的影响,有利于提高观测精度。

1. 自动安平原理

如图 2.8 所示,视准轴水平时在水准尺上读数为 a,当视准轴倾斜一个小角 α 时,此时视线读数为 $a'(a'$ 不是水平视线读数)。为了使十字丝中丝读数仍为水平视线的读数 a,在望远镜的光路上增设一个补偿装置,使通过物镜光心的水平视线经过补偿装置的光学元件后偏转一个 β 角,仍旧成像于十字丝中心。由于 α 和 β 都是很小的角度,当下式成立时,即

$$f \cdot \alpha = d \cdot \beta \tag{2.6}$$

就能达到自动补偿的目的。式中 f 为物镜到十字丝分划板的距离,d 为补偿装置到十字丝分划板的距离。

2. 补偿装置的结构

补偿装置的结构有许多种,大都是悬吊式光学元件(如屋脊棱镜、直角棱镜等)借助

于重力作用达到视线自动安平的目的,也有借助于空气或磁性的阻尼装置稳定补偿器的摆动。如图2.8所示,补偿器安在望远镜光路上距十字丝距离 $d = f/4$ 处,则当视线微小倾斜 α 角时,倾斜视线经补偿器两个直角棱镜反射,使水平视线偏转 β 角,正好落在十字丝交点上,观测者仍能读到水平视线的读数,从而达到了自动安平的目的。

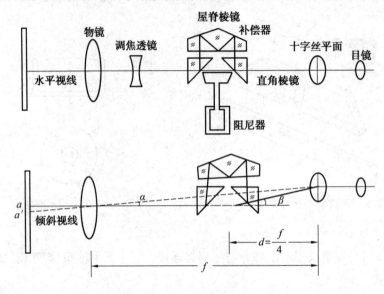

图2.8　视线自动安平原理

有的精密自动安平水准仪(如 Ni007),其补偿器是一块两次反射直角棱镜,用薄弹簧片悬挂成重力摆,用空气阻尼,瞄准水准尺后,一般约 2 ~ 4 s 后就可静止,此时可进行读数。

2.2.3　水准尺和尺垫

水准尺是水准测量时使用的标尺,其质量的好坏直接影响水准测量的精度。因此水准尺是用不易变形且干燥的优良木材或玻璃钢制成,要求尺长稳定,刻划准确,长度从2 m至5 m不等。根据它们的构造,常用的水准尺可分为直尺(整体尺)和塔尺两种,如图2.9所示。直尺中又有单面分划尺和双面(红黑面)分划尺。水准尺尺面每隔1 cm涂有黑白或红白相间的分格,每分米处注有数字,数字一般是倒写的,以便观测时从望远镜中看到的是正像字。

双面水准尺的两面均有刻划,一面为黑白分划,称为"黑面尺"(也称主尺);另一面

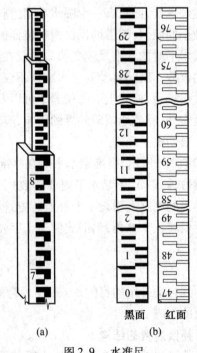

黑面　红面
(a)　　(b)
图2.9　水准尺

为红白分划,称为"红面尺"。通常用两根尺组成一对进行水准测量。两根尺的黑面尺尺底均从零开始,而红面尺尺底一根从固定数值 4.687 m 开始,另一根从固定数值 4.787 m 开始,此数值称为零点差(或红黑面常数差)。水平视线在同一根水准尺上的黑面与红面的读数之差称为尺底的零点差,可作为水准测量时读数的检核。

塔尺是由三节小尺套接而成,不用时套在最下一节之内,长度仅 2 m。如把三节全部拉出可达 5 m。塔尺携带方便,但应注意塔尺的连接处,务使套接准确稳固。塔尺一般用于地形起伏较大,精度要求较低的水准测量。

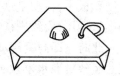

图 2.10　尺垫

尺垫一般由三角形的铸铁制成,如图 2.10 示,下面有三个尖脚,便于使用时将尺垫踩入土中,使之稳固。上面有一个突起的半球体,水准尺竖立于球顶最高点。在精度要求较高的水准测量中,转点处应放置尺垫,以防止观测过程中尺子下沉或位置发生变化而影响读数。

2.3　水准仪的使用

水准仪的使用包括仪器的安置、粗略整平、瞄准水准尺、精平与读数等操作步骤。

2.3.1　安置水准仪

在测站打开三脚架,按观测者的身高调节三脚架腿的高度。为便于整平仪器,应使三脚架的架头大致水平,并将三脚架的三个脚尖踩实,使脚架稳定。然后从仪器箱中取出水准仪,平稳地安放在三脚架头上,一手握住仪器,一手立即将三脚架连接螺旋旋入仪器基座的中心螺孔内,适度旋紧,防止仪器从架头上摔下来。

2.3.2　粗略整平(粗平)

粗平即初步地整平仪器,通过调节三个脚螺旋使圆水准器气泡居中,从而使仪器的竖轴大致铅垂。具体作法是:如图 2.11(a)所示,外围三个圆圈为脚螺旋,中间为圆水准器,虚线圆圈代表气泡所在位置。首先用双手按箭头所指方向转动脚螺旋 1、2,使圆气泡移到这两个脚螺旋连线方向的中间,然后再按图 2.11(b)中箭头所指方向,用左手转动脚螺旋 3,使圆气泡居中(即位于小黑圆圈中央)。在整平的过程中,气泡移动的方向与左手大拇指转动脚螺旋时的移动方向一致。

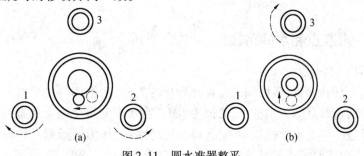

图 2.11　圆水准器整平

2.3.3 瞄准水准尺

首先将望远镜对着明亮的背景(如天空或白色明亮物体),转动目镜对光螺旋,使望远镜内的十字丝像十分清晰(此后瞄准目标时一般不需要再调节目镜对光螺旋)。然后松开制动扳手,转动望远镜,用望远镜筒上方的缺口和准星瞄准水准尺,大致进行物镜对光使在望远镜内看到水准尺像。此时立即制紧制动扳手,转动水平微动螺旋,使十字丝的竖丝对准水准尺或靠近水准尺的一侧,如图2.12所示,可检查水准尺在左右方向是否倾斜。再转动物镜对光螺旋进行仔细对光,使水准尺的分划像十分清晰,并注意消除视差。

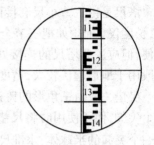

图2.12 瞄准水准尺与读数

2.3.4 精平与读数

转动位于目镜下方的微倾螺旋,从气泡观察窗内看到符合水准气泡严密吻合(居中),如图2.13所示。此时视线即为水平视线。由于粗略整平不很完善(因圆水准器灵敏度较低),故当瞄准某一目标精平后,仪器转到另一目标时,符合水准气泡将会有微小的偏离(不吻合)。因此在进行水准测量中,务必记住每次瞄准水准尺进行读数时,都应先转动微倾螺旋,使符合水准气泡严密吻合后,才能在水准尺上读数。

图2.13 水准气泡的符合

仪器精平后,应立即用十字丝的中丝在水准尺上读数。根据望远镜成像原理,观测者从望远镜里看到的水准尺影像是倒立的(大多数仪器如此),为了便于读数,一般将水准尺上注字倒写,这样在望远镜里能看到正写的注字。读数时应从上往下读,即从小数向大数读。观测者应先估读水准尺上毫米数(小于一格的估值),然后读出米、分米及厘米值,一般应读出四位数。如图2.12中水准尺的中丝读数为1.259 m,其中末位9是估读的毫米数,可读记为1259,单位为mm。读数应迅速、果断、准确。读数后应立即重新检视符合水准气泡是否仍旧居中,如仍居中,则读数有效;否则应重新使符合水准气泡居中后再读数。

2.4 普通水准测量

2.4.1 水准点和水准路线

1. 水准点

为了统一全国的高程系统和满足各种测量的需要,测绘部门在全国各地埋设并测定了很多高程点,这些点称为水准点,简记为BM。在水准测量中通常从某一已知高程的水准点开始,经过一定的水准路线,测定各待定点的高程,作为地形测量和施工测量的高程依据。水准点应按照水准测量等级,根据地区气候条件与工程需要,每隔一定距离埋设不同类型的永久性或临时性水准标志或标石,水准点标志或标石可埋设于土质坚实、稳固的地面或地表冰冻线以下合适处,必须便于长期保存又利于观测与寻找。国家等级永久性水准点埋设形式如图 2.14 所示,一般用钢筋混凝土或石料制成,标石顶部嵌有不锈钢或其他不易锈蚀的材料制成的半球形标志,标志最高处(球顶)作为高程起算基准。有时永久性水准点的金属标志(一般宜铜制)也可以直接镶嵌在坚固稳定的永久性建筑物的墙脚上,称为墙上水准点,如图 2.15 所示。

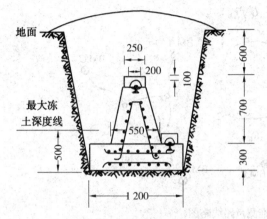

图 2.14　永久水准点

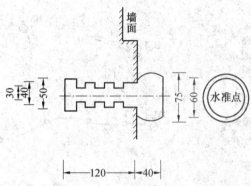

图 2.15　墙上水准点

各类建筑工程中常用的永久性水准点一般用混凝土或钢筋混凝土制成,如图 2.16(a)所示,顶部设置半球形金属标志。临时性水准点可用大木桩打入地下,如图 2.16(b)所示,桩顶面钉一个半圆球状铁钉,也可直接把大铁钉(钢筋头)打入沥青等路面或在桥台、房基石、坚硬岩石上刻上记号(用红油漆示明)。埋设水准点后,为便于以后寻找,水准

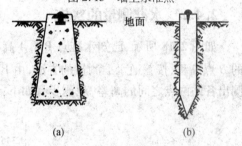

(a)　　　　　　　(b)

图 2.16　建筑工程水准点

点应进行编号(编号前一般冠以"BM"字样,以表示水准点),并绘出水准点与附近固定建筑物或其他明显地物关系的点位草图(在图上应写明水准点的编号和高程,称为点之记),作为水准测量的成果一并保存。

2. 水准路线

水准路线就是由已知水准点开始或在两已知水准点之间按一定形式进行水准测量的测量路线,根据测区已有水准点的实际情况和测量的需要以及测区条件,水准路线一般可布设如下几种形式:

(1)支水准路线

从一个已知高程的水准点 BM.A 开始,沿待测的高程点 1、2 进行水准测量,称为支水准路线,如图 2.17(a)所示。为了检核支水准路线观测成果的正确性和提高观测精度,对于支水准路线应进行往返观测。

(2)闭合水准路线

从一个已知高程的水准点 BM.A 开始,沿各待测高程点 1、2、3 进行水准测量,最后又

回到原水准点 BM.A,称为闭合水准路线,如图 2.17(b)所示。

（3）附合水准路线

从一个已知高程的水准点 BM.A 开始,沿各待测高程点 1、2、3 进行水准测量,最后附合至另一已知水准点 BM.B 上,称为附合水准路线,如图 2.17(c)所示。

（4）水准网

若干条单一水准路线相互连接构成网形,称为水准网,如图 2.17(d)所示,单一水准路线相互连接的点称为结点,如图示的 E、F、G 点。

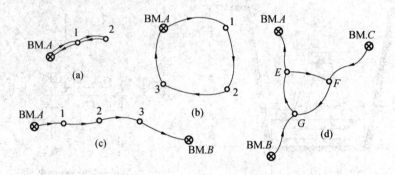

图 2.17　水准测量路线略图

2.4.2　水准测量的实施

如图 2.18 所示,已知水准点 BM.A 高程 $H_A = 19.153$ m,欲测定距水准点 BM.A 较远的 B 点高程,按普通水准测量的方法,由 BM.A 点出发共需设五个测站,连续安置水准仪测出各站两点之间的高差,观测步骤如下:

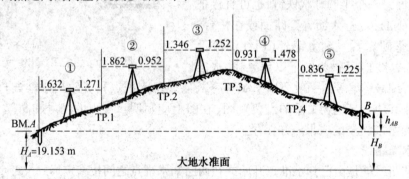

图 2.18　普通水准测量略图

后司尺员在 BM.A 点立尺,观测者在测站①处安置水准仪,前司尺员在前进方向视地形情况,在距水准仪距离约等于水准仪距后视点 BM.A 距离处设转点 TP.1 点安放尺垫并立尺。司尺员应将水准尺保持竖直且分划面（双面尺的黑面）朝向仪器;观测者经过粗平－瞄准－精平－读数的操作程序,后视已知水准点 BM.A 上的水准尺,读数为 1632,前视 TP.1 转点上水准尺,读数为 1271;记录者将观测数据记录在表 2.2 相应水准尺读数的后视与前视栏内,并计算该站高差,即 $h_1 = a_1 - b_1 = 0.361$。记在表 2.2 高差"＋"号栏中。至此,第①测站的工作结束。转点 TP.1 上的尺垫保持不动,水准尺轻轻地转向下一站的仪器方向,水准仪搬迁至测站②,BM.A 点司尺员持尺前进选择合适的转点 TP.2 安放尺垫并立尺,观测者先后视转点 TP.1 上水准尺,读数为 1862,再前视转点 TP.2 上水准尺,读数为 0952,计算②站高差为+0.910 m,读数与高差均记录在表 2.2 相应栏内。按上法依次连续进行水准测量,直至测到 B 点为止。

$$h_1 = a_1 - b_1$$
$$h_2 = a_2 - b_2$$
$$\cdots$$
$$h_n = a_n - b_n$$

将各式相加,得

$$\sum h = \sum a - \sum b = h_{AB} \tag{2.7}$$

则 B 点高程为

$$H_B = H_A + \sum h = H_A + h_{AB} \tag{2.8}$$

表 2.2　普通水准测量记录手簿

测区_____　　仪器型号_____　　　　观测者_____
时间___年___月___日　　天　　气_____　　　　记录者_____

测站	点号	水准尺读数/mm		高差/m		高程/m	备 注
		后视	前视	+	−		
I	BM.A	1632		0.361		19.153	已知
	TP.1		1271			19.514	
II	TP.1	1862		0.910			
	TP.2		0952			20.424	
III	TP.2	1346		0.094			
	TP.3		1252			20.518	
IV	TP.3	0931			0.547		
	TP.4		1478			19.971	
V	TP.4	0836			0.389		
	B		1225			19.582	
计算检核	$\sum$	6.607	6.178	1.365	0.936		
	$\sum a - \sum b = +0.429$			$\sum h = +0.429$		$H_B - H_A = +0.429$	

2.4.3　水准测量的检核

1. 计算检核

为校核高差计算有无错误,从式(2.7)可知,后视读数总和减去前视读数总和应等于

各转点之间高差的代数和(见表2.2),即 $\sum a - \sum b = \sum h$。

此式可用来作为计算的检核,但计算检核只能检查计算是否正确,不能检核观测和记录时是否产生错误。

2. 测站检核

在进行连续水准测量时,若其中任何一个后视或前视读数有错误,都要影响高差的正确性。对于每一测站而言,为了校核每次水准尺读数有无差错,可采用改变仪器高的方法或双面尺法进行检核。

(1) 改变仪器高法

在每一测站测得高差后,改变仪器高度(即重新安置与整平仪器)在0.1 m以上再测一次高差;或者用2台水准仪同时观测,当两次测得高差的差值在 ±6 mm 以内时,则取两次高差平均值作为该站测得的高差值。否则需要检查原因,重新观测。

(2) 双面尺法

仪器高度不变,立在前视点和后视点上的水准尺分别用黑面和红面各进行一次读数,测得两次高差,相互进行检核。

3. 成果检核

测站校核只能检查每一个测站所测高差是否正确,而对于整条水准路线来说,还不能说明它的精度是否符合要求。例如在仪器搬站期间,转点的尺垫被碰动、下沉等引起的误差,在测站校核中无法发现,而水准路线的闭合差却能反映出来。因此,普通水准测量外业观测结束后,首先应复查与检核记录手簿,并按水准路线布设形式进行成果整理,其内容包括:水准路线高差闭合差计算与校核;高差闭合差的分配和计算改正后的高差;计算各点改正后的高程。

(1) 支水准路线

如图2.17(a) 所示的支水准路线,沿同一路线进行了往返观测,由于往返观测的方向相反,因此往测和返测的高差绝对值相同而符号相反,即往测高差总和 $\sum h_{往}$ 与返测高差总和 $\sum h_{返}$ 的代数和在理论上应等于零;但由于测量中各种误差的影响,往测高差总和与返测高差总和的代数和不等于零,即为高差闭合差 f_h:

$$f_h = \sum h_{往} + \sum h_{返} \tag{2.9}$$

(2) 闭合水准路线

如图 2.17(b) 所示的闭合水准路线,因起点和终点均为同一点,构成一个闭合环,因此闭合水准路线所测得各测段高差的总和理论上应等于零,即 $\sum h_{理}$。设闭合水准路线实际所测得各测段高差的总和为 $\sum h_{测}$,其高差闭合差为

$$f_h = \sum h_{测} \tag{2.10}$$

(3) 附合水准路线

如图 2.17(c) 所示的附合水准路线,因起点 BM. A 和终点 BM. B 的高程 H_A、H_B 已知,两点之间的高差是固定值,因此附合水准路线所测得的各测段高差的总和理论上应等于起终点高程之差,即

$$\sum h_{理} = \sum H_B - \sum H_A \qquad (2.11)$$

附合水准路线实测的各测段高差总和 $\sum h_{测}$ 与高差理论值之差即为附合水准路线的高差闭合差：

$$f_h = \sum h_{测} - \left(\sum H_B - \sum H_A\right), \quad f_h = \sum h_{测} - \left(\sum H_{终} - \sum H_{始}\right) \qquad (2.12)$$

由于水准测量中仪器误差、观测误差以及外界的影响，使水准测量中不可避免地存在着误差，高差闭合差就是水准测量误差的综合反映。为了保证观测精度，对高差闭合差应作出一定的限制，即计算得高差闭合差 f_h 应在规定的容许范围内。当计算得高差闭合差 f_h 不超过容许值（即 $f_h \leqslant f_{h容}$ 时），认为外业观测合格，否则应查明原因返工重测，直至符合要求为止。对于普通水准测量，规定容许高差闭合差 $f_{h容}$ 为

$$f_{h容} = \pm 40\sqrt{L} \quad (\text{mm}) \qquad (2.13)$$

式中　L——水准路线总长度，以 km 为单位。

在山丘地区，当每公里水准路线的测站数超过 16 站时，容许高差闭合差可用下式计算：

$$f_{h容} = \pm 12\sqrt{n} \quad (\text{mm}) \qquad (2.14)$$

式中　n——水准路线的测站总数。

2.4.4　水准测量的成果计算

1. 附合水准路线的计算

例 2.1　图 2.19 是一附合水准路线等外水准测量示意图，A、B 为已知高程的水准点，$H_A = 65.376$ m，$H_B = 68.623$ m，1、2、3 为待定高程的水准点，h_1、h_2、h_3 和 h_4 为各测段观测高差，n_1、n_2、n_3 和 n_4 为各测段测站数，L_1、L_2、L_3 和 L_4 为各测段长度。

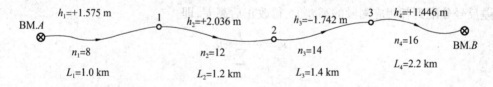

图 2.19　附合水准路线示意图

解　（1）填写观测数据和已知数据

将点号、测段长度、测站数、观测高差及已知水准点 A、B 的高程填入附合水准路线成果计算表 2.3 中有关各栏内。

（2）计算高差闭合差

$$f_h = \sum h_{测} - (H_B - H_A) = 3.315 \text{ m} - (68.623 \text{ m} - 65.376 \text{ m}) = +0.068 \text{ m} = +68 \text{ mm}$$

根据附合水准路线的测站数及路线长度计算每公里测站数

$$\frac{\sum n}{\sum L} = \frac{50 \text{ 站}}{5.8 \text{ km}} = 8.6(\text{站}/\text{km}) < 16(\text{站}/\text{km})$$

表 2.3 水准测量成果计算表

点号	距离/km	测站数	实测高差/m	改正数/mm	改正后高差/m	高程/m	点号	备注
1	2	3	4	5	6	7	8	9
BM.A						65.376	BM.A	
	1.0	8	+1.575	−12	+1.563			
1						66.939	1	
	1.2	12	+2.036	−14	+2.022			
2						68.961	2	
	1.4	14	−1.742	−16	−1.758			
3						67.203	3	
	2.2	16	+1.446	−26	+1.420			
BM.B						68.623	BM.B	
$\sum$	5.8	50	+3.315	−68	+3.247			
辅助计算	\multicolumn{8}{c}{$f_h = \sum h_测 - (H_B - H_A) = 3.315\,m - (68.623\,m - 65.376\,m) = +0.068\,m = +68\,mm$ $f_{h容} = \pm 40\sqrt{L} = \pm 40\sqrt{5.8\,km} = \pm 96\,mm \quad \lvert f_h \rvert < \lvert f_{h容}\rvert$}

故高差闭合差容许值采用平地公式计算。等外水准测量平地高差闭合差容许值的计算为

$$f_{h容} = \pm 40\sqrt{L} = \pm 40\sqrt{5.8\,km} = \pm 96\,mm$$

$\lvert f_h \rvert < \lvert f_{h容} \rvert$，说明观测成果精度符合要求，可对高差闭合差进行调整。如果 $\lvert f_h \rvert > \lvert f_{h容}\rvert$，说明观测成果不符合要求，必须重新测量。

（3）调整高差闭合差

高差闭合差调整的原则和方法，是按与测站数或测段长度成正比例的原则，将高差闭合差反号分配到各相应测段的高差上，得改正后高差，即

$$\nu_i = -\frac{f_h}{\sum n} n_i$$

或

$$\nu_i = -\frac{f_h}{\sum L} L_i \qquad (2.15)$$

式中 ν_i—— 第 i 测段的高差改正数，mm；

    $\sum n$、$\sum L$—— 水准路线总测站数与总长度；

    n_i、L_i—— 第 i 测段的测站数与测段长度。

本例中，各测段改正数为

$$\nu_1 = -\frac{f_h}{\sum L} L_1 = -\frac{68\,mm}{5.8\,km} \times 1.0\,km = -12\,mm$$

$$\nu_2 = -\frac{f_h}{\sum L} L_2 = -\frac{68\,mm}{5.8\,km} \times 1.2\,km = -14\,mm$$

$$\nu_3 = -\frac{f_h}{\sum L}L_3 = -\frac{68\ mm}{5.8\ km} \times 1.4\ km = -16\ mm$$

$$\nu_4 = -\frac{f_h}{\sum L}L_4 = -\frac{68\ mm}{5.8\ km} \times 2.2\ km = -26\ mm$$

计算检核：
$$\sum \nu_i = -f_h$$

将各测段高差改正数填入表 2.3 中第 5 栏内。

（4）计算各测段改正后高差

各测段改正后高差等于各测段观测高差加上相应的改正数，既

$$\overline{h}_i = h_{i测} + \nu_i \tag{2.16}$$

式中　$\overline{h}_i$——第 i 段的改正后高差，m。

本例中，各测段改正后高差为

$$\overline{h}_1 = h_1 + \nu_1 = +1.575\ m + (-0.012\ m) = +1.563\ m$$

$$\overline{h}_2 = h_2 + \nu_2 = +2.036\ m + (-0.014\ m) = +2.022\ m$$

$$\overline{h}_3 = h_3 + \nu_3 = -1.742\ m + (-0.016\ m) = -1.758\ m$$

$$\overline{h}_4 = h_4 + \nu_4 = +1.446\ m + (-0.026\ m) = +1.420\ m$$

计算检核：
$$\sum \overline{h}_i = H_B - H_A$$

将各测段改正后高差填入表 2.3 中第 6 栏内。

（5）计算待定点高程

根据已知水准点 A 的高程和各测段改正后高差，即可依次推算出各待定点的高程，即

$$H_1 = H_A + \overline{h}_1 = 65.376\ m + 1.563\ m = 66.939\ m$$

$$H_2 = H_1 + \overline{h}_2 = 66.939\ m + 2.022\ m = 68.961\ m$$

$$H_3 = H_2 + \overline{h}_3 = 68.961\ m + (-1.758\ m) = 67.203\ m$$

计算检核：

$$H_{B(推算)} = H_3 + \overline{h}_4 = 67.203\ m + 1.420\ m = 68.623\ m = H_{B(已知)}$$

最后推算出的 B 点高程应与已知的 B 点高程相等，以此作为计算检核。将推算出各待定点的高程填入表 2.3 中第 7 栏内。

2. 闭合水准路线成果计算

闭合水准路线成果计算的步骤与附合水准路线相同。

3. 支线水准路线的计算

例 2.2　图 2.20 中 BM.A 为已知高程的水准点，其高程 H_A 为 45.276 m，1 点为待定高程的水准点，h_f 和 h_b 为往返测量的观测高差。往、返测的测站数共 16 站，计算 1 点的高程。

解　（1）计算高差闭合

$$f_h = h_f + h_b = +2.532\ m + (-2.520\ m) = +0.012\ m = +12\ mm$$

（2）计算高差容许闭合差

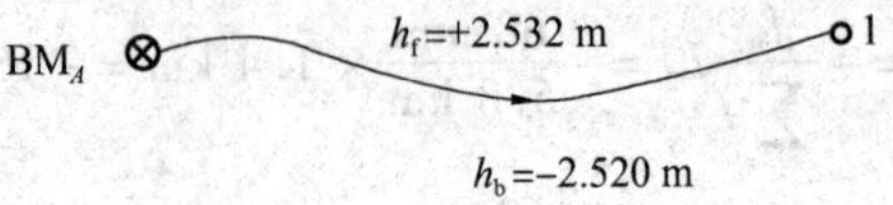

BM$_A$ $\otimes$ $\quad h_f = +2.532$ m $\quad$ $\circ$ 1

$h_b = -2.520$ m

图 2.20　支线水准路线示意图

测站数:$n = \dfrac{1}{2}(n_f + n_b) = \dfrac{1}{2} \times 16$ 站 $= 8$ 站

$$f_{h容} = \pm 12\sqrt{n}\ \text{mm} = \pm 12\sqrt{8}\ \text{mm} = \pm 34\ \text{mm}$$

因 $|f_h| < |f_{h容}|$,故精确度符合要求。

（3）计算改正后高差

取往测和返测的高差绝对值的平均值作为 A 和 1 两点间的高差,其符号和往测高差符号相同,即

$$h_{A1} = \frac{+2.532\ \text{m} + 2.520\ \text{m}}{2} = +2.526\ \text{m}$$

（4）计算待定点高程

$$H_1 = H_A + h_{A1} = 45.276\ \text{m} + 2.526\ \text{m} = 47.802\ \text{m}$$

2.5　水准仪的检验与校正

水准仪检验就是查明仪器各轴线是否满足应有的几何条件。只有这样水准仪才能真正提供一条水平视线,正确地测定两点间的高差。如果不满足几何条件,且超出规定的范围,则应进行仪器校正,所以校正的目的是使仪器各轴线满足应有的几何条件。

2.5.1　水准仪应满足的几何条件

如图 2.21 所示,水准仪的轴线主要有:视准轴 CC,水准管轴 LL,圆水准轴 $L'L'$,仪器竖轴 VV。

根据水准测量原理,水准仪必须提供一条水平视线（即视准轴水平）,而视线是否水平是根据水准管气泡是否居中来判断的,如果水准管气泡居中,而视线不水平,则不符合水准测量原理。因此水准仪在轴线构造上应满足水准管轴平行于视准轴这个主要的几何条件。

此外,为了便于迅速有效地用微倾螺旋

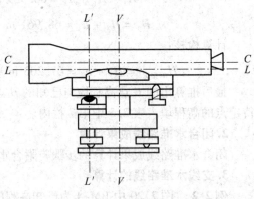

图 2.21　水准仪的轴线

使符合气泡精确置平,应先用脚螺旋使圆水准器气泡居中,使仪器粗略整平,仪器竖轴基本处于铅垂位置,故水准仪还应满足圆水准轴平行于仪器竖轴的几何条件;为了准确地用中丝（横丝）进行读数,当水准仪的竖轴铅垂时,中丝应当水平。

综上所述,水准仪轴线应满足的几何条件为:

① 圆水准轴应平行于仪器竖轴($L'L'$ ∥ VV)；

② 十字丝中丝应垂直于仪器竖轴(即中丝应水平)；

③ 水准管轴应平行于视准轴(LL ∥ CC)。

2.5.2　检验校正项目及方法

1. 圆水准轴平行于仪器竖轴的检验与校正

（1）检验方法

安置水准仪后，转动脚螺旋使圆水准气泡居中，如图2.22(a)所示，然后将仪器绕竖轴旋转180°。如果圆气泡仍旧居中，则表示该几何条件满足，不必校正。如果圆气泡偏离中心，如图2.22(b)所示，则表示该几何条件不满足，需要进行校正，如图2.22(c)、(d)所示。

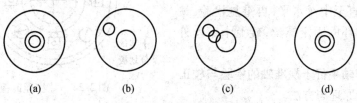

| (a) | (b) | (c) | (d) |

图2.22　圆水准器的检校

（2）校正方法

如图2.23所示，设圆水准轴 $L'L'$ 不平行于竖轴 VV，两者的夹角为 α，转动脚螺旋使圆气泡居中，则圆水准轴 $L'L'$ 处于铅垂方向，但竖轴 VV 倾斜了一个 α 角，如图2.23(a)所示。当仪器绕竖轴旋转180°后，竖轴仍处于倾斜 α 角的位置，气泡恒处于最高处，而圆水准轴转到竖轴的另一侧，但与竖轴 VV 的夹角 α 不变，这样圆水准轴 $L'L'$ 相对于铅垂方向就倾斜了2倍的 α 角度，如图2.23(b)所示，此时圆气泡偏离圆心(零点)的弧长所对的圆心角为 2α。因为仪器竖轴相对于铅垂方向仅倾斜 α 角，所以用脚螺旋调整使圆气泡向中心移动距离只能是偏离值的一半，此时竖轴即处于铅垂位置，如图2.23(c)所示；然后再拨动圆水准器校正螺丝校正另一半偏离值，使气泡居中，从而使圆水准轴也处于铅垂位置，达到圆水准轴 $L'L'$ 平行于竖轴 VV 的目的，如图2.23(d)所示。校正一般需要反复进行几次，直至仪器旋转到任何位置圆水准气泡都居中为止。

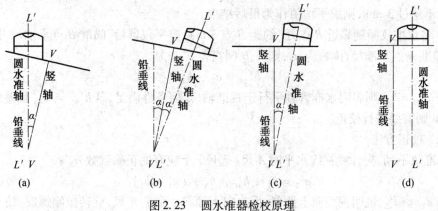

| (a) | (b) | (c) | (d) |

图2.23　圆水准器检校原理

2. 十字丝中丝垂直于仪器竖轴的检验与校正

（1）检验方法

若十字丝中丝已垂直于仪器竖轴,当竖轴铅垂时,中丝应水平,则用中丝的不同部位在水准尺上读数应该是相同的。安置水准仪整平后,用十字丝交点瞄准某一明显的点状目标 A,制紧制动扳手,缓慢地转动微动螺旋,从望远镜中观测 A 点在左右移动时是否始终沿着中丝移动,如果始终沿着中丝移动,则表示中丝是水平的,否则应需要校正。

（2）校正方法

校正方法因十字丝装置的形式不同而异。如图 2.24 所示的形式,需旋下目镜端的十字丝环外罩,用螺丝刀松开十字丝环的四个固定螺丝,按中丝倾斜的反方向小心地转动十字丝环,直至中丝水平,再重复检验,最后固紧十字丝环的固定螺丝,旋上十字丝外罩。

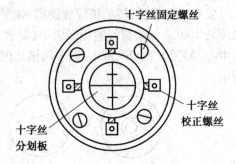

图 2.24　十字丝的检校

3. 水准管轴平行于视准轴的检验与校正

（1）检验原理与方法

设水准管轴不平行于视准轴,它们在竖直面内投影之夹角为 i,如图 2.25 所示。当水准管气泡居中时,视准轴相对于水平线方向向上（有时向下）倾斜了 i 角,则视线（视准轴）在尺上读数偏差 x,随着水准尺离开水准仪越远,由此引起的读数误差也越大。当水准仪至水准尺的前后视距相等时,即使存在 i 角误差,因在两根水准尺上读数的偏差 x 相等,后前视读数相减所求高差也不受影响。后前视距的差距增大,则 i 角误差对高差的影响也会随之增大。基于这种分析,提出如下的检验方法:

① 如图 2.25 所示,在平坦地区选择相距约 80 m 的 A、B 两点（可打下木桩或安放尺垫）,并在 A、B 两点中间选择一点 O,且使 $D_A = D_B$。

② 将水准仪安置于 O 点处,分别在 A、B 两点上竖立水准尺,读数为 a_1 和 b_1,则 A、B 两点间高差

$$h_{AB} = (a_1 - x) - (b_1 - x) = a_1 - b_1 \qquad (2.17)$$

为正确高差值。为了确保观测的正确性也可用两次仪器高法测定高差 h_{AB},若两次测得高差之差不超过 3 mm,则取平均值作为最后结果。

③ 将水准仪搬到靠近 B 点处（约距 B 点 3 m）,整平仪器后,瞄准 B 点水准尺,读数为 b_2,再瞄准 A 点水准尺,读数为 a_2,则 A、B 间高差 h'_{AB} 为

$$h'_{AB} = a_2 - b_2 \qquad (2.18)$$

若 $h'_{AB} = h_{AB}$ 则表明水准管轴平行于视准轴,几何条件满足,若 $h'_{AB} \neq h_{AB}$ 且差值大于 ±5 mm 则需要进行校正。

（2）校正方法

水准仪不动,先计算视线水平时 A 尺（远尺）上应有的正确读数 a_2':

$$a'_2 = b_2 + h_{AB} = b_2 + (a_1 - b_1) \qquad (2.19)$$

当 $a_2 < a_2'$,说明视线向上倾斜;反之向下倾斜。瞄准 A 尺,旋转微倾螺旋,使十字丝

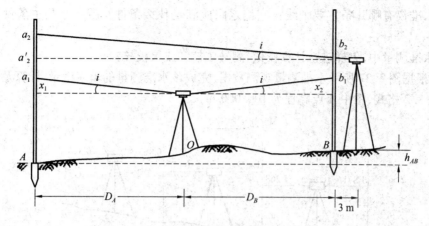

图 2.25　水准管轴平行于视准轴的检验

中丝对准 A 尺上的正确读数 a'_2,此时符合水准气泡就不再居中了,但视线已处于水平位置。

　　用校正针拨动位于目镜端的水准管上、下两个校正螺丝,如图 2.26 所示,使符合水准气泡严密居中。此时,水准管轴也处于水平位置,达到了水准管轴平行于视准轴的要求。

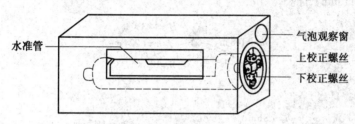

图 2.26　水准管轴的校正

　　校正时,应先稍松动左右两个校正螺丝,再根据气泡偏离情况,遵循"先松后紧"规则,拨动上、下两个校正螺丝,使符合气泡居中,校正完毕后,再重新固紧左右两个校正螺丝。

思考题与习题

　　1. 名词解释:水准测量、水准点、转点、视线高程、高差闭合差、视准轴、圆水准轴、管水准轴。

　　2. 设 A 为后视点,B 为前视点,A 点高程是 20.016 m,当后视读数为 1.124 m,前视读数为 1.428 m 时,问 A、B 两点高差是多少? B 点比 A 点高还是低? B 点的高程是多少? 并绘图说明。

　　3. 水准路线有哪几种布设形式? 怎样计算它们的高差闭合差?

　　4. 何谓视差? 视差是怎样产生的? 如何消除?

　　5. 水准仪上的圆水准器和管水准器作用有何不同?

　　6. 水准测量时,使前、后视距离相等,可消除哪些误差对水准测量的影响?

　　7. 简答水准仪的技术操作方法与程序。

8. 水准仪有哪几条主要轴线？它们之间应满足什么条件？哪一个是主条件？为什么？

9. 水准测量中,怎样进行计算校核、测站校核和成果校核？

10. 根据图 2.27 所示水准测量观测数据,完成该水准测量的填表记录、计算及检核。(参照表 2.2 格式,图中 A 点高程为 100.000 m)

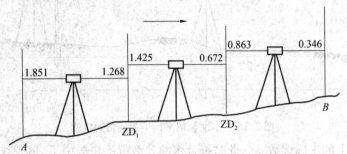

图 2.27　水准测量图示

11. 调整图 2.28 所示的闭合水准路线的观测成果,并求出各点的高程。容许高差闭合差按 $\pm 12\sqrt{n}$（mm）计。

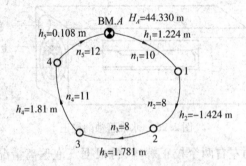

图 2.28　闭合导线

12. 安置水准仪在 A、B 两固定点之间等距处,A 尺读数 $a_1 = 1.347$ m,B 尺读数 $b_1 = 1.143$ m,然后搬水准仪至 B 点附近,又读 A 尺上读数 $a_2 = 1.721$ m,B 尺上读数 $b_2 = 1.492$ m。问:水准管轴是否平行于视准轴？如果不平行,当水准管气泡居中时,视准轴是向上倾斜还是向下倾斜？i 角值是多少？如何进行校正？

第 3 章

角度测量

【本章提要】 本章主要讲述角度测量的原理,光学经纬仪的构造和使用,水平角和竖直角的测量方法,经纬仪的检验与校正等基本内容。

【学习目标】 重点掌握角度测量原理,经纬仪的操作使用以及经纬仪按测回法观测水平角的方法步骤;了解光学经纬仪的基本构造以及经纬仪的检验和校正等内容。

3.1 角度测量原理

角度测量是确定地面点位的基本测量工作之一。常用的角度测量仪器是光学经纬仪,它既能测量水平角,又能测量垂直角。水平角用于求算地面点的坐标和两点间的坐标方位角,垂直角用于求算高差或将倾斜距离换算成水平距离。

3.1.1 水平角测量原理

地面上某点到两目标的方向线铅垂投影在水平面上所成的角度,称为水平角。其取值为 $0° \sim 360°$。如图 3.1 所示,A、O、B 为地面上高程不同的三个点,沿铅垂线方向投影到水平面 P 上,得到相应 A_1、O_1、B_1 点,则水平投影线 O_1A_1 与 O_1B_1 构成的夹角 β,称为地面方向线 OA 与 OB 两方向线间的水平角。

为了测定水平角的大小,设想在 O 点铅垂线上任一处 O_2 点水平安置一个带有顺时针均匀刻划的水平度盘,通过右方向 OA 和左方向 OB 各作一铅垂面与水平度盘平面相交,在度盘上截取相应的读数为 a 和 b(如图 3.1 所示),则水平角 β 为右方向读数 a 减去左方向读数 b,即

$$\beta = a - b \tag{3.1}$$

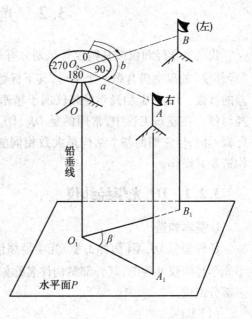

图 3.1 水平角测量原理

3.1.2 竖直角测量原理

在同一竖直面内,地面某点至目标的方向线与水平视线间的夹角,称为垂直角。如图 3.2 所示,目标的方向线在水平视线的上方,垂直角为正($+\alpha$),称为仰角;目标的方向线在水平视线的下方,垂直角为负($-\alpha$),称为俯角。所以垂直角的取值是 $0° \sim \pm 90°$。

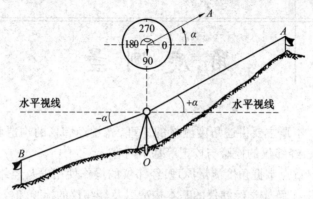

图 3.2 竖直角测量原理

同水平角一样,垂直角的角值也是垂直安置并带有均匀刻划的竖直度盘上的两个方向的读数之差,所不同的是其中一个方向是水平视线方向。对某一光学经纬仪而言,水平视线方向的竖直度盘读数应为 90° 的整倍数,因此测量垂直角时,只要瞄准目标,读取竖直度盘读数,就可以计算出垂直角。

常用的光学经纬仪就是根据上述测角原理及其要求制成的一种测角仪器。

3.2 光学经纬仪

我国光学经纬仪按其精度等级划分有 DJ_1、DJ_2、DJ_6 等几种,DJ 分别为"大地测量"和"经纬仪"的汉字拼音第一个字母,其下标数字 1、2、6 分别为该仪器一测回方向观测中误差的秒数。DJ_1、DJ_2 型光学经纬仪属于精密光学经纬仪,DJ_6 型光学经纬仪属于普通光学经纬仪。在建筑工程中,常用的是 DJ_2、DJ_6 型光学经纬仪。尽管仪器的精度等级或生产厂家不同,但它们的基本结构是大致相同的。本节介绍最常用 DJ_6 型光学经纬仪的基本构造及其操作。

3.2.1 DJ₆光学经纬仪

1. 基本构造

各种型号 DJ_6 型(简称 J_6 型)光学经纬仪的基本构造是大致相同的,图 3.3 为国产 DJ_6 型光学经纬仪外貌图,其外部结构件名称如图上所注,它主要由照准部、水平度盘和基座三部分组成。

(1)基座

基座是支承整个仪器的底座,并借助基座的中心螺母和三脚架上的中心连结螺旋,将仪器与三脚架固连在一起。基座上有三个脚螺旋,用来整平仪器。水平度盘的旋转轴套套在竖轴轴套外面,拧紧轴套固定螺旋,可将仪器固定在基座上,松开该固定螺旋,可将仪器从基座中提出,便于置换照准标牌,但平时或作业时务必将基座上的固定螺旋拧紧,不得随意松动。

（2）照准部

照准部主要由望远镜、竖直度盘、照准部水准管、读数设备及支架等组成。望远镜由物镜、目镜、十字丝分划板及调焦透镜组成,其作用与水准仪的望远镜相同。望远镜的旋转轴称为横轴。望远镜通过横轴安装在支架上,通过调节望远镜制动螺旋和微动螺旋使它绕横轴在竖直面内上下转动。

竖直度盘固定在横轴的一端,随望远镜一起转动,与竖盘配套的有竖盘水准管和竖盘水准管微动螺旋。

照准部水准管用来精确整平仪器,使水平度盘处于水平位置(同时也使仪器竖轴铅垂)。有的仪器,除照准部水准管外,还装有圆水准器,用来粗略整平仪器。

照准部的旋转轴称为竖轴,竖轴插入基座内的竖轴套中,照准部的旋转是其绕竖轴在水平方向上旋转,为了控制照准部的旋转,在其下部设有照准部水平制动螺旋和微动螺旋。

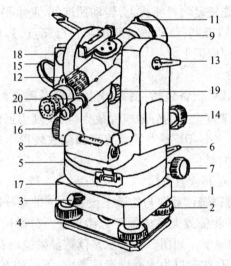

图 3.3　DJ$_6$型光学经纬仪

1—基座;2—脚螺旋;3—轴套制动螺旋;4—脚螺旋压板;5—水平度盘外罩;6—水平方向制动螺旋;7—水平方向微动螺旋;8—照准部水准管;9—物镜;10—目镜调焦螺旋;11—瞄准用的准星;12—物镜调焦螺旋;13.望远镜制动螺旋;14—望远镜微动螺旋;15—反光照明镜;16—度盘读数测微轮;17—复测机钮;18—竖直度盘水准管;19—竖直度盘水准管微动螺旋;20—度盘读数显微镜

（3）水平度盘

水平度盘是由光学玻璃制成的圆环，圆环上刻有从 0°至 360°的等间隔分划线，并按顺时针方向加以注记，有的经纬仪在度盘两刻度线正中间加刻一短分划线。两相邻分划间的弧长所对圆心角，称为度盘分划值，通常为 1°或 30′。

水平度盘通过外轴装在基座中心的套轴内，并用中心锁紧螺旋使之固紧。

当照准部转动时，水平度盘并不随之转动。若需要将水平度盘安置在某一读数的位置，可拨动专门的机构，DJ₆ 型光学经纬仪变动（配置）水平度盘位置的机构有以下两种形式：

度盘变换手轮：先按下度盘变换手轮下的保险手柄，再将手轮推压进去并转动，就可将水平度盘转到需要的读数位置上。此时，将手松开，手轮退出，注意把保险手柄倒回。有的经纬仪装有一小轮（称为位置轮）与水平度盘相连，使用时先打开位置轮护盖，转动位置轮，度盘也随之转动（照准部不动），转到需要的水平度盘读数位置为止，最后盖上护盖。

复测机钮（扳手）：如图 3.3 中 17 所示，当复测机钮扳下时，水平度盘与照准部结合在一起，两者一起转动，此时照准部转动时度盘读数不变。不需要一起转动时，将复测机钮扳上，水平度盘就与照准部脱开。例如，要求经纬仪望远镜瞄准某一已知点时水平度盘读数应为 0°00′00″，此时先把复测机钮扳上，转动照准部，使水平度盘读数为 0°00′00″，然后把复测机钮扳下，转动照准部，将望远镜瞄准某一已知点，其水平度盘读数就是 0°00′00″，观测开始时，复测机钮应扳上。

2. 读数设备及方法

DJ₆ 型光学经纬仪的读数设备包括：度盘、光路系统及测微器。当光线通过一组棱镜和透镜作用后，将光学玻璃度盘上的分划成像放大，反映到望远镜旁的读数显微镜内，利用光学测微器进行读数。各种 DJ₆ 型光学经纬仪的读数装置不完全相同，其相应读数方法也有所不同，归纳为两大类：

（1）分微尺读数装置及其读数方法

分微尺读数装置是显微镜读数窗与物镜上设置一个带有分微尺的分划板，度盘上的分划线经读数显微镜水平物镜放大后成像于分微尺上。分微尺 1°的分划间隔长度正好等于度盘的一格，即 1°的宽度。如图 3.4 所示是读数显微镜内看到的度盘和分微尺的影像，上面注有"水平"（或 H）的窗口为水平度盘读数窗，下面注有"竖直"（或 V）的窗口为竖直度盘读数窗，其中长线和大号数字为度盘上分划线影像及其注记，短线和小号数字为分微尺上的分划线及其注记。

每个读数窗内的分微尺分成 60 小格，每小格代表 1′，每 10 小格注有小号数字，表示10′的倍数。因此，分微尺可直接读到 1′，估读到 0.1′。

分微尺上的 0 分划线是读数指标线，它所指的度盘上的位置就是应该读数的地方。例如，图 3.4 所示水平度盘读数窗中，分微尺上的 0 分划线已过 178°，此时水平度盘的读数肯定比 178°多一点，所多的数值要看 0 分划线到度盘 178°分划线之间有多少个小格来确定，显然由图 3.4 看出，所读的数值为 05.0′（估读至 0.1′）。因此，水平度盘整个读数为 178°+05.0′ = 178°05.0′（记录及计算时可写作：178°05′00″）。

同理,图 3.4 中竖直度盘整个读数为 $86°+06.3'=86°06.3'$(记录及计算时可写作 $86°06'18''$)。

实际在读数时,只要看哪根度盘分划线位于分微尺刻划线内,则读数中的度数就是此度盘分划线的注记数,读数中的分数就是这根分划线所指的分微尺上的数值。可见分微尺读数装置的作用就是读出小于度盘最小分划值(例如 $1°$)的尾数值,它的读数精度受显微镜放大率与分微尺长度的限制。南京 1002 厂生产的 DJ_6 型光学经纬仪和德国蔡司厂生产的 Zeiss030 型光学经纬仪均属此类读数装置。

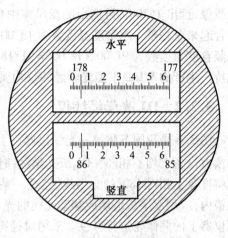

图 3.4　DJ_6 型经纬仪分微尺读数窗

(2)单平板玻璃测微器装置及其读数方法

单平板玻璃测微器装置主要由平板玻璃、测微尺、测微轮及传动装置组成。单平板玻璃与测微尺用金属机构连在一起,当转动测微轮时,单平板玻璃与测微尺一起绕同一轴转动。从读数显微镜中看到,当平板玻璃转动时,度盘分划线的影像也随之移动,当读数窗上的双指标线精确地夹准度盘某分划线像时,其分划线移动的角值可在测微尺上根据单指标读出。如图 3.5 所示的读数窗,上部窗为测微尺像,中部窗为竖直度盘分划像,下部窗为水平度盘分划像。读数窗中单指标线为测微器指标线,双指标线为度盘指标线。度盘最小分划值为 $30'$,测微尺共有 30 大格,一大格分划值为 $1'$,一大格又分为 3 小分格,则一小格分划值为 $20''$。

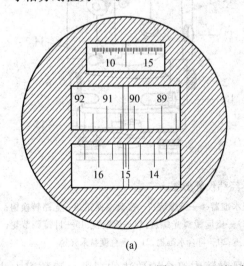
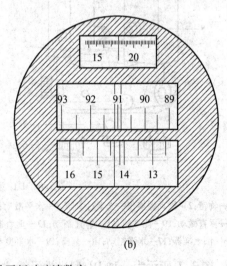

(a)　　　　　　　　　　　　　(b)

图 3.5　DJ_6 型经纬仪单平板玻璃读数窗

读数前,应先转动测微轮(如图 3.3 中 16),使度盘双指标线夹准(平分)某一度盘分划线像,读出度数和 $30'$ 的整分数。如在图 3.5(a)中,双指标线夹准水平度盘 $15°00'$,分

划线像,读出 15°00′,再读出测微尺窗中单指标线所指出的测微尺上的读数为 12′00″,两者合起来就是整个水平度盘读数为 15°00′+12′00″=15°12′00″。同理,在图 3.5(b)中,读出竖直度盘读数为 91°00′+18′06″=91°18′06″。北京光学仪器厂生产的红旗Ⅱ型和瑞士威特厂生产的 WILD T_1 型光学经纬仪均属此类读数装置。

3.2.2　DJ₂光学经纬仪

图 3.6 是我国苏州第一光学仪器厂生产的,其构造与 DJ₆型基本相同,但在轴系结构和读数设备上均不相同。DJ₂级光学经纬仪一般都采用对径分划线影像符合的读数设备,即将度盘上相对 180°的分划线,经过一系列棱镜和透镜的反射与折射后,显示在读数显微镜内,应用双平板玻璃或移动光楔的光学测微器,使测微时度盘分划线做相对移动,并用仪器上的测微轮进行操纵。采用对径符合和测微显微镜原理进行读数。

DJ₂型光学经纬仪读数设备有如下两个特点:

(1)采用对径读数的方法能读得度盘对径分划数的读数平均值,从而消除了照准部偏心的影响,提高了读数的精度。

(2)在读数显微镜中,只能看到水平度盘读数或竖盘读数,可通过换像手轮分别读数。

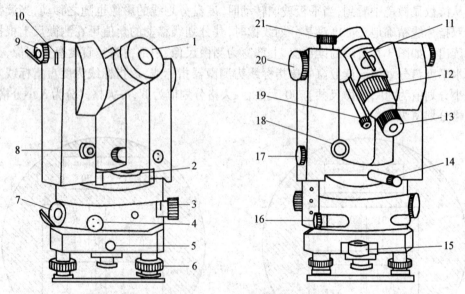

图 3.6　DJ₂ 型光学经纬仪外形图

1—物镜;2—微动螺旋;3—光学对中器;4—水平微动;5—圆水准器;6—脚螺旋;7—度盘变换钮;8—光路转换钮;9—垂直微动;10—测微轮;11—垂直制动;12—垂直制动;13—望远镜对光螺旋;14—读数窗;15—目镜调节轮;16—圆水准器;17—水平制动;18—基座;19—水平度盘采光镜;20—符合水准器;21—垂直度盘采光镜

图 3.7 所示为一种 DJ₂型光学经纬仪读数显微镜内符合读数法的视窗。读数窗中注记正字的为主像,倒字的为副像。其度盘分划值为 20′,左侧小窗内为分微尺影像。分微尺刻划由 0′~10′,注记在左边。最小分划值为 1″,按每 10″注记在右边。

读数时,先转动测微轮,使相邻近的主、副像分划线精确重合,如图 3.7(b)所示,以左边的主像度数为准读出度数,再从左向右读出相差 180°的主、副像分划线间所夹的格数,每格以 10′计。然后在左侧小窗中的分微尺上,以中央长横线为准,读出分数,10 秒数和秒数,并估读至 0.1″,三者相加即得全部读数。如图 3.7(b)所示的读数为 82°28′51″。

应该注意,在主、副像分划线重合的前提下,也可读取度盘主像上任何一条分划线的度数,但如与其相差 180°的副像分划线在左边时,则应减去两分划线所夹的格数乘 10′,小数仍在分微尺上读取。例如图 3.7(b)中,在主主像分划线中读取 83°,因副像 263°分划线在其左边 4 格,故应从 83°中减去 40′,最后读数为 83°− 40′+8′51″=82°28′51″,与先读82°分划线算出的结果相同。

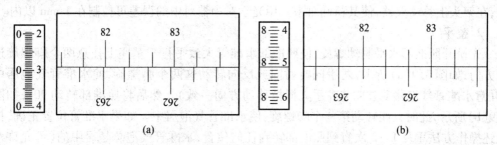

图 3.7 DJ₂ 型光学经纬仪符合读数法视窗

近年来生产的 DJ₂ 型光学经纬仪采用了新的数字化读数装置。如图 3.8 所示,中窗为度盘对径分划影像,没有注记;上窗为度和整 10′注记,并用小方框标记整 10′数;下窗读数为分和秒。读数时先转动测微手轮,使中窗主、副像分划线重合,然后进行读数。如图中读数为 64°15′25″0。

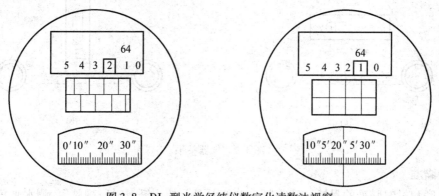

图 3.8 DJ₂ 型光学经纬仪数字化读数法视窗

3.3 水平角测量

3.3.1 经纬仪的基本操作

1.对中

先打开三脚架,安在测站点上,使架头大致水平,架头的中心大致对准测站标志,并注意脚架高度适中。然后踩紧三脚架,装上仪器,旋紧中心连结螺旋,挂上垂球。若垂球尖

偏离测站标志,就稍松动中心螺旋,在架头上移动仪器,使垂球尖精确对中标志,再旋紧中心螺旋。若在架头上移动仪器无法精确对中,则要调整三脚架的脚位,此时应注意先旋紧中心螺旋,以防仪器摔下。用垂球进行对中的误差一般可控制在 3 mm 以内。

若仪器上有光学对中器装置时,可利用光学对中器进行对中。首先使架头大致水平和用垂球(或目估)初步对中;然后转动(拉出)对中器目镜,使测站标志的影像清晰;转动脚螺旋,使标志影像位于对中器小圆圈(或十字分划线)中心,此时仪器圆水准气泡偏离,伸缩脚架使圆气泡居中,但须注意脚架尖位置不得移动,再转动脚螺旋使水准管气泡精确居中。最后还要检查一下标志是否仍位于小圆圈中心,若有很小偏差可稍松中心连结螺旋,在架头上移动仪器,使其精确对中。用光学对中器对中的误差可控制在 1 mm 以内。

2. 整平

先松开照准部水平制动螺旋,使照准部水准管大致平行于基座上任意两个脚螺旋连线方向,如图 3.9(a)所示,两手同时对向或反向转动这两个脚螺旋,使水准管气泡居中(注意水准管气泡移动方向与左手大拇指移动方向一致)。然后将照准部转动 90°,如图 3.9(b)所示,此时只能转动第三个脚螺旋,使水准管气泡居中。如果水准管位置正确,按上述操作方法重复 1~2 次直到照准部转到任何位置,水准管气泡总是居中的(可允许水准管气泡偏离零点不超过一格)。

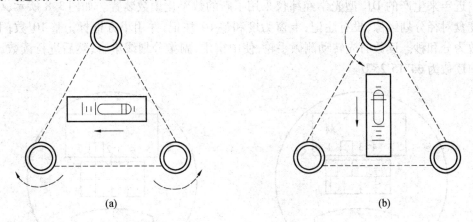

(a)   (b)

图 3.9 仪器整平

3. 瞄准

角度测量时瞄准的目标一般是竖立在地面点上的测钎、花杆、觇牌等,测水平角时,要用望远镜十字丝分划板的竖丝对准它,操作程序如下:

(1)目镜对光:将望远镜对向明亮背景,转动目镜对光螺旋,使十字丝成像清晰。

(2)粗略瞄准:松开照准部制动螺旋与望远镜制动螺旋,转动照准部与望远镜,通过望远镜上的瞄准器对准目标,然后旋紧制动螺旋。

(3)物镜对光:转动位于镜筒上的物镜对光螺旋,使目标成像清晰并检查有无视差存在,如果发现有视差存在,应重新进行对光,直至消除视差,如图 3.10(a)所示。

(4)精确瞄准:转动望远镜和照准部的微动螺旋,使十字丝分划板的竖丝精确地瞄准(夹准)目标,如图 3.10(b)所示。注意尽可能瞄准目标的下部。

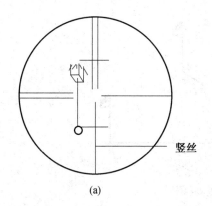
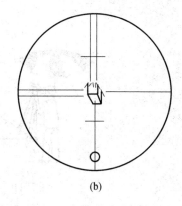

(a)	(b)

图 3.10　瞄准目标

4. 读数

读数前,先将反光照明镜张开成适当位置,调节镜面朝向光源,使读数窗亮度均匀,调节读数显微镜目镜对光螺旋,使读数窗内分划线清晰,然后按前述的 DJ_6 型光学经纬仪读数方法进行读数。

3.3.2　水平角的观测方法

水平角观测的方法,一般根据目标的多少和精度要求而定,常用的水平角观测方法有测回法和方向观测法。

1. 测回法

测回法是测角的基本方法,用于两个目标方向之间的水平角观测。

如图 3.11 所示,设 O 为测站点,A、B 为观测目标,用测回法观测 OA 与 OB 两个方向之间的水平角 β,具体步骤如下:

(1)安置仪器于测站 O 点,对中、整平,在 A、B 两点设置目标标志(如竖立测钎或花杆)。

(2)将竖直度盘位于观测者左侧(称为盘左位置,或称正镜),先瞄准左目标 A,水平度盘读数为 $L_A(L_A = 0°20'2'')$,记入表 3.1 记录表相应栏内,接着松开照准部水平制动螺旋,顺时针旋转照准部瞄准右目标 B,水平度盘读数为 $L_B(L_B = 42°45'30'')$,记入表 3.1 中相应栏内。

以上称为上半测回,其盘左位置角值 $\beta_左 = L_B - L_A(\beta_左 = 42°25'28'')$。

(3)纵转望远镜,使竖直度盘位于观测者右侧(称为盘右位置,或称倒镜),先瞄准右目标 B,水平度盘读数为 $R_B(R_B = 222°45'42'')$,记入表 3.1 中相应栏内;接着松开照准部水平制动螺旋,转动照准部,同法瞄准左目标 A,水平度盘读数为 $R_A(R_A = 180°10'30'')$,记入表 3.1 中相应栏内。以上称为下半测回,其盘右位置角值 $\beta_右 = R_B - R_A(\beta_右 = 42°25'12'')$。

上半测回和下半测回构成一测回。

(4)对于 DJ_6 型光学经纬仪,若两个半测回角值之差不大于 $±40''$(即 $|\beta_左 - \beta_右| \leqslant 40''$),认为观测合格。此时可取两个半测回角值的平均值作为一测回的角值 β,即

$$\beta = \frac{1}{2}(\beta_左 + \beta_右)$$

图 3.11　水平角观测(测回法)

表 3.1 为测回法观测水平角记录,在记录计算中应注意由于水平度盘是顺时针刻划和注记,故计算水平角总是以右目标的读数减去左目标的读数,如遇到不够减,则应在右目标的读数上加上 360°,再减去左目标的读数,决不可倒过来减。

当测角精度要求较高需要对一个角度观测若干个测回时,为了减弱度盘分划不均匀误差的影响,在各测回之间,应使用度盘变换手轮或复测机钮,按测回数 m,将水平度盘位置依次变换 $180°/m$。例如某角要求观测两个测回,第一测回起始方向(左目标)的水平度盘位置应配置在 $0°00'$ 处;第二测回起始方向的水平度盘位置应配置在 $180°/2 = 90°0'$ 处。

测回法采用盘左、盘右两个位置观测水平角取平均值,可以消除仪器误差(如视准轴误差、横轴不水平误差)对测角的影响,提高了测角精度,同时也可作为观测中有无错误的检核。

表 3.1　水平角测量记录与计算表

测站	目标	竖盘位置	水平度盘读数			半测回角值			一测回平均角值			备　注
			(°)	(′)	(″)	(°)	(′)	(″)	(°)	(′)	(″)	
0	A	左	0	20	2	42	25	28	42	25	20	
	B		42	45	30							
	A	右	180	20	30	42	25	12				读数法读至 0.1′,记录时可写作秒数
	B		222	45	42							

2. 方向观测法

在一个测站上,当观测方向在三个以上时,一般采用全圆方向观测法(在半测回中如不归零称方向观测法),即从起始方向顺次观测各个方向后,最后要回测起始方向,即全圆的意思。最后一步称为"归零",这种半测回归零的方法称为"全圆方向法",如图 3.12 中,OA 为起始方向,也称零方向。

观测步骤如下:

(1) 安置仪器于 O 点,盘左位置且使水平度盘读数略大于 $0°$ 时照准起始方向,如图中的 A 点,读取水平度盘读数 a。

（2）顺时针方向转动照准部，依次照准 B、C、D 各个方向，并分别读取水平度盘读数为 b、c、d，继续转动再找准起始方向，得水平度盘读数为 a'。这步观测称为"归零"，a' 与 a 之差，称为"半测回归零差"。DJ$_6$ 型经纬仪为 24″。如归零差超限，则说明在观测过程中，仪器度盘位置有变动，此半测回应该重测。测量规范要求的限差参看表 3.3。以上观测过程为全圆方向法的上半个测回。

（3）以盘右位置按逆时针方向依次照准 A、D、C、B、A，并分别读取水平度盘读数。以上为下半个测回，其半测回归零差不应超过限差规定。

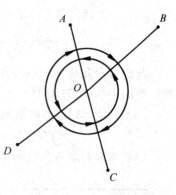

图 3.12 方向观测法水平角

每次读数都应按规定格式记入表 3.2 中。

上、下半测回合起来称为一测回。当精度要求较高时，可观测 n 个测回，为了消除度盘刻划不均匀误差，每测回也要按 $180°/n$ 的差值变换度盘的起始位置。

方向观测法的记录与计算见表 3.2，计算方法如下：

表 3.2 水平角观测手簿（方向观测法）

测回	测站	目标	水平度盘读数		2C	平均值	归零后方向值	各测回归零方向值之平均值	备注
			盘 左	盘 右					
			(°)(′)(″)	(°)(′)(″)	(″)	(°)(′)(″)	(°)(′)(″)	(°)(′)(″)	
1	O	A	0 01 00	180 01 18	− 18	(0 01 15) 0 01 09	0 00 00	0 00 00	
		B	91 54 06	271 54 00	+ 6	91 54 03	91 52 48	91 52 45	
		C	153 32 48	333 32 48	0	153 32 48	153 31 33	151 31 33	
		D	214 06 12	34 06 06	+ 06	214 06 09	214 04 54	214 05 00	
		A	0 01 24	180 01 18	+ 06	0 01 21			
2	O	A	90 01 12	270 01 24	− 12	(90 01 27) 90 01 18	0 00 00		
		B	181 54 00	1 54 18	− 18	181 54 09	91 52 42		
		C	243 32 54	63 33 06	− 18	243 33 00	153 31 33		
		D	304 06 36	124 06 30	+ 6	304 06 33	214 05 06		
		A	90 01 36	270 01 36	0	90 01 36			

（1）计算两倍照准误差 2C 值：二倍照准误差是同一台仪器观测同一方向盘左、盘右读数之差，简称 2C 值。它是由于视准轴不垂直于横轴引起的观测误差，计算公式为

$$2C = 盘左读数 − (盘右读数 ± 180°)$$

对于 DJ$_6$ 型经纬仪，2C 值只作参考，不作限差规定。如果其变动范围不大，说明仪器是稳定的，不需要校正，取盘左、盘右读数的平均值即可消除视准轴误差的影响。

（2）一测回内各方向平均读数的计算：

$$平均值 = \frac{1}{2}[盘左读数 + (盘右读数 \pm 180°)]$$

起始方向有两个平均读数，应再取其平均值，将算出的结果填入同一栏的括号内，如第一测回中的（0°01′15″）。

（3）一测回归零方向值的计算：

$$归零方向值 = 平均值 - 起始方向平均值（括号内）$$

将相邻两归零方向值的平均值相减，得到水平角值。

表 3.3　方向观测法限差要求

项　目 ＼ 仪器类型	DJ$_2$	DJ$_6$
半测回归零差	12″	18″
一测回 2C 变动范围	18″	
各测回同一归零方向值互差	12″	24″

3.4　竖直角测量

3.4.1　竖直度盘的构造

竖直度盘简称竖盘，如图 3.13 所示，为 DJ$_6$ 型经纬仪竖盘构造示意图，主要包括竖盘、竖盘指标、竖盘指标水准管和竖盘指标水准管微动螺旋。竖盘固定在横轴的一侧，随望远镜在竖直面内同时上、下转动；竖盘读数指标不随望远镜转动，它与竖盘指标水准管连接在一个微动架上，转动竖盘指标水准管微动螺旋，可使竖盘读数指标在竖直面内作微小移动。当竖盘指标水准管气泡居中时，指标应处于竖直位置，即在正确位置。一个校正好的竖盘，当望远镜视准轴水平、指标水准管气泡居中时，读数窗上指标所指的读数应是 90° 或 270°，此读数即为视线水平时的

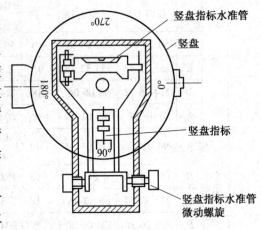

图 3.13　竖盘结构示意

竖盘读数。一些新型的经纬仪安装了自动归零装置来代替水准管，测定竖直角时，放开阻尼器钮，待摆稳后，直接进行读数，提高了观测速度和精度。

竖盘的刻划注记形式很多，常见的光学经纬仪竖盘都为全圆式刻划，如图 3.14 所示，可分为顺时针和逆时针两种注记，盘左位置视线水平时，竖盘读数均为 90°，盘右位置视线水平时竖盘读数均为 270°。多数 DJ$_6$ 型经纬仪采用的是顺时针注记的竖盘，如图 3.14 所示。

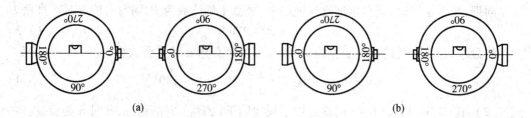

图 3.14　竖盘注记的形式

3.4.2　竖直角计算公式

1. 竖直角的观测

（1）在测站 O 点上安置经纬仪，以盘左位置用望远镜的十字丝中横丝瞄准目标上某一点 M。

（2）转动竖盘指标水准管微动螺旋，使气泡居中。读取竖盘读数 L。

（3）倒转望远镜，以盘右位置再瞄准目标上点 M。调节竖盘指标水准管气泡居中，读取竖盘读数 R。竖直角的观测记录见表 3.4。

表 3.4　竖直角观测记录

测站	目标	竖盘位置	竖盘读数 (°)(′)(″)	半测回竖直角 (°)(′)(″)	指标差 (″)	一测回竖直角 (°)(′)(″)	备　　注
O	A	左	80 20 36	9 39 24	+15	9 39 39	盘左时竖盘注记
		右	279 39 54	9 39 54			
	B	左	96 05 24	− 6 05 24	+6	− 6 05 18	
		右	263 54 48	− 6 05 12			

2. 竖直角的计算

竖盘注记形式不同，则根据竖盘读数计算竖直角的公式也不同。本节仅以图 3.15(a) 所示的顺时针注记的竖盘形式为例，加以说明。

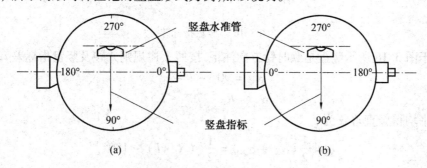

图 3.15　竖盘刻度注记（盘左位置）

由图 3.15 看出：盘左位置时，望远镜视线向上（仰角）瞄准目标，竖盘水准管气泡居中，其竖盘正确读数为 L，根据竖直角测量原理，则盘左位置时竖直角为

$$\alpha_左 = 90° - L \tag{3.2}$$

同理,盘右位置时,竖盘水准管气泡居中,竖盘正确读数为 R,则盘右位置时竖直角为

$$\alpha_{右} = R - 270° \tag{3.3}$$

将盘左、盘右位置的两个竖直角取平均,即得竖直角 α 计算公式为

$$\alpha = \frac{1}{2}(\alpha_{左} + \alpha_{右}) = \frac{1}{2}[(R - L) - 180°] \tag{3.4}$$

式(3.2)、式(3.3)和式(3.4)同样适用于视线向下(俯角)时的情况,此时 α 为负。

3.4.3 竖盘指标差

由上述计算可知,望远镜视线水平且竖盘水准管气泡居中时,竖盘指标的正确读数应是 90° 的整倍数。但是由于竖盘水准管与竖盘读数指标的关系难以完全正确,当视线水平且竖盘水准管气泡居中时的竖盘读数与应有的竖盘指标正确读数(即90°的整倍数)有一个小的角度差 i,称为竖盘指标差,即竖盘指标偏离正确位置引起的差值。竖盘指标差 i 本身有正负号,一般规定当竖盘读数指标偏移方向与竖盘注记方向一致时,i 取正号,反之 i 取负号。如图 3.16 所示的竖盘注记与指标偏移方向一致,竖盘指标差 i 取正号。

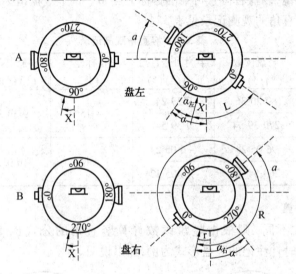

图 3.16　竖盘指标差

由于图 3.16 所示竖盘是顺时针方向注记,按照上述规则并顾及竖盘指标差 i,得到

$$\alpha_{左} = 90° - L + i \tag{3.5}$$

$$\alpha_{右} = R - 270° - i \tag{3.6}$$

两者取平均得竖直角 α 为

$$\alpha = \frac{1}{2}(\alpha_{左} + \alpha_{右}) = \frac{1}{2}[(R - L) - 180°] \tag{3.7}$$

可见,式(3.7)与式(3.4)计算竖直角 α 的公式相同。说明采用盘左、盘右位置观测取平均计算得竖直角,其角值不受竖盘指标差的影响。

若将式(3.5)减去式(3.6),则得

$$i = \frac{1}{2} \left[(L + R) - 360° \right] \tag{3.8}$$

3.5 经纬仪的检验与校正

3.5.1 经纬仪应满足的几何条件

如图 3.17 所示,经纬仪各部件主要轴线有:竖轴 VV、横轴 HH、望远镜视准轴 CC 和照准部水准管轴 LL。

根据角度测量原理和保证角度观测的精度,经纬仪的主要轴线之间应满足以下条件:

(1) 照准部水准管轴 LL 应垂直于竖轴 VV;

(2) 十字丝竖丝应垂直于横轴 HH;

(3) 视准轴 CC 应垂直于横轴 HH;

(4) 横轴 HH 应垂直于竖轴 VV;

(5) 竖盘指标差应为零。

在使用光经纬仪测量角度前需查明仪器各部件主要轴线之间是否满足上述条件,此项工作称为检验。如果检验不满足这些条件,则需要进行校正。

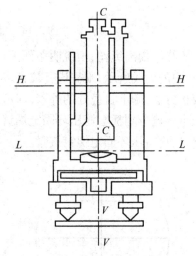

图 3.17 经纬仪的轴线

3.5.2 检验校正项目及方法

1. 照准部水准管轴应垂直于竖轴的检验与校正

检验方法:将仪器大致整平后,转动照准部,使水准管与任意一对脚螺旋的连线平行,如图 3.18(a) 中的 $ab \parallel 12$,调节脚螺旋 1、2,使水准管气泡居中;再转动照准部,使水准管 $ab \parallel 13$(此时 a 端与 1 在同一侧),旋转脚螺旋 3(不能转动 1),使气泡居中,如图 3.18(b) 所示,这时 2、3 两脚螺旋已经等高;然后再转动照准部,使水准管 $ab \parallel 32$,如图 3.18(c) 所示,此时若水准管气泡仍居中,则条件满足;若气泡偏离零点位置一格以上,则应进行校正。

校正方法:用校正针拨动水准管校正螺丝,使其气泡精确居中即可。由于图 3.18 中 (a)、(b) 两步连续操作后,2、3 脚螺旋已等高,因此,在校正时应注意不能再转动它们。

这项校正要反复进行几次,直至照准部转到任何位置,气泡均居中或偏离零点位置不超过半个格为止。对于圆水准器的检验校正,可利用已校正好的水准管整平仪器,此时若圆水准气泡偏离零点位置,则用校正针拨动其校正螺丝,使气泡居中即可。

2. 十字丝纵丝垂直于横轴的检验与校正

检验方法:整平仪器,以十字丝的交点精确瞄准任一清晰的小点 P,如图 3.19 所示。拧紧照准部和望远镜制动螺旋,转动望远镜微动螺旋,使望远镜作上、下微动,如果所瞄准

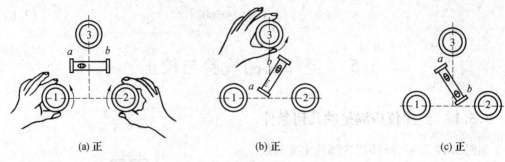

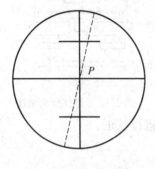 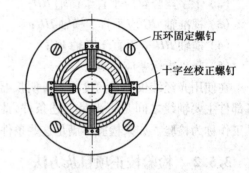

图 3.18　管水准器的检验与校正

的小点始终不偏离纵丝,则说明条件满足;若十字丝交点移动的轨迹明显偏离了点 P,如图 3.19 中的虚线所示,则需进行校正。

校正方法:卸下目镜处的外罩,即可见到十字丝分划板校正设备,如图 3.20 所示。松开四个十字丝分划板套筒压环固定螺钉,转动十字丝套筒,直至十字丝纵丝始终在点 P 上移动,然后再将压环固定螺钉旋紧。

图 3.19　十字丝检验　　　　　　图 3.20　十字丝分划板校正设备

3. 视准轴垂直于横轴的检验与校正

检验方法:望远镜视准轴是等效物镜光心与十字丝交点的连线。望远镜物镜光心是固定的,而十字丝交点的位置是可以变动的。所以,视准轴是否垂直横轴,取决于十字丝交点是否处于正确位置。当十字丝交点不在正确位置时,导致视准轴不与横轴垂直,偏离一个小角度 c,称为视准轴误差。这个视准轴误差将使视准面不是一个平面,而为一个锥面,这样对于同一视准面内的不同倾角的视线,其水平度盘的读数将不同,带来了测角误差,所以这项检验工作十分重要。现介绍两种检验方法:

（1）盘左盘右读数法

实地安置仪器并认真整平,选择一水平方向的目标 A,用盘左、盘右位置观测。盘左位置时水平度盘读数为 L',盘右位置时水平度盘读数为 R',如图 3.21 所示。

设视准轴误差为 c(若 c 为正号),则盘左、盘右的正确读数 L、R 分别为

$$L = L' - \Delta c, R = R' - \Delta c \qquad (3.9)$$

式中　Δc——视准轴误差 c 对目标 A 水平方向值的影响,$\Delta c = c/\cos \alpha$。

由于目标 A 为水平目标,故 $\Delta c = c$,考虑到 $R = L - R \pm 180°$,故

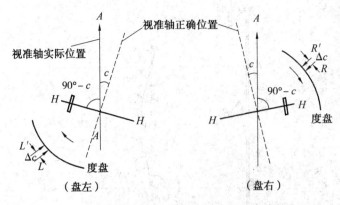

图 3.21　视准轴误差的检验与校正(盘左盘右读数法)

$$c = \frac{1}{2}\left[L' - R' \pm 180° \right] \tag{3.10}$$

对于 DJ6 型光学经纬仪,若 c 值不超过 ±60″,认为满足要求,否则需要校正。

（2）四分之一法

盘左盘右读数法对于单指标的经纬仪,仅在水平度盘无偏心或偏心差的影响小于估读误差时才见效。若水平度盘偏心差的影响大于估读误差,则公式(3.10)计算得视准轴误差 c 值可能是偏心差引起的,或者偏心差的影响是占主要的。这样检验将得不到正确的结果。此时,宜选用四分之一法,现简述如下:

在一平坦场地,选择 A、B 两点(相距约100 m)。安置仪器于 AB 连线中点 O,如图3.22所示,在 A 点竖立一照准标志,在 B 点横置一根刻有毫米分划的直尺,使其垂直于视线 OB,并使 B 点直尺与仪器大致同高。先在盘左位置瞄准 A 点标志,固定照准部,然后纵转望远镜,在 B 点直尺上读得 B_1(如图3.22(a));接着在盘右位置再瞄准 A 点标志,固定照准部,再纵转望远镜在 B 点直尺上读得 B_2(如图3.22(b))。如果 B_1 与 B_2 两点重合,说明视准轴垂直于横轴,否则就需要校正。

校正方法:

（1）盘左盘右读数法的校正:按公式(3.10)计算得视准轴误差 c,由此求得盘右位置时正确水平度盘读数 $R = R' + c$,转动照准部微动螺旋,使水平度盘读数为 R 值。此时十字丝的交点必定偏离目标 A,卸下十字丝环护盖,略放松十字丝上、下两校正螺丝,将左、右两校正螺丝一松一紧地移动十字丝环,使十字丝交点对准目标 A 点。校正结束后应将上、下校正螺丝上紧。然后变动度盘位置重复上述检校,直至视准轴误差 c 满足规定要求为止。

（2）四分之一法的校正,在直尺上由 B_2 点向 B_1 方向量取 $\overline{B_2 B_3} = \overline{B_1 B_2}/4$,标定出 B_3 点,此时 OB_3 视线便垂直于横轴 HH。用校正针拨动十字丝环的左、右两校正螺丝(上、下校正螺丝先略松动),一松一紧地使十字丝交点与 B_3 点重合。这项检校也要重复多次,直至 $\overline{B_1 B_2}$ 长度小于 1 cm(相当于视准轴误差 $c \leqslant c \pm 10″$)。

4. 横轴垂直于竖轴的检验与校正

检验方法:在离墙面10 ~ 20 m 左右处安置经纬仪,整平仪器后,用盘左位置瞄准墙面

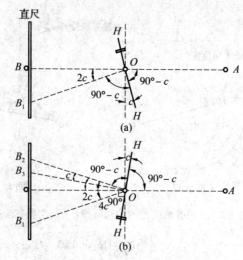

图 3.22　视准轴误差的检验与校正(四分之一法)

高处的一点 P(其仰角宜在 30° 左右),固定照准部,然后大致放平望远镜,在墙面上标出一点 A,如图 3.23 所示。同样再用盘右位置瞄准 P 点,放平望远镜,在墙面上又标出一点 B,如果 A 点与 B 点重合,则表示横轴垂直于竖轴,否则应进行校正。

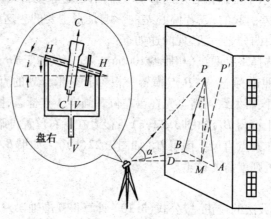

图 3.23　横轴误差的检验与校正

校正方法:取 AB 连线的中点 M,仍以盘右位置瞄准 M 点,抬高望远镜,此时视线必然偏离高处的 P 点而在 P' 的位置。由于进行这项检校时竖轴已铅垂,视准轴也与横轴垂直,但横轴不水平,所以用校正工具拨动横轴支架上的偏心轴承,使横轴左端(右端)降低(升高),直至使十字丝交点对准 P 点为止,此时横轴就处于与竖轴相垂直的位置。由于光学经纬仪的横轴是密封的,一般来说仪器出厂时均能满足横轴垂直于竖轴的正确关系,如发现经检验此项要求不满足,应将仪器送到专门检修部门校正为宜。

由图 3.23 看出,若 A 点与 B 点不重合,其长度 AB 与横轴不水平(倾斜)误差 i 角之间存在一定关系,设经纬仪距墙面平距为 D,墙面上高处 P 点垂直角为 α,则

$$i'' = \frac{BM}{PM} \cdot \rho'' = \frac{1}{2} \times \frac{AB}{D \cdot \tan \alpha} \cdot \rho'' = \frac{1}{2} \times \frac{AB \cdot \cot \alpha}{D} \cdot \rho'' \qquad (3.11)$$

对于 DJ$_6$ 型经纬仪,i 角不超过 ±20″ 可不校正。例如本例检验与校正时,已知 $D = 20$ m,$\alpha = 30°$,当要求 $i \leq ±20″$ 时,求得 $AB \leq 2.2$ mm,表明 A 点与 B 点相距小于 2.2 mm 时可不校正。式(3.11)可用来计算横轴不水平误差。

5. 竖盘指标差的检验与校正

检验方法:仪器整平后,以盘左、盘右位置分别用十字丝交点瞄准同一水平的明显目标,当竖盘水准管气泡居中时读取竖盘读数 L、R,按竖盘指标差计算公式求得指标差 i。一般要观测另一水平的明显目标验证上述求得指标差 i 是否正确,若两者相差甚微或相同,表明检验无误。对于 DJ$_6$ 型经纬仪,竖盘指标差 i 值不超过 ±60″ 可不校正,否则应进行校正。

校正方法:校正时一般以盘右位置进行照准目标后获得盘右读数 R 及计算得竖盘指标差 i,则盘右位置竖盘正确读数为 $R_\text{正} = R - i$。

转动竖盘水准管微动螺旋,使竖盘读数为 $R_\text{正}$ 值,这时竖盘水准管气泡肯定不再居中,用校正针拨动竖盘水准管校正螺丝,使气泡居中。此项检校需反复进行,直至竖盘指标差 i 为零或在限差要求以内。

具有自动归零装置的仪器,竖盘指标差的检验方法与上述相同,但校正宜送仪器专门检修部门进行。

6. 光学对中器的检验与校正

检验方法:如图 3.24 所示,安置仪器于平坦地面,严格整平仪器,在脚架中央的地面上固定一张白纸板,调节对中器目镜,使分划成像清晰,然后伸拉调节筒身看清地面上白纸板。根据分划圈中心在白纸板上标记 A_1 点,转动照准部 180°,按分划圈中心又在白纸板上标记 A_2 点。若 A_1 与 A_2 两点重合,说明光学对中器的视准轴与竖轴重合,否则应进行校正。

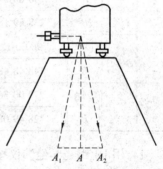

校正方法:在白纸板上定出 A_1、A_2 两点连线的中点 A,调节对中器校正螺丝使分划圈中心对准 A 点。校正时应

图 3.24　光学对中器检验与校正

注意光学对中器上的校正螺丝随仪器类型而异,有些仪器是校正直角棱镜位置,有些仪器是校正分划板。光学对中器本身安装部位也有不同(基座或照准部),其校正方法有所不同(详见仪器使用说明书),图 3.24 所示光学对中器是安装在照准部上。

思考题与习题

1. 名词解释:水平角、竖直角、对中整平、盘左盘右、测回法、竖盘指标差
2. 在同一竖直面内,不同高度的点在水平度盘上的读数是否应该一样?
3. J$_2$ 和 J$_6$ 型光学经纬仪有何区别?
4. 经纬仪安置包括哪两项内容?怎样进行?目的何在?
5. 试述经纬仪按测回法观测水平角的操作步骤和方法、记录计算及限差规定。
6. 测量水平角时,为什么要用盘左、盘右两个位置观测?
7. 将某经纬仪置于盘左,当视线水平时,竖盘读数为 90°,当望远镜逐渐上仰时,竖盘

读数在减小。试写出该仪器的竖直角计算公式。

8. 竖直角测量时,为什么在读取竖直度盘读数前一定要使竖盘水准管气泡居中?

9. 何谓竖盘指标差?如何消除竖盘指标差对竖直角测量的影响?

10. 顺时针与逆时针注记的竖盘,计算竖直角以及竖盘指标差的公式有无区别?

11. 经纬仪有哪几条主要轴线?它们应满足什么条件?

12. 在检验视准轴垂直于横轴时,为什么目标要选得与仪器同高(即水平目标)?而在检验横轴垂直于竖轴时,为什么目标要选得高一些?按本书所述的方法,这两项检验顺序是否可以颠倒?

13. 用 DJ_6 型光学经纬仪按测回法观测水平角,整理表 3.5 中水平角观测的各项计算。

表3.5　水平角观测记录

测站	竖盘位置	目标	水平度盘读数 (°) (′) (″)	半测回角值 (°) (′) (″)	一测回角值 (°) (′) (″)	一测回平均角值 (°) (′) (″)	备注
		A	0 00 24				
		B	58 48 54				
		A	180 00 54				
		B	238 49 18				
		A	90 00 12				
		B	148 48 48				
		A	270 00 36				
		B	328 49 08				

14. 用 DJ_6 型光学经纬仪按中丝法观测竖直角,整理表 3.6 竖直角观测的各项计算。

表3.6　竖直角观测记录

测站	目标	竖盘位置	水平度盘读数 (°) (′) (″)	半测回竖直角值 (°) (′) (″)	指标值 (°) (′) (″)	一测回平均角值 (°) (′) (″)	备注
		左	79 20 24				
		右	280 40 00				
	B	左	98 32 18				
		右	261 27 54				

第 **4** 章

距离测量、直线定向及坐标计算原理

【本章提要】　本章主要讲述钢尺量距方法和精度评定,视距测量原理与计算,光电测距仪的测距原理、成果计算及注意事项,直线定向以及罗盘仪的使用,坐标计算原理等内容。

【学习目标】　要求重点掌握钢尺量距的方法及精度评定,光电测距原理及测距仪的使用,方位角的概念,正、反坐标方位角及其相互关系,坐标计算原理及方法。

距离测量是测量的三项基本工作之一。所谓距离是指地面上两点垂直投影到水平面上的直线距离,是确定地面点位置三要素之一。如果测得的是倾斜距离,还必须改算为水平距离。距离测量按照所用仪器、工具的不同,又可分为直接测量和间接测量两种。用尺子测距和光电测距仪测距称为直接测量,而视距测量为间接测量。

4.1　钢尺量距

4.1.1　量距工具

丈量距离时,常使用工具有钢尺、皮尺、绳尺等,辅助工具有标杆、测钎和垂球等。

1. 钢尺

钢尺是钢制的带尺,常用钢尺宽 10 mm,厚 0.2 mm;长度有 20 m、30 m 及 50 m 几种,卷放在圆形盒内或金属架上。钢尺的基本分划为厘米,在每米及每分米处有数字注记。一般钢尺在起点处一分米内刻有毫米分划;有的钢尺,整个尺长内都刻有毫米分划。

由于尺的零点位置的不同,有端点尺和刻线尺的区别。端点尺是以尺的最外端作为尺的零点,当从建筑物墙边开始丈量时使用很方便。刻线尺是以尺前端的一刻线作为尺的零点,如图 4.1 所示。

2. 辅助工具

量具的辅助工具有标杆、测钎、垂球等,如图 4.2 所示。标杆又称花杆,直径 3 ~ 4 cm,长 2 ~ 3 m,杆身涂以 20 cm 间隔的红、白漆,下端装有锥形铁尖,主要用于标定直线方向;测钎亦称测针,用直径 5 mm 左右的粗钢丝制成,长 30 ~ 40 cm,上端弯成环行,下端磨尖,一般以 11 根为一组,穿在铁环中,用来标定尺的端点位置和计算整尺段数;垂球用

于在不平坦地面丈量时将钢尺的端点垂直投影到地面。此外还有弹簧秤和温度计,以控制拉力和测定温度。

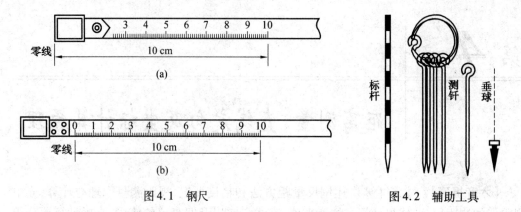

图 4.1 钢尺   图 4.2 辅助工具

当进行精密量矩时,还需配备弹簧秤和温度计,弹簧秤用于对钢尺施加规定的拉力,温度计用于测定钢尺量距时的温度,以便对钢尺丈量的距离施加温度改正。

4.1.2 直线定线

当地面两点之间的距离大于钢尺的一个尺段或地势起伏较大时,为方便量矩工作,需分成若干尺段进行丈量,这就需要在直线的方向上插上一些标杆或测钎,在同一直线上定出若干点,这项工作被称为直线定线,其方法有以下几种。

1. 两点间目测定线

目测定线适用于钢尺量矩的一般方法。如图 4.3 所示,设 A 和 B 为地面上相互通视、待测距离的两点。现要在直线 AB 上定出 1,2 等分段点。先在 A, B 两点上竖立花杆,甲站在 A 杆后约 1 m 处,指挥乙左右移动花杆,直到甲在 A 点沿标杆的同一侧看见 A, 1, B 三点处的花杆在同一直线上。用同样方法可定出 2 点。直线定线一般应由远到近,即先定 1 点后定 2 点。

2. 逐渐趋近定线

逐渐趋近定线适用于 A, B 两点在高地两侧互不通视的量距。如图 4.4 所示,欲在 AB 两点间标定直线,可采用逐渐趋近法。先在 A、B 两点上竖立标杆,甲、乙两人各持标杆分别选择在 C_1 和 D_1 处站立,要求 B、D_1、C_1 位于同一直线上,且甲能看到 B 点,乙能看到 A 点。可先由甲站在 C_1 处指挥乙移动至 BC_1 直线上的 D_1 处。然后,由站在 D_1 处的乙指挥甲移动至 AD_1 直线上的 C_2 处,要求甲站在 C_2 处能看到 B 点,接着再由站在 C_2 处的甲指挥乙移至能看到 A 点的 D_2 处,这样逐渐趋近,直到 C、D、B 在一直线上,同时 A、C、D 也在一直线上,这时说明 A、C、D、B 均在同一直线上。

这种方法也可用于分别位于两座建筑物上的 A、B 两点间的定线。

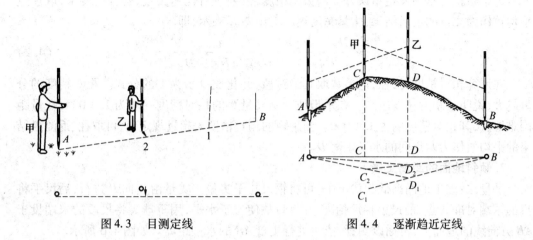

图 4.3　目测定线　　　　　　　图 4.4　逐渐趋近定线

4.1.3　量距方法

1. 平坦地面的距离丈量

丈量工作一般由两人进行。如图 4.5 所示,沿地面直接丈量水平距离时,可先在地面上定出直线方向,丈量时后尺手持钢尺零点一端,前尺手持钢尺末端和一组测钎沿 A,B 方向前进,行至一尺段处停下,后尺手指挥前尺手将钢尺拉在 A、B 直线上,后尺手将钢尺的零点对准 A 点,当两人同时把钢尺拉紧后,前尺手在钢尺末端的整尺段长分划处竖直插下一根测钎得到 1 点,即量完一个尺段。前、后尺手抬尺前进,当后尺手到达插测钎处时停住,再重复上述操作,量完第二尺段。后尺手拔起地上的测钎,依次前进,直到量完 AB 直线的最后一段为止。

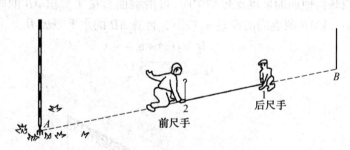

图 4.5　平坦地面的距离丈量

丈量时应注意沿着直线方向进行,钢尺必须拉紧伸直且无卷曲。直线丈量时尽量以整尺段丈量,最后丈量余长,以方便计算。丈量时应记清楚整尺段数,或用测钎数表示整尺段数。然后逐段丈量,则直线的水平距离 D 按下式计算

$$D = nl + q \tag{4.1}$$

式中　l—— 钢尺的一整尺段长,m;

　　　n—— 整尺段数;

　　　q—— 不足一整尺的零尺段长,m。

为了防止丈量中发生错误并提高量距精度,需要进行往返丈量,若合乎要求,取往返平均数作为丈量的最后结果,丈量精度用相对误差 K 表示,即

$$K = \frac{\left| D_{往} - D_{返} \right|}{D_{平均}} = \frac{1}{D_{平均}/\left| D_{往} - D_{返} \right|} \tag{4.2}$$

在计算相对精度时,往、返差数取其绝对值,并化成分子为 1 的分式。相对精度的分母越大,说明量距的精度越高。在平坦地区钢尺量距的相对精度一般为 1/3 000;在量距困难地区,其相对精度约为 1/1 000。当量距的相对精度未超过规定值,可取往、返测量结果的平均值作为两点间的水平距离 D。

2.倾斜地面的距离丈量

平量法:如果地面高低起伏不平,可将钢尺拉平丈量。丈量由 A 向 B 进行,后尺手将尺的零端对准 A 点,前尺手将尺抬高,并且目估使尺子水平,用垂球尖将尺段的末端投于 AB 方向线的地面上,再插以测钎,依次进行丈量 AB 的水平距离。如图 4.6 所示。

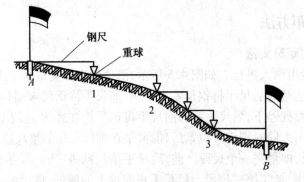

图 4.6 平量法

斜量法:当倾斜地面的坡度比较均匀时,可沿斜面直接丈量出 AB 的倾斜距离 D',测出地面倾斜角 α 或 AB 两点间的高差 h,按下式计算 AB 的水平距离 D。

$$D = D'\cos \alpha \tag{4.3}$$

或

$$D = \sqrt{D'^2 - h^2} \tag{4.4}$$

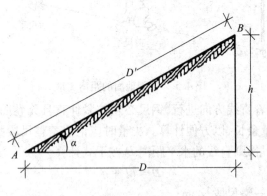

图 4.7 斜量法

4.2　视距测量

视距测量是用望远镜内视距丝装置,根据几何光学原理同时测定距离和高差的一种方法。这种方法具有操作方便,速度快,不受地面高低起伏限制等优点。虽然精度较低,但能满足测定碎部点位置的精度要求,因此被广泛应用于地形图碎部测量中。

视距测量所用的主要仪器工具是经纬仪和视距尺。

4.2.1　视线水平时的视距公式

如图 4.8 所示,欲测定 A、B 两点间的水平距离 D 及高差 h,可在 A 点安置经纬仪,B 点立视距尺,设望远镜视线水平,瞄准 B 点视距尺,此时视线与视距尺垂直。若尺上 M、N 点成像在十字丝分划板上的两根视距丝 m、n 处,那么尺上 MN 的长度可由上、下视距丝读数之差求得。上、下丝读数之差称为视距间隔或尺间隔。

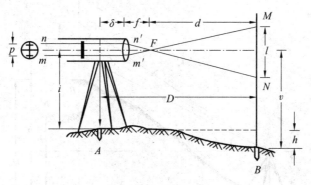

图 4.8　视距测量原理

图 4.8 中 l 为视距间隔,p 为上、下视距丝的间距,f 为物镜焦距,δ 为物镜至仪器中心的距离。

由相似三角形 $m'n'F$ 与 MNF 可得

$$\frac{d}{f} = \frac{l}{p}, \quad d = \frac{f}{p}l$$

由图看出

$$D = d + f + \delta$$

则 A、B 两点间的水平距离为

$$D = \frac{f}{p}l + f + \delta$$

令 $\dfrac{f}{p} = K, f + \delta = C$,则

$$D = Kl + C \tag{4.5}$$

式中　　K、C——视距乘常数和视距加常数。现代常用的内对光望远镜的视距常数,设计时已使 $K = 100$,C 接近于零,所以公式(4.5)可改写为

$$D = Kl \tag{4.6}$$

同时,由图 4.8 可以看出 A、B 的高差

$$h = i - v \tag{4.7}$$

式中　i——仪器高,是桩顶到仪器横轴中心的高度,m;

　　　v——瞄准高,是十字丝中丝在尺上的读数,m。

4.2.2　视线倾斜时的视距公式

在地面起伏较大的地区进行视距测量时,必须使视线倾斜才能读取视距间隔,如图 4.9 所示。由于视线不垂直于视距尺,故不能直接应用上述公式。如果能将视距间隔 MN 换算为与视线垂直的视距间隔 $M'N'$,这样就可按公式(4.6)计算倾斜距离 D',再根据 D' 和竖直角 α 算出水平距离 D 及高差 h。因此解决这个问题的关键在于求出 MN 与 $M'N'$ 之间的关系。

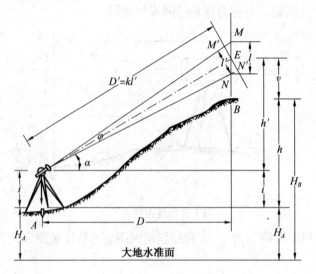

图 4.9　视线水平时的视距测量

图中 φ 角很小,约为 $34'$,故可把 $\angle EM'M$ 和 $\angle EN'N$ 近似地视为直角,而 $\angle M'EM = \angle N'EN = \alpha$,因此由图可看出 MN 与 $M'N'$ 的关系如下

$$M'N' = M'E + EN' = ME\cos \alpha + EN\cos \alpha =$$
$$(ME + EN)\cos \alpha = MN\cos \alpha$$

设 MN 为 l,$M'N'$ 为 l',则

$$l' = l\cos \alpha$$

根据式(4.6)得倾斜距离

$$D' = Kl' = Kl\cos \alpha$$

所以 A,B 的水平距离

$$D = D'\cos \alpha = Kl \cos^2\alpha \tag{4.8}$$

由图中看出,A,B 间的高差 h 为

$$h = h' + i - v$$

式中 h' 为中丝读数处与横轴之间的高差。可按下式计算

$$h' = D'\sin\alpha = Kl\cos\alpha\sin\alpha = \frac{1}{2}Kl\sin 2\alpha \qquad (4.9)$$

所以

$$h = \frac{1}{2}Kl\sin 2\alpha + i - v \qquad (4.10)$$

根据式(4.10)计算出 A,B 间的水平距离 D 后,高差 h 也可按下式计算

$$h = D\tan\alpha + i - v \qquad (4.11)$$

在实际工作中,应尽可能使瞄准高 v 等于仪器高 i,以简化高差 h 的计算。

4.2.3　视距测量的观测与计算

视距测量的观测一般按以下步骤进行:

(1)在 A 点安置经纬仪,量取仪器高 i,在 B 点竖立视距尺。

(2)盘左(或盘右)位置,转动照准部瞄准 B 点视距尺,分别读取上、下、中三丝读数,并算出尺间隔 l。

(3)转动竖盘指标水准管微动螺旋,使竖盘指标水准管气泡居中,读取竖盘读数,并计算竖直角 α。

(4)根据尺间隔 l、竖直角 α、仪器高 i 及中丝读数 v,计算水平距离 D 和高差 h。

例　　$i = 1.450\ \text{m}, v = 1.450, M = 1.687\ \text{m}, N = 1.214\ \text{m}, L = 87°53'$

$$l = |M - N| = 0.473\ \text{m}$$

$$\alpha = 90° - L = +2°07'$$

$$D = Kl\cos^2\alpha = 47.2\ \text{m}$$

$$h = D\tan\alpha + i - v = 1.75\ \text{m}$$

$$h = \frac{1}{2}Kl\sin\alpha + i - v = 1.75\ \text{m}$$

4.3　光电测距

　　钢尺量距劳动强度大,且精度与工作效率较低,尤其在山区或沼泽区,丈量工作更是困难。20 世纪 60 年代以来,随着激光技术、电子技术的飞跃发展,光电测距方法得到了广泛的应用。它具有测程远、精度高、作业速度快等优点。光电测距是一种物理测距的方法,通过测定光波在两点间传播的时间计算距离,按此原理制作的以光波为载波的测距仪称光电测距仪。按测定传播时间的方式不同,测距仪分为相位式测距仪和脉冲式测距仪;按测程大小可分为远程、中程和短程测距仪三种,如表 4.1 所示。目前工程测量中使用较多的是相位式短程光电测距仪。

表 4.1   光电测距仪的种类

仪器种类	短程光电测距仪	中程光电测距仪	远程光电测距仪
测程	< 3 km	3 ~ 15 km	> 15 km
精度	$\pm(5\ mm + 5 \times 10^{-6} \times D)$	$\pm(5\ mm + 2 \times 10^{-6} \times D)$	$\pm(5\ mm + 1 \times 10^{-6} \times D)$
光源	红外光源 （CaAs 发光二极管）	1. CaAs 发光二极管 2. 激光管	He – Ne 激光器
测距原理	相位式	相位式	相位式

4.3.1   光电测距原理

如图 4.10，欲测定 A、B 两点间的距离 D，安置仪器于 A 点，安置反射棱镜（简称反光镜）于 B 点。仪器发出的光束由 A 到达 B，经反光镜反射后又返回到仪器。设光速 c（约 3×10^8 m/s）为已知，如果再知道光束在待测距离 D′ 上往返传播的时间 t，则可由下式求出

$$D = \frac{1}{2}ct \tag{4.12}$$

由式（4.12）可知，测定距离的精度，主要取决于测定时间 t 的精度，例如要保证 ± 10 cm 的测距精度，时间要求准确到 6.7×10^{-11} s，这实际上是很难做到的。为了进一步提高光电测距的精度，必须采用间接测时手段——相位测时法，即把距离和时间的关系改化为距离和相位的关系，通过测定相位来求得距离，即所谓的相位式测距。

相位式光电测距的原理为：采用周期为 T 的高频电振荡对测距仪的发射光源进行连续的振幅调制，使光强

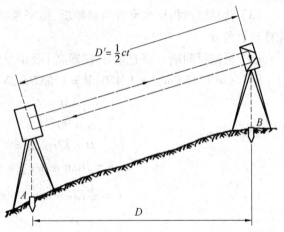

图 4.10   光电测距原理

随电振荡的频率而周期性地明暗变化（每周相位 φ 的变化为 0 ~ 2π）。调制光波（调制信号）在待测距离上往返传播，使同一瞬间发射光与接收光产生相位移（相位差）$\Delta\varphi$，如图 4.11 所示。根据相位差间接计算出传播时间，从而计算距离。

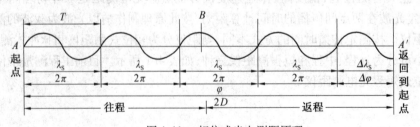

图 4.11   相位式光电测距原理

图 4.11 中调制光的波长 λ_s，光强变化一周期的相位差为 2π，调制光在两倍距离上传播的时间为 t，每秒钟光强变化的周期数为频率 f，并可表示为 $f = c/\lambda_s$。

由图 4.11 可以看出，将接收时的相位与发射时的相位比较，它延迟了 φ 角，又知

$$\varphi = wt = 2\pi f t$$

则

$$t = \frac{\varphi}{2\pi f}$$

代入式(4.12) 得

$$D' = \frac{c}{2f} \cdot \frac{\varphi}{2\pi} \tag{4.13}$$

由图 4.11 相位差 φ 又可表示为

$$\varphi = 2\pi \cdot N + \Delta\varphi$$

代入式(4.13) 得

$$D' = \frac{c}{2f}\left(N + \frac{\Delta\varphi}{2\pi}\right) = \frac{\lambda_s}{2}(N + \Delta N) \tag{4.14}$$

式中　　N—— 整周期数；

　　　　ΔN—— 不足一个周期的比例数。

式(4.14) 为相位法测距的基本公式。由该式可以看出，c，f 为已知值，只要知道相位差的整周期数 N 和不足一个整周期的相位 $\Delta\varphi$，即可求得距离(斜距)。将式(4.14) 与钢尺量距相比，我们可以把半波长 $\lambda_s /2$ 当作"测尺"的长度，则距离 D' 也像钢尺量距一样，成为 N 个整测尺长度与不足一个整尺长度之和。

仪器上的测相装置(相位计)，只能分辨出 $0 \sim 2\pi$ 的相位变化，故只能测出不足 2π 的相位差 $\Delta\varphi$，相当于不足整"测尺"的距离值。例如"测尺"为 10 m，则可测出小于 10 m 的距离值。同理，若采用 1 km 的"测尺"，则可测出小于 1 km 的距离值。由于仪器测相系统的测相精度一般为 1/1 000，测尺越长，测距误差则越大。因此为了兼顾测程与精度两个方面，测距仪上选用两把"测尺"配合测距；用短"测尺"测出距离的尾数，以保证测距的精度；用长"测尺"测出距离的大数，以满足测程的需要。

4.3.2　红外测距仪及其使用

目前，短程红外测距仪一般均采用红外光作为载波。专门用于测距的仪器，一般体积都较小，所以大多数测距仪都安装在经纬仪上，同时完成测角和测距，不同的生产厂家生产的测距仪，其结构和操作方法差异也很大。所以在操作仪器之前，必须阅读仪器的操作说明，按说明书的要求进行操作。

测距时的操作一般有以下几项：

1. 安置仪器

(1) 在待测距离的一端安置经纬仪和测距仪，经纬仪的安置包括对中和整平。

(2) 从测距仪箱中取出测距仪，安置在经纬仪上方，不同类型的测距仪其连接方法有所不同，应参照说明书进行。

(3) 打开测距仪开关，检查仪器是否正常工作。

（4）将反光镜安置在待测距离的另一端,进行对中和整平,并将棱镜对准测距仪方向。

2. 距离测量

（1）用经纬仪望远镜瞄准目标棱镜下方的板中心,并测定视线方向的竖直角。

（2）由于测距仪的光轴与经纬仪的视线不一定完全平行,因此还须调节测距仪的调节螺旋,使测距仪瞄准反光棱镜中心。

（3）按测距仪上的测量键,就可以进行距离测量,并显示测量结果。

3. 测距成果整理

测距仪测量的结果是仪器到目标的倾斜距离,要求得水平距离需要进行如下改正。

（1）加常数、乘常数改正。仪器加常数 C 主要是由于仪器中心与发射光位置不一致产生的差值;乘常数 R 是仪器的主振荡频率变化造成的。加常数改正与距离无关,乘常数改正与距离成正比,即

$$\Delta L_C = C$$
$$\Delta L_R = R \times L \tag{4.15}$$

（2）气象改正。仪器在制造时是按标准温度和标准气压而设计的,但实际测量时的温度和气压与标准值是有一定差别的,一般测距仪都提供气象改正公式,用于进行气象改正。

如日本 REDmini 测距仪的气象改正公式为

$$A/\mathrm{km} = \left(278.96 - \frac{0.3871 \times P}{1 + 0.003661 \times t} \right) \tag{4.16}$$

气象改正数与距离成正比,则气象改正数为

$$\Delta L_A = A \times L \tag{4.17}$$

（3）倾斜距离计算。观测值加上上述三项改正数后所得的距离为改正后的倾斜距离,即

$$S = L + \Delta L_C + \Delta L_R + \Delta L_A \tag{4.18}$$

（4）水平距离计算。经上述改正计算的距离为仪器中心到反光镜中心的倾斜距离,因此还须用竖直角(α)或天顶距(Z)计算水平距离为

$$D = S\cos \alpha$$
$$D = S\sin Z \tag{4.19}$$

4.4　直线定向

4.4.1　直线定向的概念

确定地面上两点之间的相对位置,仅知道两点之间的水平距离是不够的,还必须确定此直线与标准方向之间的关系。确定直线与标准方向之间的关系(水平角度)称为直线定向。

4.4.2　标准方向的种类

1. 真子午线方向

通过地球表面某点的真子午面的切线方向,称为该点真子午线方向;真子午线方向是

用天文测量方法或用陀螺经纬仪测定的。

2. 磁子午线方向

磁子午线方向是在地球磁场的作用下,磁针自由静止时其轴线所指的方向。磁子午线方向可用罗盘仪测定。

3. 坐标纵轴方向

我国采用高斯平面直角坐标系,每 6° 带或 3° 带内都以该带的中央子午线的投影作为坐标纵轴,因此,该带内直线定向,就用该带的坐标纵轴方向作为标准方向。如采用假定坐标系,则用假定的坐标纵轴(X 轴)作为标准方向。

以上三个标准方向合称为三北方向。

4.4.3　直线方向的表示方法

测量工作中,常采用方位角来表示直线的方向。

由标准方向的北端起,顺时针方向量到某直线的夹角,称为该直线的方位角。角值由 0° ~ 360°。

如图 4.12,若标准方向 ON 为真子午线,并用 A 表示真方位角,则 A_1、A_2、A_3、A_4 分别为直线 O1、O2、O3、O4 的真方位角。若 ON 为磁子午线方向,则各角分别为相应直线的磁方位角。磁方位角用 A_m 表示。若 ON 为坐标纵轴方向,则各角分别为相应直线的坐标方位角,用 α 来表示之。

1. 真方位角与磁方位角之间的关系

由于地磁南北极与地球的南北极并不重合,因此,过地面上某点的真子午线方向与磁子午线方向常不重合,两者之间的夹角称为磁偏角,如图 4.13 中的 δ。磁针北端偏于真子午线以东称东偏,偏于真子午线以西称西偏。直线的真方位角与磁方位角之间可用下式进行换算:

$$A = A_m + \delta \qquad (4.20)$$

式(4.20) 中的 δ 值,东偏取正值,西偏取负值。我国磁偏角的变化大约在 + 6° 到 – 10° 之间。

2. 真方位角与坐标方位角之间的关系

中央子午线在高斯投影平面上是一条直线,作为该带的坐标纵轴,而其他子午线投影后为收敛于两极的曲线,如图 4.14 所示。地面点 M、N 等点的真子午线方向与中央子午线之间的角度,称为子午线收敛角,用 γ 表示,γ 角有正有负。在中央子午线以东地区,各点的坐标纵轴偏在真子午线的东边,γ 为正值;在中央子午线以西地区,γ 为负值。某点的子午线收敛角 γ,可由该点的高斯平面直角坐标为引数,在测量计算用表中查到。

也可用下式计算

$$\gamma = (L - L_0) \sin B$$

式中　　L_0 —— 中央子午线的经度;

　　　　L、B —— 计算点的经纬度。

真方位角 A 与坐标方位角之间的关系,如图 4.14 所示,可用下式进行换算

$$A_{12} = \alpha_{12} + \gamma \qquad (4.21)$$

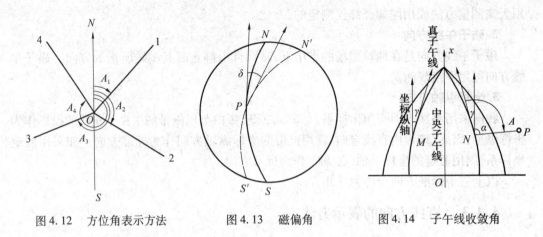

图 4.12　方位角表示方法　　图 4.13　磁偏角　　图 4.14　子午线收敛角

3. 坐标方位角与磁方位角之间的关系

若已知某点的磁偏角 δ 与子午线收敛角 γ，则坐标方位角与磁方位角之间的换算式为

$$\alpha = A_m + \delta - \gamma \tag{4.22}$$

4.4.4　罗盘仪及其使用

罗盘仪是主要用来测量直线的磁方位角的仪器，也可以粗略的测量水平角和竖直角，还可以进行简单的视距测量。罗盘仪主要由望远镜、罗盘盒和基座三部分组成，如图 4.15 所示。

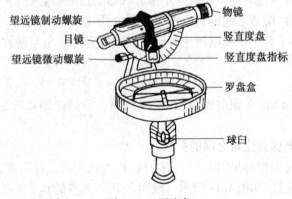

图 4.15　罗盘仪

1. 罗盘仪的构造

（1）望远镜

供照准目标用。用时先调节目镜，看清十字丝，然后水平转动望远镜照准目标，调节对光螺旋，看清目标，望远镜一侧带有竖直度盘，供竖直角测量用。

（2）罗盘盒

由磁针和刻度盘构成，供测定磁方位角或磁象限角用。磁针安装在度盘中心顶针上，可自由转动，不用时可用顶针螺旋将磁针抬起固定在玻璃盖上，以减少顶针磨损。度盘最小刻划为 1° 或 30′，每 10° 一注记。此外，罗盘盒内还装有两个水准器，供整平罗盘用。

（3）基座

基座是一种球臼结构。松开球臼接头螺旋,可摆动罗盘盒,使水准气泡居中,度盘处于水平位置,然后拧紧接头螺旋。

2. 用罗盘仪测定直线的磁方位角

观测时,先将罗盘仪安置在直线的起点,对中,整平（罗盘盒内一般均设有水准器）,旋松顶针螺旋,放下磁针,然后转动仪器,通过瞄准设备去瞄准直线另一端的标杆。待磁针静止后,读出磁针北端所指的读数,即为该直线的磁方位角。

目前,有些经纬仪配有罗针,用来测定磁方位角。罗针的构造与罗盘仪相似。观测时,先安置经纬仪于直线起点上,然后将罗针安置在经纬仪支架上。先利用罗针找到磁北方向,并拨动水平度盘位置变换轮,使经纬仪的水平度盘读数为零,然后瞄准直线另一端的标杆,此时,经纬仪的水平度盘读数,即为该直线的磁方位角。

罗盘仪在使用时,不要使铁质物体接近罗盘,以免影响磁针位置的正确性。在铁路附近及高压线铁塔下观测时,磁针读数会受很大影响,应该注意避免。测量结束后,必须旋紧顶针螺旋,将磁针升起,避免顶针磨损,以保护磁刻度盘针的灵敏性。

3. 使用罗盘仪注意事项

（1）在磁铁矿区或距高压线、无线电天线、电视转播台等较近的地方不宜使用罗盘仪,因有电磁干扰现象。

（2）观测时一切铁器等物体,如斧头、钢尺、测钎等不要接近仪器。

（3）读数时,眼睛的视线方向与磁针应在同一竖直面内,以减小读数误差。

（4）观测完毕后搬动仪器前应拧紧顶针螺旋,固定好磁针以防损坏磁针。

4.5　坐标计算原理

4.5.1　坐标正算原理

坐标正算原理如图 4.16,即已知 A 点坐标(x_A, y_A),以及 A、B 两点间的水平距离 D_{AB}和坐标方位角 α_{AB},则线段 AB 在两个坐标轴上的投影长度（称为坐标增量）Δx,Δy 计算如下

$$\Delta x_{AB} = D_{AB} \cdot \cos \alpha_{AB} \tag{4.23}$$
$$\Delta y_{AB} = D_{AB} \cdot \sin \alpha_{AB} \tag{4.24}$$

根据上式计算时,正弦和余弦函数值有正、有负,应根据 α_{AB} 所在的象限判定。

则 B 点坐标为

$$x_B = x_A + \Delta x_{AB} = x_A + D_{AB} \cdot \cos \alpha_{AB} \tag{4.25}$$
$$y_B = y_A + \Delta y_{AB} = y_A + D_{AB} \cdot \sin \alpha_{AB} \tag{4.26}$$

4.5.2　坐标反算原理

坐标反算原理仍见图 4.16,即已知 A、B 两点的坐标(x_A, y_A)、(x_B, y_B),反求 A、B 两点间的水平距离 D_{AB} 和坐标方位角 α_{AB}。

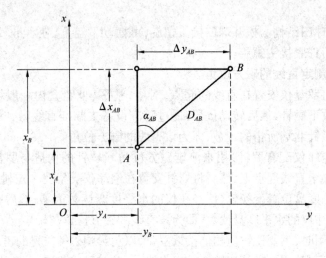

图 4.16　坐标正算、反算原理

$$D_{AB} = \sqrt{\Delta x_{AB}{}^2 + \Delta y_{AB}{}^2} = \sqrt{(x_B - x_A)^2 + (y_B - y_A)^2} \qquad (4.27)$$

$$\alpha'_{AB} = \arctan(\Delta y_{AB}/\Delta x_{AB}) = \arctan\frac{y_B - y_A}{x_B - x_A} \qquad (4.28)$$

其中 α_{AB} 所在的象限由 Δx_{AB}，Δy_{AB} 的正、负判断，并计算如下：

$\Delta x_{AB}(+)$、$\Delta y_{AB}(+)$：第 I 象限　$\alpha_{AB} = \alpha'_{AB}$

$\Delta x_{AB}(-)$、$\Delta y_{AB}(+)$：第 II 象限　$\alpha_{AB} = 180° - \alpha'_{AB}$

$\Delta x_{AB}(-)$、$\Delta y_{AB}(-)$：第 III 象限　$\alpha_{AB} = 180° + \alpha'_{AB}$

$\Delta x_{AB}(+)$、$\Delta y_{AB}(-)$：第 IV 象限　$\alpha_{AB} = 360° - \alpha'_{AB}$

思考题与习题

1. 名词解释：直线定线、视距测量、直线定向、三北方向、方位角、坐标正算、坐标反算。

2. 距离测量有哪几种方法？并比较各种方法的优缺点。

3. 在钢尺量距之前，为什么要进行直线定线？如何进行直线定线？

4. 钢尺量距的基本要求是什么？

5. 用钢尺丈量 AB、CD 两段距离，AB 往测为 232.355 m，返测为 232.340 m；CD 段往测为 145.682 m，返测为 145.690 m。两段距离丈量精度是否相同？为什么？两段丈量结果各为多少？

6. 用经纬仪实施视距测量，已知测站点 A 的高程为 97.256 m，仪器高 1.62 m，望远镜照准测点 B 所立标尺，上、中、下三丝读数分别为 1.200 m、1.675 m、2.150 m，竖直角为 12°31′（俯角）。试求 A、B 两点间的水平距离及 B 点高程。

7. 试述光电测距仪采用相位法的测距原理。

8. 光电测距仪为什么要配置两把"光尺"测距？

9. 光电测距仪在测得斜距后，一般还需要进行哪几项改正？

10. 光电测距影响精度的因素有哪些？测量时应注意哪些事项？

11. 真方位角、磁方位角、坐标方位角三者之间有怎样的关系？

12. 已知 A 点的磁偏角为西偏21，过 A 点的真子午线与中央子午线的收敛角为 + 3，直线 AB 的坐标方位角 $\alpha = 64°20'$，求 AB 直线的真方位角和磁方位角。

13. 正、反坐标方位角之间有何关系？

14. 怎样使用罗盘仪测定直线的磁方位角？

15. 某线段 MN 的水平距离为215. 36 m，NM 边的坐标方位角 $\alpha_{NM} = 256°45'30''$，又已知 M 点坐标为 $x_M = 502.44$ m，$y_M = 339.75$ m。试求 N 点坐标，并对计算结果进行检核。

第5章

现代测量仪器与技术

【本章提要】 本章主要讲述全站仪、GPS、3S 集成及应用等现代测量仪器与技术及相关内容。

【学习目标】 重点掌握全站仪和 GPS 的功能、组成、原理与使用,了解 3S 技术集成及应用等现代测绘技术成果。

5.1　全站仪

全站仪即全站型电子速测仪,是一种集光、机、电为一体的高技术测量仪器,它主要由光电测距仪、电子经纬仪和数据处理系统组成。全站仪除了具有测量角度和距离的基本功能外,还可以完成点的三维坐标测量,以及放样测量等许多常见的专项测量任务。因其一次安置仪器就可完成该测站上全部测量工作,所以称之为全站仪。另外全站仪还具有自动记录、储存、计算功能,通过数据传输接口还可与计算机、绘图仪连接起来,若配以数据处理软件或绘图软件,即可实现测量内、外业的高度一体化和自动化。

目前,全站仪已经成为世界上许多著名测绘仪器厂商生产的主要仪器,如美国天宝(Trimble),瑞士徕卡(LAICA),日本宾得(PENTAX)、索佳(SOKKIA)、拓普康(TOPCON)及尼康(NIKON),中国南方、北光、苏光等。这些仪器构造原理基本相同,具体操作步骤则不尽相同,使用时可详细阅读使用说明书。

衡量一台全站仪性能的指标主要有:精度(测角及测距)、测程、测距时间、补偿范围等。表 5.1 中列出了几种常见全站仪的主要性能指标,供参考。

表 5.1　全站仪的主要性能指标

性能指标　　　　仪器型号	拓普康 GTS-311	索佳 PowerSet2000	徕卡 TC1700
分类	内存型	电脑型	内存型
望远镜放大倍数	30×	30×	30×
最短视距/m	1.3	1.3	1.7
角度最小显示	1″	0.5″	1″

续表 5.1

性能指标	仪器型号	拓普康 GTS-311	索佳 PowerSet2000	徕卡 TC1700
测角精度		$\pm 2''$	$\pm 2''$	$\pm 1.5''$
双轴自动补偿范围		$\pm 3'$	$\pm 3'$	$\pm 3'$
最大测程/km	单棱镜	2.7	2.7	2.5
	三棱镜	3.6	3.5	3.5
测距精度		$\pm(3 \text{ mm}+2\times10^{-6}D)$	$\pm(2 \text{ mm}+2\times10^{-6}D)$	$\pm(2 \text{ mm}+2\times10^{-6}D)$
测距时间(精测)/s		3	2	4
水准器分划值	水准管	$30''/2\text{mm}$	$20''/2\text{mm}$	$30''/2\text{mm}$
	圆水准器	$10'/2\text{mm}$	$10'/2\text{mm}$	$8'/2\text{mm}$
使用温度/℃		$-20 \sim +50$	$-20 \sim +50$	$-20 \sim +50$
显示屏		4 行 20 列	8 行 20 列	8 行 16 列

5.1.1 全站仪的结构

全站仪的结构原理如图 5.1 所示。全站仪由电源部分、测角系统、测距系统、数据处理部分、通信接口及显示屏、键盘等组成。图中上半部包含有测量的四大光电系统,即测距、测水平角、竖直角和水平补偿。键盘指令是测量过程的控制系统,测量人员通过按键便可调用内部指令,指挥仪器的测量工作过程并进行数据处理。以上各系统通过 I/O 接口接入总线与数字计算机联系起来。

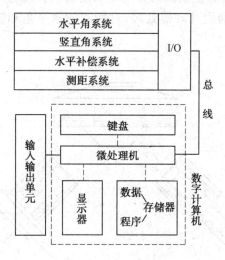

图 5.1 全站仪结构原理

微处理机是全站仪的核心部件,它如同计算机的中央处理机(CPU),主要由寄存器系列(缓冲寄存器、数据寄存器、指令寄存器等)、运算器和控制器组成。微处理机的主要功能是根据键盘指令启动仪器进行测量工作,执行测量过程的检核和数据的传输、处理、显

示、存储等工作,保证整个光电测量工作有条不紊的完成。输入输出单元是与外部设备连接的装置(接口),数据存储器是测量的数据库。为便于测量人员设计软件系统,处理某种目的的测量任务,在全站仪的数字计算机中还提供有程序存储器。

全站仪的外形和经纬仪相类似,但同电子经纬仪、光学经纬仪相比,全站仪增加了许多特殊部件,因此使得全站仪具有比其他测角、测距仪器更多的功能,使用也更方便。这些特殊部件构成了全站仪在结构方面独树一帜的特点。

1. 全站仪的望远镜

目前的全站仪基本上采用望远镜光轴(视准轴)和测距光轴完全同轴的光学系统,一次照准就能同时测出距离和角度,一体化程度愈加明显。望远镜能作360°自由纵转,其操作如同一般经纬仪。

2. 竖轴倾斜的自动补偿

经纬仪照准部的整平可使竖轴铅直,但受气泡灵敏度和作业的限制,仪器的精准整平有一定困难。这种竖轴不铅直的误差称为竖轴误差。竖轴误差对水平方向和竖直角的影响不能通过盘左、盘右读数取中数消除。因此,在一些较高精度的电子经纬仪和全站仪中安置了竖轴倾斜自动补偿器,以自动改正竖轴倾斜对水平方向和竖直角的影响。精确的竖轴补偿器,使仪器整平到3′范围以内,其自动补偿精度可达0.1″。

TOPCON 公司的双轴液体补偿器如图 5.2 所示。图中由发光管 1 发出的光,经物镜组 6 发射到液体 4,全反射后,又经物镜组 7 聚焦至光电接收器 2 上。光电接收器为一光电二极管阵列。其一方面将光信号转变为电信号;另一方面,还可以探测出光落点的位置。光电二极管阵列可分为 4 个象限,其原点为竖轴竖直时光落点的位置。当竖轴倾斜时(在补偿范围内),光电接收器接收到的光落点位置就发生了变化,其变化量即反映了竖轴在纵向(沿视准轴方向)上的倾斜分量 L 和横向(沿横轴方向)上的倾斜分量 T。位置变化信息传输到内部的微处理器处理,对所测的水平角和竖直角自动加以改正(补偿)。

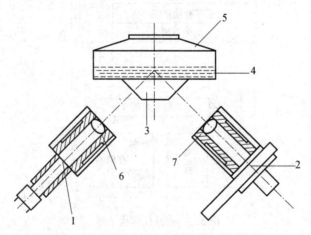

图 5.2　双轴液体补偿器

1—发光管;2—接收二极管阵列;3—棱镜;4—硅油;5—补偿器液体盒;6—发射物镜;7—接收物镜

若竖轴在纵向倾斜分量为 L，横向倾斜分量为 T，则补偿器对竖直角（或天顶距）和水平角的改正公式为

$$Z = Z_L + L \quad \text{或} \quad V = V_L + L \tag{5.1}$$

$$H = H_L + T/\tan Z = H_L + T\cot Z = H_L + T\tan V \tag{5.2}$$

式中　Z——显示（改正后）的天顶距；

$\quad\quad Z_L$——观测（未改正）的天顶距（下标 L 意为盘左观测）；

$\quad\quad V_L$——观测（未改正）的竖直角；

$\quad\quad V$——显示（改正后）的竖直角；

$\quad\quad H$——显示（改正后）的水平方向值；

$\quad\quad H_L$——观测（未改正）的水平方向值。

3. 数据存储与传输

全站仪观测数据的存储，随仪器的结构不同有三种方式：一种是通过电缆，将仪器的数据传输接口和外接的设备连接起来，数据直接存储在外接的设备中；另一种是仪器内部有一个大容量的内存，用于存储数据；还有的仪器是采用插入式数据存储卡。外接设备又称为电子手簿，实际生产中常利用掌上电脑作为电子手簿。全站仪和电子手簿的数据通信，通过专用电缆以及设定数据传送条件来实现。现介绍徕卡公司生产的 TC1600 和索佳公司产生的 SET 系列全站仪和电子手簿的数据通信。

（1）TC1600 全站仪数据通信

TC1600 全站仪数据通信的接口插头为五芯式，如图 5.3 所示。数据传送条件如下

波特率　　　　　　2 400

字长　　　　　　　7 位二进制数

奇偶校验　　　　　偶校验

停止位　　　　　　1 位二进制数

如由电子手簿控制全站仪读数，在不测距的情况下，电子手簿发送命令（t CR/LF），全站仪即输出水平方向和天顶距读数，斜距读数为零；在测距的情况下，电子手簿发送命令（u CR/LF），全站仪即自动测距，输出水平方向、天顶距和斜距读数。电子手簿接收了一组完整的数据，数据以（CR/LF）结尾，此时发送命令（？CR/LF），全站仪即停止输出。

（2）SET 系列全站仪的数据通信

SET 系列全站仪数据通信的接口插头为六芯式，如图 5.4 所示。数据传送条件如下

波特率　　　　　　1 200

字长　　　　　　　8 位二进制数

奇偶校验　　　　　无校验

停止位　　　　　　1 位二进制数

4. 显示屏与键盘

显示屏与键盘是人机对话的窗口，有单面和双面（正、倒镜作业更方便）之分。不同厂家和型号的全站仪在显示屏与键盘的设计与操作使用上，往往会有很大的不同，需要详细研读使用说明书，以掌握其特点和具体使用方法。

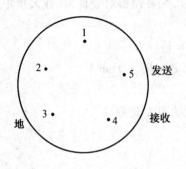

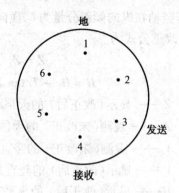

图 5.3　TC1600 数据通信接口插头　　　　图 5.4　SET 系列数据通信接口插头

5.1.2　全站仪的分类

全站仪的发展经历了从最初的组合式即光电测距仪与光学经纬仪组合,或光电测距仪与电子经纬仪组合,到现在的整体式即将光电测距仪的光波发射接收系统的光轴和经纬仪的视准轴组合为同轴的整体式全站仪等几个阶段。

全站仪按数据存储方式分为内存型和电脑型两种。内存型全站仪的所有程序都固化在仪器的存储器中,不能添加或改写,也就是说,只能使用全站仪提供的功能,无法扩充。而电脑型全站仪内置操作系统,所有程序均运行于其上,可根据实际需要添加程序来扩充其功能,使操作者进一步成为全站仪功能开发的设计者,更好地为工程建设服务。

全站仪按测量功能划分,可分成如下四类:

1. 经典型全站仪

经典型全站仪也称为常规全站仪,它具备全站仪电子测角、电子测距和数据自动记录等基本功能,有的还可以运行厂家或用户自主开发的机载测量程序。其经典代表为徕卡公司的 TC 系列全站仪。

2. 机动型全站仪

在经典全站仪的基础上安装轴系步进电机,可自动驱动全站仪照准部和望远镜的旋转。在计算机的在线控制下,机动型系列全站仪可按计算机给定的方向值自动照准目标,并可实现自动正、倒镜测量。徕卡 TCM 系列全站仪就是典型的机动型全站仪。

3. 无合作目标型全站仪

无合作目标型全站仪是指在无反射棱镜的条件下,可对一般的目标直接测距的全站仪。因此,对不便安置反射棱镜的目标进行测量,无合作目标型全站仪具有明显优势。如徕卡 TCR 系列全站仪,无合作目标距离测程可达 200 m,可广泛用于地籍测量,房产测量和施工测量等。

4. 智能型全站仪

在机动化全站仪的基础上,仪器安装自动目标识别与照准的新功能,因此在自动化的进程中,全站仪进一步克服了需要人工照准目标的重大缺陷,实现了全站仪的智能化。在相关软件的控制下,智能型全站仪在无人干预的条件下可自动完成多个目标的识别、照准与测量,因此,智能型全站仪又称为"测量机器人",典型的代表有徕卡的 TCA 型全站仪等。

　　将现代全站仪与 GPS 等最先进技术发展成果进行完美结合,代表了目前地面测量仪器设备的最先进水平,这就是超站仪。这种集成 GPS 接收机的高性能全站仪,突破性地迈向了无控制点自由测量的新时代,只需简单的安装操作,借用 GPS RTK 技术确定站点的准确位置,就可以使用全站仪进行测量、放样。同时在目标快速自动搜索,较长距离高精度无棱镜测距,测量数据的无线传输等方面都呈现出非凡而卓越的性能。超站仪可在密林、建筑物等覆盖的隐蔽地区作业,克服了 GPS 要求顶空必须通视的缺点。

图 5.5　徕卡智能型全站仪 TCA2003　　　　　图 5.6　徕卡超站仪 SmartStation

5.1.3　全站仪的使用

1. 测量前的准备

（1）检查、充电、安装电池

全站仪所配备的电池一般为 Ni–MH(镍氢电池)和 Ni–Cd(镍镉电池),电池的好坏、电量的多少决定了外业时间的长短。在电源打开期间不可以将电池取出,因为此时存储数据可能会丢失,因此请在电源关闭后再装入或取出电池。所有的电池都是一个样,长时间不用最好就拿下来,而且是充好电再存放。并且每三个月给电池充一次电。

（2）安置仪器

操作方法和步骤同经纬仪,包括对中和整平。若全站仪具备激光对中和电子整平功能,在把仪器安装到三脚架上之后,应先开机自动检索后,选定对中整平模式,再进行相应的操作。

（3）仪器参数的设置

①气象改正　光在大气中的传播速度会随大气的温度和气压变化而变化,由于实际测量时的气象条件一般同仪器设计的气象条件不一致,因此必须对所测距离进行气象改正。实测时,可输入温度和气压值,全站仪会自动计算大气改正值(也可直接输入大气改正值),并对测距结果进行改正。

②加常数改正　使用不同的棱镜时,应在仪器内设置不同的棱镜常数。为了在距离显示值中消除加常数的影响,还应在设置棱镜常数 P 值中考虑仪器加常数的影响。

$$A = P + C \qquad\qquad (5.3)$$

式中　　A——置入仪器的加常数值；

　　　　P——棱镜加常数；

　　　　C——仪器加常数。

如图 5.7,在 100 m 长的一条直线上选择 A、B、C 三点,并分别架设脚架。首先将仪器安置于 A 点的三脚架上,测得 S_{AB}、S_{AC} 两段水平距离,然后再将仪器安置于 B 点的三脚架上,测得 S_{BC} 水平距离,则其加常数 C 为

$$C = S_{AC} - (S_{AB} + S_{BC}) \qquad\qquad (5.4)$$

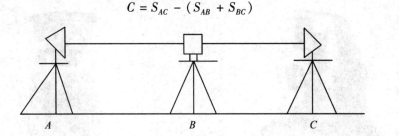

图 5.7　加常数校准

③轴系误差改正　可参照全站仪的使用说明书,对竖轴倾斜误差(很多仪器可自动补偿),以及视准轴误差、横轴误差、竖直度盘指标差进行改正设置。

检查补偿器是否处于"开"的状态,最简单的办法是将全站仪竖轴制动后,微调脚螺旋,若天顶距读数发生变化,则表明补偿器处于"开"的状态;若天顶距读数不发生变化,则表明补偿器处于"关"的状态。

检查轴系误差改正功能是否处于"开"的状态,也可采用类似的方法:先将全站仪的水平制动螺旋制动后,纵转望远镜,若水平方向读数发生变化,则表明轴系误差改正功能处于"开"的状态;否则,表明轴系误差改正功能处于"关"的状态。

(4)若测量高程,还需量取仪器高、棱镜高并输入全站仪。

2. 基本测量

(1)水平角测量

①使全站仪处于角度测量模式,照准第一个目标 A。

②设置 A 方向的水平度盘读数为 $0°00'00''$。

③照准第二个目标 B,此时显示的水平度盘读数即为两方向间的水平夹角。

当精度要求高时,可用测回法观测,操作步骤与经纬仪操作基本一样。

(2)距离测量

照准目标棱镜中心,按测距键,测距完成时显示仪器横轴中心与棱镜中心的斜距、平距或高差。

全站仪的测距模式有精测模式、跟踪模式、粗测模式三种。精测模式是最常用的测距模式,测量时间约 2.5 s,最小显示单位 1 mm;跟踪模式,常用于跟踪移动目标或放样时连续测距,最小显示一般为 1 cm,每次测距时间约 0.3 s;粗测模式,测量时间约 0.7 s,最小

显示单位 1 cm 或 1 mm。在距离测量或坐标测量时,可根据需要选择和设置不同的测距模式。

3. 坐标测量

（1）三维坐标测量原理

如图 5.8 所示,B 为测站点,A 为后视点,已知 A、B 两点的坐标分别为 (N_B, E_B, Z_B) 和 (N_A, E_A, Z_A),用全站仪测量测点 1 的坐标 (N_1, E_1, Z_1)。为此,根据坐标反算公式先计算出 BA 边的坐标方位角

$$\alpha_{BA} = \arctan \frac{E_A - E_B}{N_A - N_B} \tag{5.5}$$

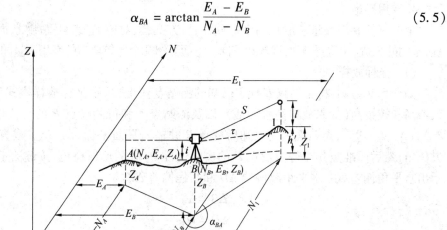

图 5.8　三维坐标测量原理

实际上,在将测站点和后视点坐标输入仪器后,瞄准后视 A 点,通过操作键盘,即可将水平度盘读数设置为该方向的坐标方位角。此时,水平度盘读数就与坐标方位角值相同。当用仪器瞄准 1 点,所显示的水平度盘数值就是测站 B 点至 1 点的坐标方位角。测出 B 点到 1 点的斜距后,1 点的坐标可按下式计算

$$\left.\begin{array}{l} N_1 = N_B + S \cdot \cos \tau \cdot \cos \alpha \\ E_1 = E_B + S \cdot \cos \tau \cdot \sin \alpha \\ Z_1 = Z_B + S \cdot \sin \tau + i - l \end{array}\right\} \tag{5.6}$$

式中　　N_1、E_1、Z_1——测点坐标;

　　　　N_B、E_B、Z_B——测站点坐标;

　　　　S——测站点至测点斜距;

　　　　τ——测站点至测点方向的竖直角;

　　　　α——测站点至测点方向的坐标方位角;

　　　　i——仪器高;

　　　　l——目标高（棱镜高）。

（2）坐标测量的程序步骤

仍以图 5.8 为例,坐标测量的具体操作步骤如下:

① 在测站点 B 安置仪器,进行对中和整平操作;

② 设定测站点 B 的三维坐标(N_B,E_B,Z_B);

③ 瞄准后视点 A,设定后视点 A 的平面坐标(N_A,E_A) 或直接输入坐标方位角;

④ 若测量高程坐标,还需量取并输入仪器高、棱镜高;

⑤ 选择测距模式(标准、精密、快速、跟踪测距);

⑥ 照准 1 点目标棱镜,按坐标测量键,显示测量结果,记录存储。

若继续测量2、3 等各点的坐标,只需重复步骤 ⑥ 的操作即可。

4. 专用测量

全站仪的专用测量一般包括坐标放样、后方交会、对边测量、悬高测量、面积测量等内容,不同的全站仪可能会有所选择和不同。下面介绍几个比较典型的专用测量的基本原理。

（1）坐标放样

如图 5.9 为例,将全站仪安置于已知的测站点 A 上,选定坐标放样模式后,首先输入仪器高和棱镜高(如果放样高程的话),以及测站点 A 和待测设点 P 的三维坐标(N_A,E_A,Z_A),(N_P,E_P,Z_P),再照准另一已知后视点 B 并输入平面坐标$(N_B、E_B)$ 或直接输入坐标方位角;然后照准竖立在待测设点 P 的概略位置 P_1 处的反射棱镜;按键测量即可自动显示出水平角偏差 $\Delta\beta$、水平距离偏差 ΔD 和高程偏差 ΔZ。

$$\Delta\beta = \alpha_测 - \alpha_设$$
$$\Delta D = D_测 - D_设$$
$$\Delta Z = Z_测 - Z_设 \qquad (5.7)$$

其中 $\alpha_设$、$D_设$ 是根据平面坐标反算的 OP 边的坐标方位角和边长,$Z_设 = Z_A$;$\alpha_测$、$D_测$、$Z_测$ 是对应的实测值。

按照所显示的偏差值指挥移动反射棱镜,当偏差值依次显示为零时即为放样的 P 点位置。

（2）后方交会

如图 5.10 所示,后方交会是通过对多个已知坐标点的测量定出测站点坐标的方法。输入已知点的坐标值(N_i,E_i,Z_i) 后,再依次观测已知点 P_i 与测站点 P_0 间的水平角、竖直角和距离观测值,便可由仪器自动计算出测站点坐标(N_0,E_0,Z_0) 并输出。

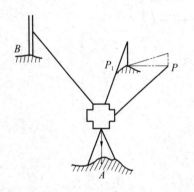

图 5.9　坐标放样示意图

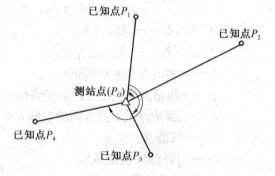

图 5.10　后方交会示意图

可测距时,应至少观测 2 个已知点;无法测距时,应至少观测 3 个已知点。观测的已知点越多,计算所得的坐标精度就越好。

（3）对边测量

对边测量就是测量离开仪器之外的两个目标棱镜之间水平距离和高差的方法。如图 5.11 所示,在两个目标点 P_1、P_2 上分别竖立反射棱镜,在与 P_1、P_2 通视的任意点 P 安置全

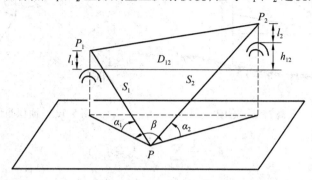

图 5.11　对边测量示意图

站仪后,先选定对边测量模式,然后分别照准 P_1、P_2 上的反射棱镜进行测量,仪器就会自动按下式计算并显示出 P_1、P_2 两目标点间的平距和高差。

$$D_{12} = \sqrt{S_1^2 \cos^2 \alpha_1 + S_2^2 \cos^2 \alpha_2 - 2S_1 S_2 \cos \alpha_1 \cos \alpha_2 \cos \beta}$$

$$h_{12} = S_2 \sin \alpha_2 - S_1 \sin \alpha_1 + l_1 - l_2 \tag{5.8}$$

式中　　S_1、S_2——仪器至两反射棱镜的斜距;

　　　　α_1、α_2——仪器至两反射棱镜的竖直角;

　　　　β——PP_1 与 PP_2 两方向间的水平夹角;

　　　　l_1、l_2——P_1、P_2 点的棱镜高。

（4）悬高测量

悬高测量就是测定空中某点距离地面的高度的方法。如图 5.12 所示,把全站仪安置于适当位置,并选定悬高测量模式,把反射棱镜置于欲测高度的目标点 C 下方的地面上,然后照准反射棱镜进行测量,再转动望远镜照准目标点 C,仪器便可计算并显示目标点 C 至地面的高度 H。

$$H = h + l = S\cos \alpha_1 \tan \alpha_2 - S\sin \alpha_1 + l \tag{5.9}$$

式中　　S——仪器至反射棱镜的斜距;

　　　　α_1、α_2——仪器至反射棱镜和目标点 C 的竖直角;

　　　　l——棱镜高。

（5）面积测量

如图 5.13 所示为一任意多边形,欲测定其面积,可在适当位置安置全站仪,选定面积测量模式后,按顺时针方向依次将反射棱镜竖立在多边形的各顶点上进行观测（平面坐标）。观测完毕仪器即可按下式计算并显示该多边形的面积。

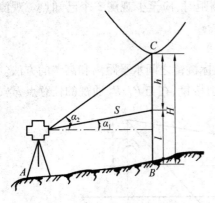

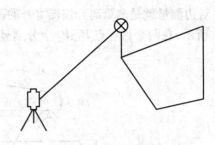

图 5.12　悬高测量示意图　　　　　图 5.13　面积测量示意图

$$A = \frac{1}{2}\sum_{i=1}^{n} x_i(y_{i+1} - y_{i-1}) \qquad (5.10)$$

或

$$A = \frac{1}{2}\sum_{i=1}^{n} y_i(x_{i-1} - x_{i+1}) \qquad (5.11)$$

当 $i = 1$ 时，$y_{i-1} = y_n$，$x_{i-1} = x_n$；当 $i = n$ 时，$y_{i+1} = y_1$，$x_{i+1} = x_1$。

5.1.4　全站仪使用注意事项及养护

全站仪是一种结构复杂、精密贵重的先进电子测量仪器。如果仪器损坏或发生故障，会造成很大的经济损失。因此必须严格遵守操作规程，做到正确使用。

1. 使用注意事项

（1）新购置的仪器，如果首次使用，应认真阅读使用说明书，通过反复学习、使用和总结，力求做到"得心应手"，最大限度地发挥仪器的效用。

（2）测距仪的测距头不能直接对向太阳，以免损坏测距发光二极管。

（3）在阳光下和阴雨天进行作业时，应打伞遮阳、避雨。

（4）在整个操作过程中，观测者不得离开仪器，以避免发生意外事故。

（5）仪器应保持干燥，遇雨后应将仪器擦干，并放在通风处，完全晾干后才能装箱。

（6）全站仪在迁站时，即使很近也应取下仪器装箱。

（7）运输过程中，必须注意防震，长途运输最好装在原包装箱内。

2. 仪器的养护

（1）仪器应经常保持清洁，用完后使用毛刷、软布将仪器上落的灰尘除去。如果仪器出现故障，应与厂家或厂家委派的维修部联系修理，决不可随意拆卸仪器，造成不应有的损害。

（2）仪器应在清洁、干燥、安全的房间内存放，并由专人保管。

（3）棱镜应保持干净，不用时要放在安全的地方，如有箱子应放在箱内，以避免损坏。

（4）电池充电应按说明书的要求进行。

5.2　全球定位系统

5.2.1　概述

全球定位系统 GPS(Global Positioning System)是由美国国防部于 1973 年组织研制,于 1993 年全部建成,主要为军事导航与定位服务的系统。GPS 利用卫星发射的无线电信号进行导航定位,具有全球性、全天候、高精度、快速实时的三维导航、定位、测速和授时功能,以及良好的保密性和抗干扰性。它已成为美国导航技术现代化的重要标志,被称为20 世纪继阿波罗登月、航天飞机之后第三大航天技术。

GPS 导航定位系统不但可以用于军事上各类兵种和武器的导航定位,而且在民用上也发挥出重大作用。如智能交通系统中的车辆导航、车辆管理和救援,民用飞机和船只导航及姿态测量,大气参数测试,电力和通信系统中的时间控制,地震和地球板块运动监测,地球动力学研究等。特别是在大地测量,城市和矿山控制测量,建筑物变形测量及水下地形测量等方面得到广泛的应用。

从 1986 年开始 GPS 被引入我国测绘界。GPS 具有定位测速快、成本低、不受天气影响、点间无须通视、不建标等优越性,且具有仪器轻巧、操作方便等优点,目前已被广泛应用于测绘行业。卫星定位技术的引入已引起测绘技术的一场革命,从而使测绘领域步入了一个崭新的时代。

5.2.2　全球定位系统的组成

全球定位系统(GPS)主要由空间卫星部分(GPS 卫星星座)、地面监控部分和用户设备三部分组成,如图 5.14 所示。

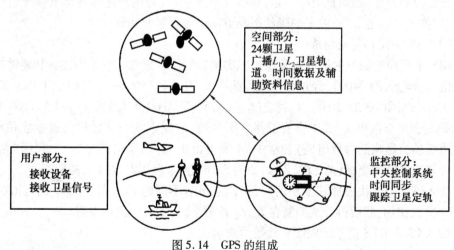

图 5.14　GPS 的组成

1. 空间星座部分

(1)GPS 卫星星座

如图 5.15(a),GPS 卫星星座由 24 颗卫星组成,其中有 21 颗工作卫星,3 颗备用卫

星。工作卫星分布在 6 个近圆形轨道面内,每个轨道上有 4 颗卫星。卫星轨道面相对地球赤道面的倾角为 55 度。各轨道面升交点赤经相差 60 度,轨道平均高度为 20 200 km。卫星运行周期为 11 小时 58 分。卫星同时在地平线上的情况至少有 4 颗,最多可达 11 颗。这样的布设方案将保证在世界任何地方、任何时间,都可以进行实时三维定位。

(2)GPS 卫星及功能

GPS 卫星主体成圆柱形,直径为 1.5 m,重约 774 kg。两侧有双叶太阳能板,能自动对日定向,以提供卫星正常工作所需用电,见图 5.15(b)。每颗卫星装有 4 台高精度原子钟(2 台铷钟,2 台铯钟),频率稳定度为 $10^{-12} \sim 10^{-13}$,为 GPS 测量提供高精度的时间标准。

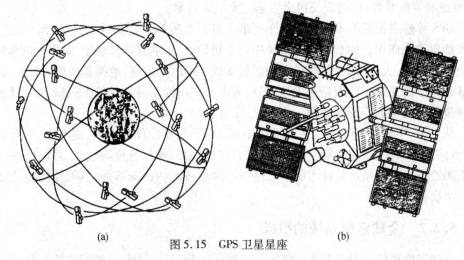

(a)　　　　　　　　图 5.15　GPS 卫星星座　　　　　　　(b)

GPS 卫星的主要功能是接收并存储由地面监控站发来的导航信息;接收并执行主控站发出的控制命令,如调整卫星姿态,起用备用卫星等;向用户连续发送卫星导航定位所需信息,如卫星轨道参数、卫星健康状态及卫星信号发射时间标准等。

(3)GPS 卫星信号的组成

GPS 卫星向地面发射的信号是经过二次调制的组合信息。它是由铷钟和铯钟提供的基准信号($f = 10.23$ MHz),经过分频或倍频产生 $D(t)$ 码(50 Hz)、C/A 码(1.023 MHz,波长 293 m)、P 码(10.23 MHz)、L_1 载波($f_1 = 1\ 575.42$ MHz)和 L_2 载波($f_2 = 1\ 227.60$ MHz)。$D(t)$ 码是卫星导航电文,其中含有卫星广播星历(它是以 6 个开普勒轨道参数和 9 个反映轨道摄动力影响的参数组成)和空中 24 颗卫星历书(卫星概略坐标)。利用广播星历可以计算卫星空间坐标(X^{Si}, Y^{Si}, Z^{Si}),如图 5.16 所示,星历参数列入表 5.2。

C/A 码是用于快速捕获卫星的码,不同卫星有不同的 C/A 码。$D(t)$ 码与 C/A 码或 P(码) 模二相加,然后再分别调制在 L_1, L_2 载波上,合成后向地面发射。

图 5.17 为 GPS 信号组成图。其数学表达式为

$$S^i_{L_1}(t) = A_P P_i(t) D_i(t) \cos(\omega_1 t + \varphi_1 i) + A_c G_i(t) D(t) \sin(\omega_1 t + \varphi_1 i)$$

$$S^i_{L_2}(t) = B_P P_i(t) D_i(t) \cos(\omega_2 t + \varphi_2 i) \tag{5.12}$$

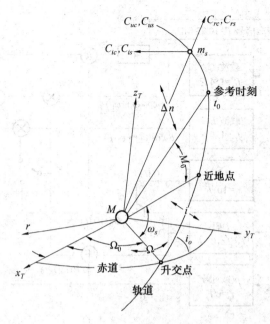

图 5.16　卫星轨道参数

表 5.2　导航电文中的星历参数表

M_0	参考时刻的平近点角	$\dot{\Omega}$	开交点赤经变率
Δn	平均运行速度差	$\dot{I}$	轨道倾角变率
e_s	轨道偏心率	C_{uc}, C_{us}	升交距角的调和改正项振幅
$\sqrt{a}$	轨道长半轴的方根	C_{rc}, C_{rs}	卫星地心距的调和改正项振幅
Ω_0	参考时刻的升交点赤经	C_{ic}, C_{is}	轨道倾角的调和改正项振幅
i_0	参考时刻的轨道倾角	t_0	星历参数的参考历元
ω_s	近地点角距	$AODE$	星历数据的龄期

2. 地面监控部分

地面监控部分是由分布在世界各地的五个地面站组成。按功能分为监测站、主控站和注入站三种,如图 5.18 所示。

(1)监测站

监测站设在科罗拉多、阿松森群岛、迭哥伽西亚、卡瓦加兰和夏威夷。站内设有双频 GPS 接收机、高精度原子钟、气象参数测试仪和计算机等设备。主要任务是完成对 GPS 卫星信号的连续跟踪观测,并对搜集的数据和当地气象观测资料经处理后传送到主控站。

(2)主控站

主控站设在美国本土科罗拉多空间中心。它除了协调管理地面监控系统外,还负责将监测站的观测资料联合处理,推算卫星星历、卫星钟差和大气修正参数,并把这些数据编制成导航电文送到注入站。另外它还可以调整偏离轨道的卫星,使之沿预定轨道运行或起用备用卫星。

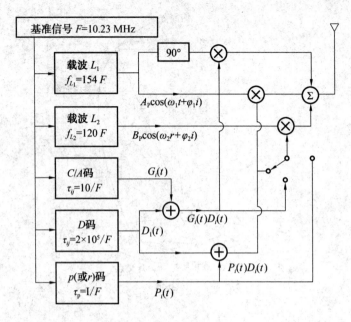

图 5.17　GPS 信号组成

图 5.18　GPS 地面监控站

（3）注入站

注入站设在阿松森群岛、迭哥伽西亚、卡瓦加兰。其主要任务是将主控站编制的导航电文通过直径为 3.6 m 的天线注入给相应的卫星。

图 5.19 为地面监控系统示意图。整个系统是由主控站、地面站之间由现代化通信系统联系，无须人工操作，实现了高度自动化和标准化。

3. 用户设备部分

用户设备是指用户 GPS 接收机。其主要任务是捕获卫星信号，跟踪并锁定卫星信号；GPS 卫星是以广播方式发送定位信息。GPS 接收机是一种被动式无线电定位设备，在全球任何地方是要能接收到 4 颗以上 GPS 卫星的信号，就可以实现三维定位、测速和测时。

（1）GPS 接收机的分类

目前，世界上已有的 GPS 接收机可以按不同用途、不同原理和功能分类如下：

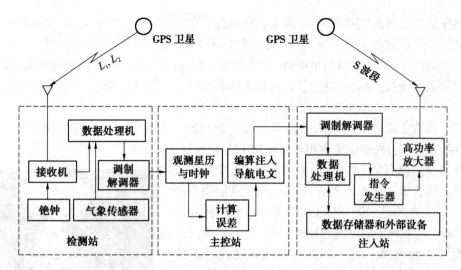

图 5.19　GPS 地面监控系统原理

①按用途分类　导航型接收机、测地型接收机、授时型接收机、姿态测量接收机。

②按接收机通道数分类　多通道 GPS 接收机、序贯通道接收机、多路复用通道接收机。

（2）GPS 接收机的构造和工作原理

GPS 接收机主要由 GPS 接收机天线、GPS 接收主机和电源三部分组成,其工作原理如图 5.20 所示。GPS 接收机的主要功能是接受 GPS 卫星信号并经过信号放大、变频、锁相处理,测定出 GPS 信号从卫星到接收机天线间的传播时间,解译导航电文,实时计算GPS 天线所在位置(三维坐标)及运行速度。

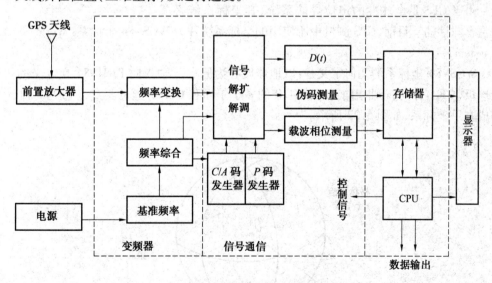

图 5.20　GPS 接收机的工作原理

GPS 接收机天线由天线单元和前置放大器组成,其作用是将 GPS 卫星信号的微弱电磁波能量转化为相应电流,并将接收到的 GPS 信号放大。

GPS 接收主机由变频器、信号通道、微处理器、存储器和显示器组成,其作用分别是将接收到的 L 频段射频信号变成低频信号;搜索、牵引并跟踪卫星,对信号进行解扩、解调导航电文;存储一小时一次的卫星星历、卫星历书、接收机采集到的码相伪距观测值、载波相位观测值及多普勒频移;控制接收机进行工作状况自检,并测定、校正、存储各通道的时延等。

GPS 接收主机的电源有内电源和外接电源两种。内电源一般采用锂电池,主要对 RAM 存储器供电;外接电源常用可充电的 12V 直流镍镉电池组。

在精密定位测量工作中,一般均采用大地型双频接收机或单频接收机。如图 5.21 所示接收机是我国南方测绘仪器厂生产的 NGS-200 型 GPS 接收机。单频接收机适用于 10km 左右或更短距离的精密定位工作,其相对定位的精度可达 $5mm+1\times10^{-6}\cdot D$($D$ 为基线长度,以 km 计)。而双频接收机由于能同时接收到卫星发射的两种频率($L_1=1\,575.42MHz$,$L_2=1\,227.60\,MHz$)的载波信号,故可进行长距离的精密定位工作,其相对定位精度更高,但其结构复杂,价格昂贵。用于精密定位测量工作的 GPS 接收机,其观测数据需要进行后处理,因此必须配有功能完善的后处理软件,才能解算所需测站点的三维坐标。

图 5.21　NGS-200 型 GPS 接收机

5.2.3　GPS 坐标系统

1. WGS-84 坐标系

由于 GPS 是全球性的定位导航系统,其坐标系统必须是全球性的。目前,GPS 测量中所使用的坐标系统称为 WGS-84 坐标系(World Geodetic system)。

WGS-84 坐标系的几何定义是:以地球质心为原点,z 轴指向 BIH1984.0 定义的协议地球极(CTP)方向,x 轴指向 BIH1984.0 的零子午面和 CTP 赤道的交点,y 轴与 z 轴、x 轴构成右手坐标系,如图 5.22 所示。

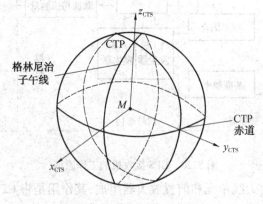

图 5.22　WGS-84 坐标系

上述 CTP 是协议地球极(Conventional Terrestrial Pole)的简称。由于极移现象的存在,地极的位置在地极平面坐标系中是一个连续的变量,其瞬时坐标(x_P, y_P)由国际时间局(Bureau International de I′ Heure,简称 BIH)定期向用户公布。WGS-84 坐标系就是以国际时间局 1984 年第一次公布的瞬时地极(BIH1984.0)作为基准,建立的地球瞬时坐标系,严格来讲属准协议地球坐标系。

除上述几何定义外,WGS-84 还有它严格的物理定义,它拥有自己的重力场模型和重力计算公式,可以算出相对于 WGS-84 椭球的大地水准面差距。

2. GPS 坐标转换

在各种区域性的测量工作中,往往需要将 GPS 的 WGS-84 坐标成果,换算到用户所采用的区域性坐标系统,这就是 GPS 坐标转换。两个坐标系统间的坐标转换,一般而言比较严密的是采用 7 参数布尔莎模型,换算关系如下

$$\begin{bmatrix} X \\ Y \\ Z \end{bmatrix}_{si} = \begin{bmatrix} \Delta X_0 \\ \Delta Y_0 \\ \Delta Z_0 \end{bmatrix} + \begin{bmatrix} 0 & -Z & Y \\ Z & 0 & -X \\ -Y & -X & 0 \end{bmatrix}_{Ti} \begin{bmatrix} \omega_X \\ \omega_Y \\ \omega_Z \end{bmatrix} + M \begin{bmatrix} X \\ Y \\ Z \end{bmatrix}_{Ti} + \begin{bmatrix} X \\ Y \\ Z \end{bmatrix}_{Ti} \tag{5.13}$$

其中含有的 7 个基准转换参数是:3 个平移参数$(\Delta X_0, \Delta Y_0, \Delta Z_0)$,3 个旋转参数$(\omega_X, \omega_Y, \omega_Z)$,1 个尺度因子 M。

为了确定上述 7 个基准转换参数,必须至少在测区 3 个已知参心坐标的点上进行 GPS 测量,确定相应的 WGS-84 坐标,再由式(5.13),通过平差解算出这 7 个基准转换参数。

如果区域范围不大,最远点间的距离不大于 30 km(经验值),还可以用 3 参数进行转换,即 3 个平移参数$(\Delta X_0, \Delta Y_0, \Delta Z_0)$,而将 3 个平移参数$(\Delta X_0, \Delta Y_0, \Delta Z_0)$,以及尺度因子 M 视为 0。

5.2.4　GPS 定位原理

如前所述,GPS 卫星定位原理是空间距离交会法。根据测距原理,其定位方法主要有伪距法定位、载波相位测量定位和 GPS 差分定位。对于待定点位,根据其运动状态可分为静态定位和动态定位。静态定位是指用 GPS 测定相对于地球不运转的点位。GPS 接收机安置在该点上接收数分钟甚至更长时间,以确定其三维坐标,又称为绝对定位。动态定位是确定运动定位物体的三维坐标。若将两台或两台以上 GPS 接收机分别安置在不变的待定点上,通过同步接收卫星信号,确定待测点间的相对位置称为相对定位。

GPS 接收机接收的卫星信号有伪距观测值、载波相位观测值及卫星广播星历。利用伪距和载波相位均可进行静态定位,但利用伪距定位精度较低。为了提高精度定位,常采用载波相位观测值的各种线性组合即差分,以减弱卫星轨道误差、卫星钟差、接收机钟差、电离层和对流层延迟等误差影响。这样获得的是两点间的坐标差,即基线向量,其测量精度可达到$\pm(5 \text{ mm} + 1 \times 10^{-6} D)$。

1. 伪距测量的绝对定位

GPS 绝对定位(亦称单点定位)原理是空间距离交会法。如图 5.23,有三个无线电信号发射台,其坐标 X^{Si}, Y^{Si}, Z^{Si} 已知。当用户接收机在某一时刻同时测定接收机天线至三

个发射台的距离 R_G^{S1},R_G^{S2},R_G^{S3},故只需以三个发射台为球心,以所测距离为半径,即可交会出用户接收天线的空间位置。其数学模型为

$$R_G^{Si} = [(X^{Si} - X_G)^2 + (Y^{Si} - Y_G)^2 + (Z^{Si} - Z_G)^2]^{\frac{1}{2}} \qquad (5.14)$$

式中　X_G,Y_G,Z_G——待测点的三维坐标。

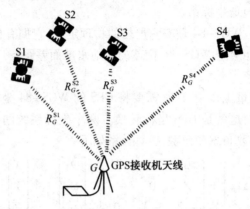

图 5.23　GPS 空间距离交会定位原理

GPS 卫星绝对定位是将三个无线电信号发射台分别放到卫星上。所以需要知道某时刻卫星的空间位置,并同时测定该时刻的卫星至接收机天线间的距离,即可定位。这里的卫星空间位置是由卫星发射的导航电文给出,而卫星至接收机天线的距离是通过接收卫星测距信号并与接收机内时钟进行相关处理求定。由于一般用户接收机采用石英晶体振荡器,精度低;加之卫星从 2 万公里高空向地面传输,空中经过电离层、对流层,会产生时延,所以接收机测的距离含有误差。通常将此距离称为伪距,用 ρ_G^{Si} 表示,则有

$$R_G^{Si} = \rho_G^{Si} + \delta_{\rho I} + \delta_{\rho T} - c\delta_t^{Si} + c\delta_{tG} \qquad (5.15)$$

式中　$\delta_{\rho I}$——电离层延迟改正;

　　　$\delta_{\rho T}$——对流层延迟改正;

　　　δ_t^{Si}——卫星钟差改正;

　　　δ_{tG}——接受机钟差改正。

这些误差中 $\delta_{\rho I}$、$\delta_{\rho T}$ 可以用模型修正,δ_t^{Si} 可用卫星星历文件中提供的卫星钟修正参数修正。由式(5.14)、式(5.15) 中可见,有四个未知数:X_G,Y_G,Z_G,δ_{tG}。所以 GPS 三维定位至少需要同步接收四颗卫星信号,建立四个方程式才能解算。

伪距测量定位的精度与测距码的波长及其与接收机复制码的对齐精度有关。目前,接收机的复制码精度一般取 1/100,而公开的 C/A 码码元宽度(即波长)为 293 m,故上述伪距测量的精度最高仅能达到 3 m($293 \times 1/100 \approx 3$ m),难以满足高精度测量定位工作的要求。但由于伪距测量单点定位速度快,无多值性问题,因此在运动载体的导航定位上应用很广泛。另外伪距还可以作为载波相位测量中解决整周模糊度的参考数据。

2. 载波相位测量的相对定位

如果将载波作为量测信号,载波波长较短,L_1 载波 $\lambda_{L_1} = 19$ cm,L_2 载波 $\lambda_{L_2} = 24$ cm,按测量精度百分之一计,载波相位测量精度约为 2 mm。由于载波信号是一种周期性正弦信

号,在相位测量中只能测定其不足一个周期(即波长)的小数部分,存在着整周数不确定性问题,因此载波相位的解算过程比较复杂。

载波相位测量是测定 GPS 卫星载波信号到接收机天线之间的相位延迟。GPS 卫星载波上调制了测距码和导航电文,所以,GPS 接收机接收到卫星信号后,要将调制在载波上的测距码和卫星电文去掉,重新获得载波,这一工作称为重建载波。GPS 接收机将卫星重建载波与接收机内由振荡器产生的本振信号通过相位计比相,即可得到相位差。

如图 5.24,假设卫星在 t_0 时刻发出载波信号,其相位为 $\varphi(S)$。若接收机产生一个频率和初相位与卫星载波信号完全一致的基准信号,在 t_0 时刻相位为 $\varphi(R)$。对卫星载波与接收机基准信号进行相位测量,即可得到卫星到接收机天线间用载波相位表达的距离观测值为

$$\rho = \lambda\left[\varphi(R) - \varphi(S)\right]/2\pi = \lambda\left[N_0 + \frac{\Delta\varphi}{2\pi}\right] \tag{5.16}$$

式中　N_0——整周未知数;

　　　$\Delta\varphi$——不到一周的相位值。

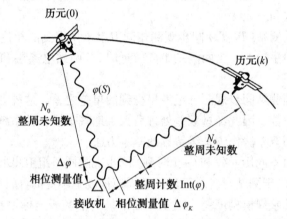

图 5.24　卫星载波相位信号

由于载波是个余弦波,在载波相位测量中,接收机无法测定载波的整周数 N_0,故 N_0 也称为整周模糊度。但是可以精确测定 $\Delta\varphi$。当接收机对卫星进行连续跟踪观测时,由于接收机内有多普勒频移计数器,只要卫星信号不失锁,N_0 值就不变,即可从累计计数器中得到载波信号的整周变化计数 $\text{Int}(\varphi)$。所以 K 时刻接收机的相位观测值为

$$\varphi_k^r = \text{Int}(\varphi) + \Delta\varphi_k$$

卫星到天线相位观测值为

$$\varphi_k = N_0 + \varphi'_k = N_0 + \text{Int}(\varphi) + \Delta\varphi_k \tag{5.17}$$

与伪距测量一样,考虑到卫星钟差改正、接收机钟差改正、电离层延迟改正、对流层折射改正,即可得到载波相位测量观测方程

$$\varphi = \frac{f}{c}(R - \delta_{\rho I} - \delta_{\rho T}) + f\delta_t^S - f\delta_{tG} - N_0 \tag{5.18}$$

将 (5.16) 式两边同乘以 $\lambda = \frac{c}{f}$,$\tilde{\rho} = \lambda \cdot \varphi$,并简单移项后,则有

$$R = \tilde{\rho} + \delta_{\rho I} + \rho_{\rho T} - c\delta_t^S + c\delta_{tG} + \lambda N_0 \tag{5.19}$$

载波相位观测方程中多了一项整周未知数 N_0。虽然载波相位观测值精度很高,但是由于每颗卫星的载波相位观测方程中都有 N_0^i,所以无法像伪距单点定位那样用单机实时定位,而是采用两台以上接收机进行相对定位。其中 N_0 的准确解算是载波相位测量中的关键问题。

用载波相位测量进行相对定位一般是用两台 GPS 接收机,分别安置在测线两端(该测线称为基线),同步接收 GPS 卫星信号。利用相同卫星的相位观测值进行解算,求定基线端点在 WGS – 84 坐标系中的相对位置或基线向量。当其中一个端点坐标已知,则可推算另一个待定点的坐标。

在两个观测站或多个观测站同步观测相同卫星的情况下,卫星的轨道误差、卫星钟差、接收机钟差以及电离层和对流层的折射误差等,对观测量的影响具有一定的相关性,所以利用这些观测量的不同组合,进行相对定位,便可有效地消除或减弱上述误差的影响,从而提高相对定位的精度。

载波相位相对定位普遍采用将相位观测值进行线性组合的方法。其具体方法有三种,即单差法、双差法和三差法。

单差法是对不同测站(T_1、T_2)同步观测相同卫星 Si 所得到的相位观测值 φ_1、φ_2 求差,站间单差可以消去卫星钟差。当两测站距离较近时,其两站电离层和对流层延迟相关性较强,也可以得到消除。

双差法是在不同测站同步观测一组卫星得到的单差之差。这种方法可消除两个测站接收机相对钟差改正数。因此经过双差处理后大大地减小了各种系统误差。因此在 GPS 相对定位中都是采用双差法作为基线解算的基本方法。

三差观测法是对不同历元(t 和 $t+1$ 时刻)同步观测同一组卫星所得观测值的双差之差。在跟踪观测中,由于测站对各个卫星的整周模糊度是不变的,所以经过站间,星间,历元之间三差后消去了整周模糊度差。三差方程中只剩下基线坐标增量,故可得到求解。由于三差模型中是将观测方程经过三次求差,求方程个数大大减少,这对未知数解算会产生不良影响。

3. GPS 实时差分定位

利用 GPS 对运动物体进行实时定位(如 1Hz 或 10Hz 采样率),常采用 GPS 导航接收机单点定位。由于 GPS 定位精度受 GPS 卫星钟差、接受机钟差、大气电离层和对流层对 GPS 信号的延迟等误差的影响,利用 C/A 码单点定位的精度是 25m。在海湾战争后,美国对 GPS 施加了 SA 技术(即选择利用技术),即在 GPS 卫星钟和卫星广播星历上施加人为的干扰信号,致使 C/A 码伪距单点定位精度降到 50m。为提高实时定位精度,可采用 GPS 差分定位技术。

GPS 差分定位的原理是在已有的精度地心坐标点上安放 GPS 接收机(称为基准站),利用已知的地心坐标和星历计算 GPS 观测的校正值,并通过无线电通信设备(称为数据链)将校正值发送给运动中的 GPS 接收机(称为流动站)。流动站利用校正值对自己的 GPS 观测值进行修正,以消除上述错误,从而提高实时定位精度,如图 5.25 所示。

GPS 差分定位系统有基准站、流动站和无线电通信链三部分组成。

基准站:接收 GPS 卫星信号并实时向流动站提供差分修正信号。

流动站:接收 GPS 卫星信号和基准站发送的差分修正信号,对 GPS 卫星信号进行修正,并进行实时定位。

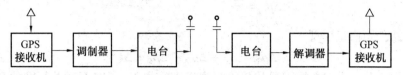

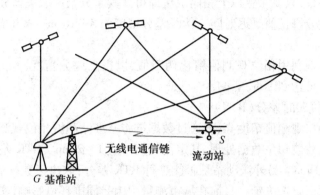

图 5.25　GPS 实时差分定位原理

无线电通信链:将基准站差分信号传送到流动站。

GPS 动态差分方法有多种。

(1) 位置差分

是将基准站 GPS 接收机伪距单点定位得到的坐标值与已知坐标作差分,无线电传送的是坐标修正值,流动站用坐标修正值对其坐标进行修正。其数学模型为

$$\Delta x = x_G^0 - x_G \quad x_S^0 = x_S + \Delta x$$
$$\Delta y = y_G^0 - y_G \quad y_S^0 = y_S + \Delta y$$
$$\Delta z = z_G^0 - z_G \quad z_S^0 = z_S + \Delta z \tag{5.20}$$

式中　　x_G^0, y_G^0, z_G^0——基准站已知坐标;

$x_G, y_G, z_G, x_S, y_S, z_S$——基准站,流动站单点定位结果;

x_S^0, y_S^0, z_S^0——经修订后的流动站坐标。

位置差分精度可达 5 ~ 10 m。但是位置差分要求流动站接收机单点定位所用的卫星,与基准站要求修正值时所用的卫星完全一致。若有一颗卫星不一样就可能产生 45 m 以上的误差。

(2) 伪距差分

利用基准站已知坐标和卫星星历,求卫星到基准站的几何距离,作为距离精度值 R_{∞}^i,将此值与基准站所测的伪距 ρ_G^i 求差,作为差分修正值,并通过数据链传给流动站。流动站接收差分信号后,对所接收的每颗卫星的伪距观测值进行修正,然后再进行单点定位。

基准站发布的差分信息,是某时刻 T 卫星 S_i 的伪距修正值 $\Delta\rho_G^i$ 和伪距修正值的变化

率 $\Delta\rho_G^i$。

$$\Delta\rho_G^i = R_{G0}^i - \rho_G^i$$

$$\Delta\rho_G^i = \frac{\Delta\rho_G^i(t + \Delta t) - \Delta\rho_G^i(t)}{\Delta t}$$

流动站伪距修正模型

$$\Delta\rho_{S0}^i = \rho_S^i + \Delta\rho_G^i + \Delta\rho_G^i \cdot \Delta t \tag{5.21}$$

由于伪距差分是对每颗卫星的伪距观测值进行修正,所以不要求基准站和流动站接收的卫星完全一致,只要 4 颗以上相同卫星即可。其差分精度取决差分卫星个数、卫星空中分布状况及差分修正值延迟时间。伪距差分精度为 3 ~ 10 m。基准站距流动站距离可达 200 ~ 300 km。

近年来又发现利用相位观测值精化伪距值,以提高差分精度,称为相位平滑伪距差分。其差分精度可达到 1 m。

(3)载波相位实时差分(RTK)

由于载波相位观测值精度高,若通过数据链将基准站载波相位观测值传到流动站,在流动站进行实时载波相位数据处理,其定位精度可达 1 ~ 2 cm。RTK 差分距离不可太远,目前最远可达 30 km。另外流动站是否能进行 RTK 差分,取决于数据通信可靠性和流动站载波相位观测值是否失锁。目前在城市测量中因受周围环境影响,实时动态 RTK 还很难使用,但在空旷地区、海上应用较多。

(4)广域差分

广域差分是利用大范围内建立的卫星跟踪网跟踪卫星信号。利用跟踪网已知坐标和原子钟,求每颗卫星的星历改正值、卫星钟改正值及电离层改正参数,并通过无线电台向用户流动站发送。流动站接收这些修正信息,并对观测值进行修正。差分修正后精度可达到 1 ~ 3 m,差分范围可达到 1 000 km。

5.2.5　GPS 测量的实施

GPS 测量的实施过程与常规测量一样,包括方案设计、外业测量和内业数据处理三部分。由于以载波相位观测值为主的相对定位法是当前 GPS 精密测量中普遍采用的方法,所以本节主要介绍在城市与工程控制网中采用 GPS 定位的方法和工作程序。

1. GPS 控制网精度标准的确定

GPS 网的技术设计是进行 GPS 测量的基础。它应根据用户提交的任务书或测量合同所规定的测量任务进行设计。其内容包括测区范围、测量精度、提交成果方式、完成时间等。设计的技术依据是国家测绘局颁发的《全球定位系统(GPS)测量规范》及建设部颁发的《全球定位系统城市测量技术规程》等。

GPS 网的精度指标,通常是以网中相邻点之间距离误差 m_D 来表示

$$m_D = a + b \times 10^{-6} D \tag{5.22}$$

式中　D——两个相邻点间的距离。

不同用途的 GPS 网的精度是不一样的,地壳形变和国家基本控制网为 A,B 级,如表 5.3 所示。城市及工程控制网的精度指标如表 5.4 所示。

表5.3 国家基本 GPS 控制网的精度指标

级别	主要用途	固定误差 a/mm	比例误差参数 b
A	地壳形变测量及国家高精度 GPS 网建立	≤5	≤0.1
B	国家基本控制测量	≤8	≤1

表5.4 城市及工程 GPS 控制网的精度指标

等级	平均距离/km	a/mm	比例误差参数 b	最弱边相对中误差
二	9	≤10	≤2	1/130 000
三	3	≤10	≤5	1/80 000
四	2	≤10	≤10	1/45 000
一级	1	≤10	≤10	1/20 000
二级	<-1	≤15	≤20	1/10 000

具体工作中精度标准的确定要根据工作的实际需要,以及具备的仪器设备条件,恰当地确定 GPS 网的精度等级。布网可以分级布设,也可越级布设或布设同级全面网。

2. 网形设计

常规控制测量中,控制网的图形设计十分重要。而 GPS 测量时由于不需要点间通视,因此图形设计的灵活性比较大。GPS 网的设计主要考虑以下几个问题:

(1)网的可靠性设计

GPS 测量有很多优点,如测量速度快,测量精度高等,由于是无线电定位,受外界环境影响大,所以在图形设计时应重点考虑成果的准确可靠。应考虑有较可靠的检验方法,GPS 网一般应通过独立观测边构成闭合图形,以增加检查条件,提高网的可靠性。GPS 网的布设通常有点连式、边连式、网连式及边点混合连式等四种方式。

① 点连式 是指相邻同步图形(多台仪器同步观测卫星获得由基线构成的闭合图形)仅由一个公共点连接。这样构成的图形检查条件太少,一般很少使用,如图 5.26 所示。

② 边连式 是指同步图形之间由一条公共边连接。这种方案的边较多,非同步图形的观测极限可组成异步观测环(称为异步环),异步环常用于观测成果的质量检查。所以边连式比点连式可靠,如图 5.26 所示。

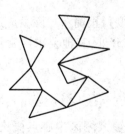 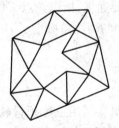 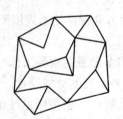

点连式(7个三角形) 边连式(15个三角形) 边点混合连接(10个三角形)

图 5.26 GPS 网的布设方式

③ 网连式　是指相邻同步图形之间有两个以上公共点相连接。这种方法需要 4 台以上的仪器。这种方法的几何强度和可靠性更高,但是花费的时间和经费也更多,常用于高精度控制网。

④ 边点混合式　是指将点连式和边连式有机结合起来,组成 GPS 网。这种网的布设特点是周围图形尽量以边方式连接,在图形内部形成多个异步环。利用异步环闭合差进行检验,保证测量可靠性。

在低等级 GPS 测量或碎部测量时可用星形布设,如图 5.27 所示。这种方式常用于快速静态测量,优点是测量速度快,但是没有检核条件。为了保证质量,可选两个点作基准站。

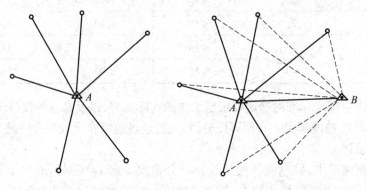

图 5.27　星形布设

(2)GPS 点虽然不需要通视,但是为了便于用经典方法联测和扩展,要求控制点至少与一个其他控制点通视,或者在控制点附近 300m 外布设一个通视良好的方位点,以便建立联测方向。

(3)为了求定 GPS 网坐标与原有地面控制网坐标之间的坐标转换参数,要求至少有三个 GPS 控制网点与地面控制网点重合。

(4)为了利用 GPS 进行高程测量,在测区内 GPS 点应尽可能与水准点重合,或者进行等级水准联测。

(5)GPS 点尽量选在视野开阔、交通方便的地点,并要远离高压线、变电所及微波辐射干扰源。

3. 选点、建标志

由于 GPS 测量的测站间不需要通视,所以选点工作就变得很简单。除了应远离产生磁场的地方和保证测站周围障碍物的高度角应小于 10°~15°外,其他要求同常规控制测量。

4. GPS 测量的观测工作

(1)外业观测计划设计

①编制 GPS 卫星可见性预报图　利用卫星预报软件,输入测区中心点概略坐标、作业时间、卫星截止高角度≥15°等,利用不超过 20 天的星历文件即可编制卫星预报图。

②编制作业调度表　应根据仪器数量、交通工具状况、测区交通环境及卫星预报状况制订作业调度表。作业表应包括:观测时段(测站上开始接收卫星信号到停止观测,连续

工作的时间段),注明开、关机时间;测站号,测站名;接收机号,作业员;车辆调度表。

(2)野外观测

野外观测应严格按照技术设计要求进行。

①安置天线　天线安置是 GPS 精密测量的重要保证。要仔细对中、整平,量取仪器高。仪器高要用钢尺在互为 120°度方向量三次,互差小于 3 mm,取平均值后输入 GPS 接收机。

②安置 GPS 接收机　GPS 接收机应安置在距天线不远的安全处,连接天线及电源电缆,并确保无误。

③按顺序操作　按规定时间打开 GPS 接收机,输入测站名、卫星截止高度角、卫星信号采样间隔等。详细使用可见仪器操作手册。

一般情况下,GPS 接收机只需 3 分钟即可锁定卫星进行定位。若仪器长期不用,超过 3 个月,仪器内的星历过期,仪器要重新捕获卫星,这就需要 12.5 分钟。GPS 接收机自动化程度高,仪器一旦跟踪卫星进行定位,接收机自动将观测到的卫星星历、导航文件以及测站输入信息以文件形式存入接收机内。作业员只需要定期查看接收机工作状况,发现故障及时排除,并做好记录。接收机正常工作过程中不要随意开关电源、更改设置参数、关闭文件等。

一个时段的测量结束后,要查看仪器高和测站名是否输入,确保无误后再关机、关电源,以及迁站。

④GPS 接收机记录的数据　包括 GPS 卫星星历和卫星钟差参数,观测历元的时刻和伪距观测值以及载波相位观测值,GPS 绝对定位结果,测站信息。

(3)观测数据下载及数据预处理

观测成果的外业检核是确保外业观测质量和实现定位精度的重要环节。所以外业观测数据在测区时就要及时进行严格检查,对外业预成果处理,按规范要求严格检查、分析,根据情况进行必要的重测和补测。确保外业成果无误后方可离开测区。

(4)内业数据处理

内业数据处理一般采用软件处理,主要工作内容有基线解算、观测成果检核及 GPS 网平差,内业数据处理完毕后应写 GPS 测量技术报告并提交有关资料。

5.3　3S 集成技术与应用简介

"3S"是指 GPS(全球定位系统)、GIS(地理信息系统)、RS(遥感)。"3S"技术集成不是 GPS、GIS、RS 的简单组合,而是将其通过数据接口严格地、紧密地、系统地集成起来,使其成为一个大系统。显然,这个目标上的"3S"尚在研究实验当中,目前 RS 与 GPS、RS 与 GIS、GIS 与 GPS 的两两集成已有许多研究与应用成果。

5.3.1　RS 与 GIS 的集成

1. RS 为 GIS 的提供信息源

早期利用摄影测量像片或 RS 卫星,经纠正、处理,形成正射影图,进一步目视判读之

后,可编制出多种专题用图,这些图件经过扫描或手扶跟踪数化之后成为数字电子地图,进入到 GIS 中,实现多重信息的综合分析,派生出新的图形和图件。例如:公路选线中根据地形图、土壤图、地质水文图和选线的约束条件模型派生最佳路线图。

比较理想的 RS 作为 GIS 的数据源是将 RS 的分类数据直接顺利地进入 GIS 中,经过要栅矢转化形成空间矢量结构数据,满足 GIS 的多种应用和需求。同时 GIS 与 RS 结合起来,GIS 对 RS 中"同物异谱"(具有相同特征的地物产生不同的光谱信息)或"同谱异物"(具有不同特征的地物产生相同的光谱信息)问题提供管理和分析的技术手段。GIS 与 RS 的结合实质是数据转换、传输、配准。

2. GIS 为 RS 提供空间数据管理和分析的技术手段

RS 信息源主要来源于地物对太阳辐射的反射作用,识别地物主要依据为 RS 量测地物灰展值的差异,实践中出现"同物异谱"和"同谱异物"是可能的,从单纯的 RS 数字图像处理,这类问题解决难度较大,若将 GIS 与 RS 结合起来,此类问题就易于解决。如 GIS 将地形划分为阳坡、阴坡、半阴半阳坡及高山、中山、低山,配合 RS 进行地表植被分类,就能获得很好的效果。

3. RS 与 GIS 的三种结合方式

图 5.28 给出 GIS 与 RS 的三种结合方式。图 5.28(a)是分开但平行的结合,RS 的数据结构为栅格数据,其几何信息(定位信息)为其行、列数,而其属性信息(定性信息)为其灰度值,GIS 多为矢量数据结构,可实现矢—栅转化,因此,GIS 与 RS 的结合实质上是数据转换、传输、配准。所谓配准是指 RS 数据与 GIS 中图形数据之间几何关系的一致。为了便于管理,在具体实施中有两种结构,一种是 GIS 为 RS 的一个系统;另一种是 RS 为 GIS 的子系统,这种结构更易实现,因为 GIS 中增加栅格数据处理功能比在 RS 中增加矢量数据处理、分析及数据库管理功能更容易一些,逻辑上也更为合理。目前市面上的 GIS 产品,如 MGE,ARC/INFO,Geostar 等都加了 RS 数字图像处理系统功能。图 5.28(b)是一种无缝结合,图 5.28(a)和图 5.28(b)两种结构都需要建立一种标准空间数据交换格式,作为 RS 与 GIS 之间、各种 GIS 之间、GIS 与数字电子地图之间的数据交换格式和标准,这是全世界都关注的问题,美国联邦空间数据委员会 1992 年颁布了空间数据交换标准 SDTS(Spatial Data Transfer Standard)。澳大利亚基于美国 SDTS,建立了自己的 ASDT-S,我国亦正在建立相应的标准。应该建立一个全世界统一的标准交换格式,实现空间数据共享,完成数字地球工程。图 5.28(c)是一种无缝的结合,即将 GIS 与 RS 真正集成起来,形成数据结构和物理结构均为一体化的系统,国外已有这样的系统,如美国 NASA 国家空间实验室的地球资源实验室开发的 ELAS 系统,将数字化图形数据、同步卫星影像和其他数据置于统一的数据库,实现统一分析、处理、制图。

5.3.2　RS 与 GPS 的集成

从 GIS 的需求去看,GPS 与 RS 都是其有效的数据源,GPS 数据精度高、数量少,侧重提供特征点位的几何信息,发挥定位和导航功能,GPS 能够实时明确地物的属性;而 RS 则数据量很大,数据精度低,侧重从宏观上反映图像信息、几何特征。把 GPS 与 RS 有机地结合起来,可以实现定性、定位、定量的对地观测。利用 GPS 可以实现 RS 卫星姿态角

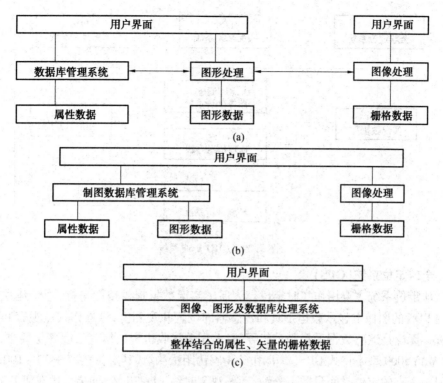

图 5.28　GIS 与 RS 结合三种方式

测量、摄影测量内外定向元素测定、航测控制点定位、RS 几何纠正点定位、数据配准等。

5.3.3　GPS 与 GIS 的集成

这种集成的基本思路是把 GPS 的实时传输数据通过串口实时传输进 GIS 中,在数字电子地图上实现实时显示、定位、纠正,以及线长、面积、体积等空间位态参数的实时计算。其基本技术是将 GPS 数据通过 RS-232C 接口按设置的通讯参数实时地传入 GIS 中。

GPS 与 GIS 的集成是最常见、最有发展前景的集成,也是易于实现的。目前 GPS 与 GIS 的结合广泛用于车辆、船舶、飞机的定位、导航和监控,以及交通、公安、车船机自动驾驶、科学种田、集约农业、集约林业、森林防火、海上捕捞等多个领域。

5.3.4　"3S"集成

"3S"的综合应用是一种充分利用各自的技术特点,快速准确而又经济地为人们提供所需要的有关信息的新技术。其基本思想是利用 RS 提供的最新的图像信息,利用 GPS 提供的图像信息中的"骨架"位置信息,利用 GIS 为图像处理、分析应用提供技术手段,三者一起紧密结合为用户提供精确的基础资料(图像和数据)。

图 5.29 为武汉大学(原武汉测绘科技大学)设计的面向环境管理、分析、预测的"3S"系统的设计方案。除了全球定位系统、遥感图像处理系统和地理信息系统三个主要核心系统外,增加必要的实况采集系统、图像图形显示系统和环境分析系统及 2 个数据库。

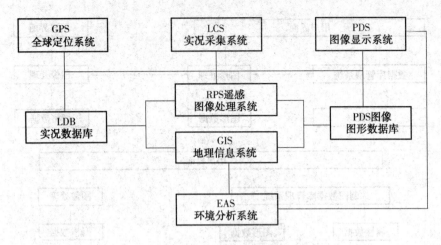

图 5.29　GRG 集成系统

1. 全球定位系统(GPS)

全球定位系统主要用作实时定位。为遥感实况数据提供空间坐标,用于建立实况数据及在 PDS 的图像上显示载运工具和传感器的位置和观测值,供操作人员观察和进行系统分析。无论是遥感数据采集和车船导航,采用单接收机定位精度已能满足要求,如 Magellan MAV5000 型手持式 GPS,单机用 C/A 码伪距法测量,其定位精度在 $30\sim100m$,而静态观测一个点的定位时间只需 1 分钟,动态观测时约 $10\sim20$ 秒,如果采用双机差分定位,则定位精度 X、Y、Z 方向都能达到 $\pm1\sim5m$。此外还有许多导航数据,所有的数据都可通过 GPS 的输出端与计算机串口或并口连接后输入计算机。

2. 实况采集系统(LCS)

无论是遥感调查、环境监测和导航都少不了实况数据采集。实况数据采集用的传感器有红外辐射计或红外测温仪、瞬时光谱仪、温度计、酸碱度测定仪、噪声仪,甚至还包括雷达、声呐等等。大多传感器输入的是模拟数据,需经模/数转换后,结合 GPS 定位数据,进入 LDB 建库或进入其他系统。模/数转换是由插在计算机中的模数变换接口板来完成。

3. 遥感图像处理系统(RPS)

遥感图像处理系统的功能主要有:

(1)根据实况数据(包括星上测定的参数)与原始遥感影像的特点所作的辐射校正。

(2)根据 GPS 定位数据或 PDB 中的地图数据对影像作几何校正以及其他各种几何处理。

(3)数据变换和压缩。尤其是为了 GIS 矢量数据对影像叠合分析,需将提取的专题数据进行栅格——矢量数据变换,或将 PDB 及 GIS 中过来的图形数据变换成栅格数据。

(4)图像增强。

(5)图像识别和特征提取。工作站上使用的图像处理软件(如 ERDAS, Earth Resources Date Analysis System),图像处理系统向 GIS 和 EAS 提供专题信息,向 PDB 提供导航用图像和显示处理的中间结果和最后结果,向 PDB 存放处理的图像或图形。

4. 地理信息系统(GIS)

GIS 是以处理矢量形式的图形数据为主进行制图分析,也可对栅格形式的数据进行叠加分析。GIS 的特点是可以对同一地区以统一的几何坐标为准,对不同层面上的信息进行查询、编辑、统计和分析。在 3S 系统中它的作用是将预先存入 PDB 中的背景数据、LDB 中的实况数据和 RPS 中的遥感分类数据进行多层面的管理和分析。

当前 GIS 所用软件主要是 ARC/INFO,GENAMAP 等。为集成 RPS 与 GIS 于一体,可使用 GRASS(Geographical Resourcs Analysis Support System——地理资源分析支持系统)或 GRAMS(Geoscience and Remote Sensing Application Management System——地学与遥感应用管理系统)等软件将遥感和 GIS 的数据置于同一个软件中处理,但这两种软件需将矢量数据转换成栅格数据后进行叠加处理。目前 ER Mapper 软件则可将栅格图像和矢量形式的图形直接在不同层面上叠加显示,更为方便。为了使声、像、动画等功能综合在一起,可使用多媒体 GIS 软件。

5. 图像图形显示系统(PDS)

图像图形显示系统是处理和分析人员了解和监视系统工作的窗口,对于导航和实况采集尤为重要,因这两项工作要以实时显示来指导航行和采集数据。在图像处理、分类、图形编辑、叠加等和数据分析中也随时需要显示中间结果和最终成果。显示屏幕可以用专用屏幕,也可直接在操作终端上显示图像,需在图像卡支持下工作,要求有漫游、缩放、彩色合成、专题显示、图像与图形以及与实况数据叠合、动态变化及其他各项通常的图像图形显示功能。

6. 环境分析系统(EAS)

环境分析系统为各种专业应用的分析所设置,这些专业分析已远远超过了 GIS 中的分析功能。环境分析系统是按照用户的要求,选择来自 LDB、PDB 的数据,组合 GIS 提供的若干功能,结合 EAS 本身的一些专用分析功能,作叠置分析、网络分析,甚至运用人工智能方法进行动态分析和预测分析,完成规定的环境分析任务。系统软件需结合应用目的编制。

综上所述,可以看出,一个"3S"系统必须具备:

①完备、一致的对地观测、数据采集系统 这里主要是 RS 数据源、DGPS 和其他大地测量仪器(如全站仪、多台电子经纬仪基于空间前方交汇的三维工业测量系统、惯性测量系统、电子罗盘等)、传感器(用于多种专业性问题的数字模拟仪器,其中模拟仪器要进行数模转化)三个主要组成部分,这部分关键技术是与计算机数据库系统的顺利、实时、安全、可靠的通信。

②图像、图形存贮、编辑、处理、分析、预测、决策系统 其核心是功能完备、操作简单、与数字地图兼容的 GIS 和 RS 数字图像处理合一的系统,这部分是系统的核心,针对军事、城建、城管、土地、森林资源、环境、水保与荒漠化等专业性的空间问题,用户可进行必要的二次开发。

③图像、图形、文字报告、决策方案、预测结果输出系统(显示、绘图、打印等) "3S"系统是一个集多种功能和特点的对地观测手段(主要是 RS、DPS、GPS 和其他大地测量仪器、专业传感器)于一体,向 GIS 和 RS 数字图像处理系统提供具有足够数量、精度、可靠

性、完备性的空间数据,通过空间分析、预测、决策确保问题优化、系统地解决的系统。"3S"是高度自动化、实时化、智能化的对地观测系统,这种系统,不仅具有自动、实时地采集、处理和更新数据的功能,而且能够智能化地分析和运用数据,为多种应用提供科学的决策咨询,并回答用户可能提供的各种复杂问题。

"3S"系统在土地、地质、采矿、石油、军事、土建、管线、道路、环境、水利、林业等多种领域的开发、调查、评价、监测、预测中发挥基础和信息提供的作用,为决策科学化提供依据和保障。

思考题与习题

1. 名词解释:全站仪、GPS、3S 技术、WGS-84 坐标系、伪距、RTK。

2. 简答全站仪的基本结构和组成。

3. 简答全站仪具有哪些功能。

4. 简答全站仪三维坐标测量的基本原理。

5. 简答全站仪三维坐标测量的方法步骤。

6. 全站仪为什么要进行温度、气压等参数设置?

7. 何谓对边测量、悬高测量、后方交会?并说明其测量原理。

8. GPS 全球定位系统较传统测量方法相比有哪些优点?

8. GPS 全球定位系统由哪些部分组成?各部分的作用是什么?

9. 阐述 GPS 绝对定位和相对定位的原理。

10. 3S 技术包括哪些内容?其实际应用有哪些方面?

测量误差的基本理论

【本章提要】　本章主要讲述有关测量误差的基本理论,包括测量误差的概念、来源、分类及特性,衡量测量精度的指标,误差传播定律及其应用等内容。

【学习目标】　了解测量误差的概念和产生的原因;掌握系统误差和偶然误差的特性及其处理方法,中误差、相对误差、容许误差的概念及计算;重点掌握误差传播定律及其应用。

6.1　概　述

6.1.1　测量误差的概念

在测量工作实践中不难发现,不论观测者多么仔细认真,不论将测量仪器检验校正得多么完善,当对某一未知量,如一段距离、一个角度或两点间的高差进行多次重复观测时,所测得的各次结果总是存在着差异。又如对若干个量进行观测,从理论上讲这几个量所构成的某个函数应等于某一理论值(比如一条闭合水准路线上各段高差之和的理论值应等于零),但实际上用这些量的观测值代入上述函数后发现与理论值并不一致。这些现象说明观测结果中不可避免地存在着测量误差。

研究测量误差的目的是:分析测量误差产生的原因和性质;掌握误差产生的基本规律,恰当处理含有误差的测量结果,求出未知量的最可靠值,正确评定观测成果的精度。

6.1.2　测量误差产生的原因

产生测量误差的原因,由下列三方面因素构成。

1. 观测者

观测者是通过自己的感觉器官进行工作的,由于感觉器官鉴别力的局限性,在进行仪器的安置、瞄准、读数等工作时,都会产生一定的误差。另外,观测者的技术水平、工作态度也会对观测结果产生不同程度的影响。

2. 测量仪器

观测时使用的是特定的仪器,而任何仪器都具有一定限度的精度,因而使观测结果受

到相应的影响。例如使用只刻有 cm 分划的普通钢尺量距,就难以保证估读 cm 以下的尾数(mm)的准确性;即使采用有 mm 分划的钢尺量距,估读毫米以下的尾数(0.1 mm)时其准确性也难以保证了。另外仪器本身也含有一定的误差,例如水准仪的视准轴不平行于水准管轴、水准尺的分划误差等等。显然使用这些仪器进行测量也会使观测结果产生误差。

3. 外界环境

由于观测时所处的外界自然环境与仪器所要求的标准状态不一致,引起测量仪器和被测物体本身的变化,这些环境因素与地形、温度、湿度、气压、日照、风力、大气折光等有关,必然使观测结果带有误差。

通常把观测误差来源的这三个方面称为观测条件,观测条件的好坏与观测成果的质量有着密切的联系,观测误差的大小受观测条件的制约。观测条件好时,比如说,仪器的精度高一些,仪器本身校正的比较完善,工作时观测者的工作态度认真负责,操作技术熟练些,外界条件对观测有利一些等等,那么,观测中所产生的误差就可能相应小一些,观测成果的质量就高一些。反之,观测条件差,观测成果的质量就低。因此,评定观测结果的质量高低,应根据观测条件的好坏和观测误差的大小进行综合考虑。

6.1.3 测量误差的分类

根据测量误差的性质可将测量误差分为如下两大类。

1. 系统误差

系统误差是由仪器制造或校正不完善、观测者生理习性、测量时外界条件、仪器检定时不一致等原因引起的。在相同的观测条件下,对某个固定量作一系列的观测,如果观测误差的符号及大小表现出一致的倾向,即按一定的规律变化或保持为常数,这类误差称为系统误差。例如用一把名义长度为 20 m、而实际比 20 m 长出 Δl 的钢卷尺去量距,测量结果为 D',则 D' 中含有因尺长不准确而带来的误差为 $\frac{\Delta l}{20}D$,这种误差的大小,与所量直线的长度成正比,而正负号始终一致,这种误差属于系统误差。系统误差在观测成果中具有累计性,对成果质量影响显著,应在观测中采取相应措施予以消除。例如用钢尺量距时,可利用尺长方程式对观测结果进行尺长改正;又如在水准测量中,可以用前后视距相等的办法来消除或减小由于仪器视准轴不平行于水准轴而给观测结果带来的影响。

2. 偶然误差

偶然误差的产生取决于观测进行中的一系列不可能严格控制的因素(如湿度、温度、空气振动等)的随机扰动。在相同的观测条件下,对某个固定量作一系列的观测,如果观测误差的符号和大小都没有表现出一致的倾向,即表面上没有任何规律性,例如读数时估读小数的误差,这种误差称为偶然误差。

由于观测结果不可避免地存在着偶然误差的影响,为了判断和提高观测结果的质量,需对偶然误差进行统计分析,以寻求偶然误差的规律性,这是研究误差的主要目的之一。下面通过实例来说明偶然误差的规律性。

例如,在相同的观测条件下,对 358 个三角形的内角进行了观测。由于观测值含有偶然误差,致使每个三角形的内角和不等于 180°。设三角形内角和的真值为 X,观测值为 L,其观测值与真值之差为真误差 Δ,用下式表示为

$$\Delta = L_i - X \quad (i = 1,2,\cdots,358) \tag{6.1}$$

由上式计算出 358 个三角形内角和的真误差,并取误差区间为 0.2″,以误差的大小和正负号分别统计出它们在各误差区间内的个数 V 和频率 V/n,结果列于表 6.1 中。

表 6.1　偶然误差的区间分布

误差区间 dΔ/($''$)	正误差		负误差		合　计	
	个数 V	频率 V/n	个数 V	频率 V/n	个数 V	频率 V/n
0.0 ~ 0.2	45	0.126	46	0.128	91	0.254
0.2 ~ 0.4	40	0.112	41	0.115	81	0.226
0.4 ~ 0.6	33	0.092	33	0.092	66	0.184
0.6 ~ 0.8	23	0.064	21	0.059	44	0.123
0.8 ~ 1.0	17	0.047	16	0.045	33	0.092
1.0 ~ 1.2	13	0.036	13	0.036	26	0.073
1.2 ~ 1.4	6	0.017	5	0.014	11	0.031
1.4 ~ 1.6	4	0.011	2	0.006	6	0.017
1.6 以上	0	0	0	0	0	0
$\sum$	181	0.505	177	0.495	358	1.000

从表 6.1 中可看出,最大误差不超过 1.6″,小误差比大误差出现的频率高,绝对值相等的正、负误差出现的个数近于相等。通过大量实验统计结果证明了偶然误差具有如下特性:

(1)在一定的观测条件下,偶然误差的绝对值不会超过一定的限度。

(2)绝对值小的误差比绝对值大的误差出现的可能性大。

(3)绝对值相等的正误差与负误差出现的机会相等。

(4)当观测次数无限增多时,偶然误差的算术平均值趋近于零,即 $\lim\limits_{n\to\infty}\dfrac{[\Delta]}{n}=0$

上述第四个特性说明,偶然误差具有抵偿性,它是由第三个特性导出的。

掌握了偶然误差的特性,就能根据带有偶然误差的观测值求出未知量的最可靠值,并衡量其精度。同时,也可应用误差理论来研究最合理的测量工作方案和观测方法。

在观测过程中,系统误差和偶然误差往往是同时产生的。当观测结果中有显著的系统误差时,偶然误差就处于次要地位,测量误差就呈现出系统的性质;反之,当观测结果系统误差处于次要地位时,测量误差就呈现出偶然的性质。

由于系统误差在观测结果中具有累积的性质,对观测结果的影响尤为显著,且具有规律可循,所以在测量工作中总是根据系统误差的规律性采取各种办法来削弱其影响,使它处于次要地位。由于偶然误差不像系统误差具有直观的、函数的规律性,因此研究偶然误差占主导地位的观测数据的科学处理方法,是测量学的重要课题之一。

在测量中,除不可避免的误差之外,还可能发生错误。例如在观测时读错数、记录时记错数据等等,这些都是由于观测者的疏忽大意造成的,在观测结果中是不允许存在错误的,一旦发现错误,必须及时加以更正。不过只要观测者认真负责和细心地作业,严格按作业限差进行检核,错误是可以避免的。

6.2 衡量精度的指标

衡量观测值精度的高低必须建立一个统一衡量精度的标准,下面介绍几种常用的精度指标。

6.2.1 中误差

先来考察下面的例子。

甲、乙两人,各自在相同精度条件下对某一三角形的三个内角各观测 10 次,算得三角形闭合差 Δ_i 如下:

甲:$+ 30$,$- 20$,$- 40$,$+ 20$,0,$- 40$,$+ 30$,$+ 20$,$- 30$,$- 10$

乙:$+ 10$,$- 10$,$- 60$,$+ 20$,$+ 20$,$+ 30$,$- 50$,0,$+ 30$,$- 10$

上列数据单位均为秒,哪个观测精度高?

我们很自然地可以想到,甲、乙两人平均的真误差有多少? 按真误差的绝对值总和取平均,即

$$\theta_\text{甲} = \frac{\sum |\Delta|}{n} = \frac{30 + 20 + 40 + 20 + 0 + 40 + 30 + 20 + 30 + 10}{10} = 24''$$

$$\theta_\text{乙} = \frac{\sum |\Delta|}{n} = \frac{10 + 10 + 60 + 20 + 20 + 30 + 50 + 0 + 30 + 10}{10} = 24''$$

用平均误差衡量结果是 $\theta_\text{甲} = \theta_\text{乙}$。但是,乙组观测列中有较大的观测误差,乙组观测精度应该低于甲组,但计算平均误差 θ 反映不出来,所以平均误差 θ 衡量观测值的精度是不可靠的。

根据数理统计推导可知:某组观测值的中误差 m 可用下式计算

$$m = \pm \sqrt{\frac{\Delta\Delta}{n}} \tag{6.2}$$

式中 $[\Delta\Delta]$ —— 各偶然误差的平方和;

    n —— 偶然误差的个数。

m 表示该组观测值的中误差,并非一组观测值的平均误差。根据数理统计推导可知,偶然误差与其出现次数的关系呈正态分布,其曲线拐点的横坐标 $\Delta_\text{拐}$ 等于中误差 m,如图 6.1 所示,这就是中误差的几何意义。

上述例子用中误差公式计算得

$$m_\text{甲} = \pm \sqrt{\frac{[\Delta\Delta]}{n}} = \pm \sqrt{\frac{7\ 200}{10}} = \pm 27''$$

$m_\text{甲} = \pm 27''$,表示甲组中任意一个观测值的误差。

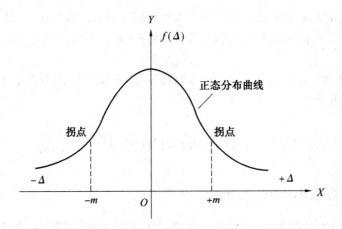

图 6.1 偶然误差呈正态分布曲线

$$m_Z = \pm \sqrt{\frac{[\Delta\Delta]}{n}} = \pm \sqrt{\frac{9\,000}{10}} = \pm 30''$$

$m_Z = \pm 30''$，表示乙组中任意一个观测值的误差。甲组观测值的精度较乙组高。

6.2.2 相对误差

对于衡量精度来说，有时单靠中误差还不能完全表达观测结果的质量。例如，测得某两段距离，第一段长 100 m，第二段长 200 m，观测值的中误差均为 ±0.02 m。从中误差的大小来看，两者精度相同，但就单位长度而言，两者精度并不相同。第二段量距精度高于第一段，这时应采用另一种衡量精度的标准，即相对误差。

相对误差是中误差的绝对值与观测值之比，在测量上通常将其分子化为 1 的形式表达，即

$$K = \frac{|m|}{D} = \frac{1}{D/|m|} \tag{6.3}$$

式中 K—— 相对误差。

上例中：

$$K_1 = \frac{|m_1|}{D_1} = \frac{0.02}{100} = \frac{1}{5\,000}$$

$$K_2 = \frac{|m_2|}{D_2} = \frac{0.02}{200} = \frac{1}{10\,000}$$

显然，用相对误差衡量可以看出，$K_1 > K_2$。相对误差愈小，即分母愈大，说明观测结果的精度愈高，反之愈低。

6.2.3 容许误差

由偶然误差的特性可知，在一定的观测条件下，偶然误差的绝对值不会超过一定的限度。根据误差理论及实践证明：在大量同精度观测的一组误差中，绝对值大于 2 倍中误差的偶然误差，其出现的概率为 5%；绝对值大于 3 倍中误差的偶然误差，其出现的概率为 0.3%，即大约在 300 多次观测中，才可能出现 1 个大于 3 倍中误差的偶然误差。在实际工

作中,测量的次数总是有限的。可以认为大于 2 倍中误差的偶然误差,其出现的可能性较小,通常规定以 2 倍的中误差作为偶然误差的容许值,称为容许误差,即

$$\Delta_{容} = 2m \tag{6.4}$$

在测量工作中,如果某个误差超过了容许误差,那就可以认为它是错误的,该观测值舍去不用或重测。

6.3　算术平均值及其中误差

6.3.1　算术平均值

设在相同精度观测条件下,对某一量进行了 n 次观测,其观测值为 $l_1,l_2,l_3,\cdots,l_n$,算术平均值为 L,未知量的真值为 x,对应观测值的真误差为 $\Delta_1,\Delta_2,\Delta_3,\cdots,\Delta_n$,显然

$$L = \frac{l_1 + l_2 + \cdots + l_n}{n} = \frac{[l]}{n} \tag{6.5}$$

可以利用偶然误差的特性,证明算术平均值比组内的任一观测值更为接近于真值。证明如下。

$$\left.\begin{array}{l} \Delta_1 = l_1 - x \\ \Delta_2 = l_2 - x \\ \vdots \\ \Delta_n = l_n - x \end{array}\right\} \tag{6.6}$$

式(6.6)各式两端相加,并除以 n,得

$$\frac{[\Delta]}{n} = \frac{[l]}{n} - x$$

把式(6.5)代入上式并移项,得

$$L = x + \frac{[\Delta]}{n}$$

当观测值 n 无限增大时,根据偶然误差的特性,有

$$\lim_{n \to \infty} \frac{[\Delta]}{n} = 0$$

那么同时可得

$$\lim_{n \to \infty} L = x$$

由此可知,当观测次数趋于无限时,算术平均值趋近于该量的真值。在实际工作中,观测次数是有限的,故算术平均值并不等于真值,但比每一个观测值则更接近于真值。因此,通常总是把有限次观测值的算术平均值称为该量的最可靠值或最或然值。

6.3.2　观测值改正数

未知量的最或然值与观测值之差称为观测值改正数,用 ν 表示,即

$$\nu_1 = L - l_1$$

$$\nu_2 = L - l_2$$
$$\cdots$$
$$\nu_n = L - l_n$$

将上面式子两端求和得

$$[\nu] = 0$$

6.3.3　用观测值改正数计算观测值中误差

由前述可知,观测值的精度主要是由中误差来衡量的,用式(6.2)计算观测值中误差的前提条件是要知道观测值的真误差Δ,但是,在大多数的情况下,未知量的真值x是不知道的,因而真误差通常也是无法求出的。因此,在测量实际工作中,通常利用观测值的改正数计算中误差,下面推导计算公式。

由真误差和改正数的定义可知

$$\left.\begin{array}{l}\Delta_1 = l_1 - x \\ \Delta_2 = l_2 - x \\ \vdots \\ \Delta_n = l_n - x\end{array}\right\} \tag{a}$$

$$\left.\begin{array}{l}\nu_1 = L - l_1 \\ \nu_2 = L - l_2 \\ \vdots \\ \nu_n = L - l_n\end{array}\right\} \tag{b}$$

将(a)、(b)两式相加得

$$\left.\begin{array}{l}\Delta_1 + \nu_1 = L - x \\ \Delta_2 + \nu_2 = L - x \\ \vdots \\ \Delta_n + \nu_n = L - x\end{array}\right\} \tag{c}$$

将$\delta = L - x$,代入上式,移项后(c)式变为

$$\left.\begin{array}{l}\Delta_1 = \delta - \nu_1 \\ \Delta_2 = \delta - \nu_2 \\ \vdots \\ \Delta_n = \delta - \nu_n\end{array}\right\} \tag{d}$$

将(d)式两端平方后取和得

$$[\Delta\Delta] = n\delta^2 - 2\delta[\nu] + [\nu\nu]$$

由$[\nu] = 0$,上式变为

$$[\Delta\Delta] = n\delta^2 + [\nu\nu] \tag{e}$$

将(e)式两端除以n得

$$\frac{[\Delta\Delta]}{n} = \delta^2 + \frac{[\nu\nu]}{n} \tag{f}$$

再将(d) 式取和得

$$[\Delta] + [\nu] = n\delta$$

即

$$\delta = \frac{[\Delta]}{n} = \frac{\Delta_1 + \Delta_2 + \cdots + \Delta_n}{n} \tag{g}$$

将(g) 式两端平方得

$$\delta^2 = \frac{[\Delta]^2}{n^2} = \frac{1}{n^2}(\Delta_1^2 + \Delta_2^2 + \cdots + \Delta_n^2 + 2\Delta_1\Delta_2 + 2\Delta_1\Delta_3 + \cdots) =$$

$$\frac{[\Delta\Delta]}{n^2} + \frac{2}{n^2}(\Delta_1\Delta_2 + \Delta_1\Delta_3 + \cdots)$$

上式中,$\Delta_1\Delta_2$,$\Delta_1\Delta_3$ … 为偶然误差乘积,同样具有偶然误差的性质,当观测次数 n 无限增大时,上式等号右边第二项应趋近于零,并顾及(f) 式,则有

$$\frac{[\Delta\Delta]}{n} = \frac{[\Delta\Delta]}{n^2} + \frac{[\nu\nu]}{n}$$

由式(6.1) 得

$$m^2 = \frac{[\nu\nu]}{n} + \frac{1}{n}m^2$$

所以得出如下公式

$$m = \pm\sqrt{\frac{[\nu\nu]}{n-1}} \tag{6.7}$$

这就是用观测值的改正数计算中误差的公式,m 代表每一次观测值的精度,故称为观测值中误差。

6.3.4 算术平均值中误差

算术平均值 L 的中误差 M,可由下式计算

$$M = \frac{m}{\sqrt{n}} \ \text{或} \ M = \pm\sqrt{\frac{[\nu\nu]}{n(n-1)}} \tag{6.8}$$

从上式可知,算术平均值的中误差 M 为观测值的中误差 m 小 $\frac{1}{\sqrt{n}}$。当观测值中误差 m 一定时,算术平均值中误差 M 与观测次数 n 的关系如图 6.2 所示。由图 6.2 可以看出,观测次数越多,算术平均值的中误差就越小,精度就越高,适当增加观测次数 n,可以提高观测成果的精度;但是当观测次数 n 增加到一定次数后,算术平均值的精度提高就很微

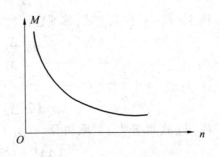

图 6.2　m 与 $\sqrt{n}$ 成反比

小(图中曲线由陡变缓)。所以,不能单以增加观测次数来提高观测成果的精度,还应设法提高观测本身的精度,如采用精度等级较高的仪器、提高观测者的技能水平、在良好的外界条件下进行观测等。

例 6.1　对某一段水平距离同精度丈量了 6 次,其结果列于表 6.2,试求其算术平均值、一次丈量中误差、算术平均值中误差及其相对误差。

表 6.2　同精度观测结果

序号	观测值 l_i/m	改正数 v_i/mm	vv
1	136.658	− 3	9
2	136.666	− 11	121
3	136.651	+ 4	16
4	136.662	− 7	49
5	136.645	+ 10	100
6	136.648	+ 7	49
∑	819.930	0	344

解

$$L = \frac{819.930}{6} = 136.655(\text{m})$$

$$m = \pm\sqrt{\frac{344}{6-1}} = \pm 8.3\ (\text{mm})$$

$$M = \frac{\pm 8.3}{\sqrt{6}} = \pm 3.4\ (\text{mm})$$

$$K = \frac{1}{\dfrac{136.655}{3.4\times10^{-3}}} \approx \frac{1}{40\ 000}$$

6.4　误差传播定律及其应用

6.4.1　误差传播定律

前面已经叙述了衡量一组等精度观测值的精度指标,并指出在测量工作中通常以中误差作为衡量精度的指标。但在实际工作中,某些未知量不可能或不便于直接进行观测,这些未知量需要由另一些直接观测量根据一定的函数关系计算出来。例如,为了测量不在同一水平面上的两点之间的水平距离 D,可以用光电测距仪测其斜距 S,并用经纬仪测量其竖直角 α,以函数关系 $D = S\cos\alpha$ 来推算。显然,在此情况下,函数 D 的中误差与观测值 S 及 α 的中误差之间必定存在一定的关系,阐述这种函数关系的定律,称为误差传播定律。下面以一般函数关系来推导误差传播定律。

设有一般函数

$$Z = F(x_1, x_2, \cdots, x_n) \tag{6.9}$$

式中,$x_1, x_2, \cdots, x_n$ 为可直接观测的未知量,其相应的中误差为 $m_1, m_2, \cdots, m_n$。Z 为不便于直接观测的未知量。

设 $x_i(i=1,2,\cdots,n)$ 的独立观测值为 l_i,其相应的真误差为 Δx_i。由于 Δx_i 的存在,使函数 Z 亦产生相应的真误差 ΔZ。将式(6.8)取全微分得

$$dZ = \frac{\partial F}{\partial x_1}dx_1 + \frac{\partial F}{\partial x_2}dx_2 + \cdots + \frac{\partial F}{\partial x_n}dx_n$$

因为真误差 ΔZ 和真误差 Δx_i 都很小,故在上式中,可近似用 ΔZ 和 Δx_i 代替 dZ 和 dx_i,于是有

$$\Delta Z = \frac{\partial F}{\partial x_1}\Delta x_1 + \frac{\partial F}{\partial x_2}\Delta x_2 + \cdots + \frac{\partial F}{\partial x_n}\Delta x_n \tag{6.10}$$

式中, $\frac{\partial F}{\partial x_i}$ 为函数 F 对各自变量的偏导数。将 $x_i = l_i$ 代入各偏导数中,即为确定的常数,用 f_i 表示,即

$$f_i = \left[\frac{\partial F}{\partial x_i}\right]_{x_i=l_i}$$

则式(6.10)可写成

$$\Delta Z = f_1\Delta x_1 + f_2\Delta x_2 + \cdots + f_n\Delta x_n \tag{6.11}$$

式(6.11)就是函数值的真误差与观测值的真误差之间的关系式。为了求得函数值的中误差与观测值的中误差之间的关系式,设想对各 x_i 进行了 k 次观测,则可写出 k 个类似于式(6.11)的关系式,即

$$\Delta Z^{(1)} = f_1\Delta x_1^{(1)} + f_2\Delta x_2^{(1)} + \cdots + f_n\Delta x_n^{(1)}$$
$$\Delta Z^{(2)} = f_1\Delta x_1^{(2)} + f_2\Delta x_2^{(2)} + \cdots + f_n\Delta x_n^{(2)}$$
$$\cdots\cdots\cdots\cdots\cdots$$
$$\Delta Z^{(k)} = f_1\Delta x_1^{(k)} + f_2\Delta x_2^{(k)} + \cdots + f_n\Delta x_n^{(k)}$$

将以上各式等号两边平方后,再相加得

$$[\Delta Z^2] = f_1^2[\Delta x_1^2] + f_2^2[\Delta x_2^2] + \cdots + f_n^2[\Delta x_n^2] + 2\sum_n f_if_j[\Delta x_i\Delta x_j]$$

上式两端同除以 k,得

$$\frac{[\Delta Z^2]}{k} = \frac{f_1^2[\Delta x_1^2]}{k} + \frac{f_2^2[\Delta x_2^2]}{k} + \cdots + \frac{f_n^2[\Delta x_n^2]}{k} + 2\sum_n \frac{f_if_j[\Delta x_i\Delta x_j]}{k} \tag{6.12}$$

因为对各 x_i 的观测值 l_i 为彼此独立的观测值,则 $\Delta x_i\Delta x_j(i\neq j)$ 亦为偶然误差,根据偶然误差的第四个特性,则有

$$\lim_{k\to\infty}\frac{[\Delta x_i\Delta x_j]}{k} = 0$$

故当 $k\to\infty$ 时,式(6.11)两边的极限值为

$$\lim_{k\to\infty}\frac{[\Delta Z^2]}{k} = f_1^2\lim_{k\to\infty}\frac{[\Delta x_1^2]}{k} + f_2^2\lim_{k\to\infty}\frac{[\Delta x_2^2]}{k} + \cdots + f_n^2\lim_{k\to\infty}\frac{[\Delta x_n^2]}{k}$$

根据中误差的定义,上式可写成

$$m_Z^2 = f_1^2m_1^2 + f_2^2m_2^2 + \cdots + f_n^2m_n^2 \tag{6.13}$$

或

$$m_Z = \pm\sqrt{f_1^2m_1^2 + f_2^2m_2^2 + \cdots + f_n^2m_n^2} \tag{6.14}$$

式(6.13)、(6.14) 即为任意多元函数的误差传播定律。对于工程上比较常用的线性函数

$$Z = K_1 x_1 + K_2 x_2 + \cdots + K_n x_n + K_0 \tag{6.15}$$

因

$$f_i = \frac{\partial Z}{\partial x_i} = K_i$$

故有

$$m_Z^2 = K_1^2 m_1^2 + K_2^2 m_2^2 + \cdots + K_n^2 m_n^2 \tag{6.16}$$

6.4.2　误差传播定律的应用

例 6.2　已知圆半径 r 的中误差为 m_r，求圆周长 C 的中误差 m_c 和圆面积 S 的中误差 m_S。

解　圆周长 C 的函数关系为

$$C = 2\pi r$$

由式(6.16) 可知

$$m_C^2 = (2\pi)^2 m_r^2$$

$$m_C = 2\pi m_r$$

圆面积 S 的函数关系为

$$S = \pi r^2$$

对上式求导数,则有

$$\frac{\partial S}{\partial r} = 2\pi r$$

由式(6.13) 得

$$m_S^2 = (2\pi r)^2 \cdot m_r^2$$

$$m_S = 2\pi r m_r$$

例 6.3　设在 $\triangle ABC$ 中直接观测 $\angle A$ 和 $\angle B$，其中误差分别为 m_A 和 m_B，试求 $\angle C$ 的中误差 m_C。

解　函数关系为

$$\angle C = 180° - \angle A - \angle B$$

由式(6.16) 可知

$$m_C^2 = m_A^2 + m_B^2$$

$$m_C = \pm \sqrt{m_A^2 + m_B^2}$$

例 6.4　证明算术平均值中误差公式 $M = \dfrac{m}{\sqrt{n}}$

证明　由式(6.5) 算术平均值的计算公式有

$$L = \frac{l_1 + l_2 + \cdots + l_n}{n} = \frac{1}{n} l_1 + \frac{1}{n} l_2 + \cdots + \frac{1}{n} l_n$$

上式中 $\dfrac{1}{n}$ 为常数,而各观测值是同精度的,所以,它们的中误差均为 m,根据线性函数的误差传播定律,可得出算术平均值的中误差为

$$M^2 = \frac{1}{n^2} m^2 + \frac{1}{n^2} m^2 + \cdots + \frac{1}{n^2} m^2 =$$

$$n \frac{1}{n^2} m^2 = \frac{m^2}{n}$$

所以
$$M = \frac{m}{\sqrt{n}}$$

思考题与习题

1. 名词解释:测量误差、真误差、系统误差、偶然误差、中误差、相对误差、容许误差。

2. 测量误差来源于哪几个方面?

3. 测量误差按性质分为哪两类? 它们的区别是什么? 各有何特性?

4. 测量误差研究的目的是什么?

5. 下列误差中哪些属于偶然误差? 哪些属于系统误差?

(1) 钢尺尺长不准确,对所量距离的影响;

(2) 钢尺读数时的估读误差;

(3) 水准尺倾斜对读数的影响;

(4) 瞄准目标不准确产生的误差;

(5) 钢尺不水平产生的误差。

6. 量得一圆的半径为 50.4mm,其中误差为 ±0.2mm,求该圆的周长及面积的中误差。

7. 用 J_6 级经纬仪观测某一个水平角 4 测回,其观测值为:$90°30'18''$,$90°30'24''$,$90°30'30''$,$90°30'36''$。试求观测值一个测回的中误差、算术平均值及其中误差。

8. 对某段距离丈量了 6 次,丈量结果为:250.535m,250.548m,250.520m,250.529m,250.550m,250.537m,试计算其算术平均值、算术平均值的中误差及相对误差。

9. 有函数 $z_1 = x_1 + x_2$,$z_2 = 2x_3$,若存在 $m_{x_1} = m_{x_2} = m_{x_3}$,且 x_1、x_2、x_3 均独立,问 m_{z_1} 与 m_{z_2} 的值是否相同,说明其原因。

10. 函数 $z = z_1 + z_2$,其中 $z_1 = x + 2y$,$z_2 = 2x - y$,x 和 y 相互独立,其 $m_x = m_y = m$,求 m_z。

11. 进行三角高程测量,按 $h = D\tan\alpha$ 计算高差,已知 $\alpha = 20°$,$m_\alpha = \pm 1'$,$D = 250$m,$m_D = \pm 0.13$m,求高差中误差 m_h。

12. 用经纬仪观测水平角,一测回测角中误差 $m = \pm 15''$,欲使测角精度达到 $5''$,问至少需要观测几测回?

第**7**章

小区域控制测量

【**本章提要**】 本章主要介绍小区域控制测量的概念、方法及特点,导线测量的外业工作与内业计算,三、四等水准测量的方法及三角高程测量的原理。

【**学习目标**】 了解控制测量的概念、分类和方法以及小区域控制测量的特点,掌握导线的布设形式、等级划分、技术要求及导线测量的外业工作,重点掌握导线内业计算的程序和方法,以及三角高程测量和三、四等水准测量的方法。

7.1 概 述

测量工作必须遵循"从整体到局部,由高级到低级,先控制后碎部"的原则。为此,首先建立控制网是必要的,然后根据控制网进行碎部测量和测设。

7.1.1 控制测量的分类和方法

由在测区内所选定的若干个控制点构成的几何图形,称为控制网。控制网分为平面控制网和高程控制网两种。测定控制点平面位置(x, y)的工作,称为平面控制测量。测定控制点高程的工作称为高程控制测量。

在全国范围内建立的控制网,称为国家控制网。它是全国各种比例尺测图的基本控制网,并为确定地球的形状和大小提供研究资料。国家控制网是用精密测量仪器和方法按照精度分为一、二、三、四共四个等级建立的,其低级点受高级点逐级控制。

如图 7.1,一等三角锁是国家平面控制网的骨干;二等三角网布设于一等三角锁环内,是国家平面控制网的全面基础;三、四等三角网为二等三角网的进一步加密。过去主要采用三角测量的方法建立国家平面控制网。但在 GPS 不断普及和发展的今天,用 GPS 技术建立平面控制网具有明显的优势和效率,三角测量的方法正逐步退出历史舞台。

如图 7.2,国家水准测量采取分等级布设,一等水准网是国家高程控制网的骨干;二等水准网布设于一等水准环内,是国家高程控制网的全面基础;三、四等水准网为国家高程控制网的进一步加密,并为各种工程建设提供高程基准。采用精密水准测量的方法建立国家高程控制网。

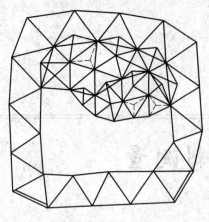
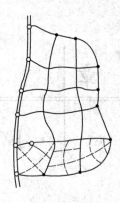

图 7.1　国家三角控制网布设图　　　　图 7.2　国家高程控制网布设图

在公路、城市或厂矿等地区，一般应在上述国家控制点的基础上，根据测区的大小和施工测量的要求，布设不同等级的平面控制网和高程控制网，以供地形测图和施工放样使用。国家或城市控制点的平面直角坐标和高程均已求得，其数据可向有关测绘部门索取。

7.1.2　小区域控制测量的特点

面积在 15 km^2 以下的区域称为小区域，在小区域内建立的控制网，称为小区域控制网。测定小区域控制网的工作，称为小区域控制测量。小区域控制网分为平面控制网和高程控制网。小区域控制网应尽可能以国家或城市已建立的高级控制网为基础进行联测，将国家或城市高级控制点的高程和坐标作为小区域控制网的起算和校核数据。若测区内或附近无国家或城市控制点，或附近有这种高级控制点但不便联测时，可以考虑建立测区独立控制网。此外，为工程建设而建立的专用控制网，或个别工程出于某种特殊需要，在建立控制网时，也可以采用独立控制网。高等级公路的控制网，一般应与附近的国家或城市控制网联测。

小区域平面控制网，应根据测区面积的大小分级建立测区首级控制和图根控制。

直接供地形测图使用的控制点，称为图根控制点，简称图根点。测定图根点位置的工作，称为图根控制测量。图根点的密度，取决于测图比例尺和地物、地貌的复杂程度。一般地区图根点的密度可参考表 7.1 的规定。

表 7.1　解析控制点密度

测图比例尺	1：500	1：1 000	1：2 000	1：5 000
图幅尺寸/(cm×cm)	50×50	50×50	50×50	40×40
解析控制点个数	8	12	15	30

小区域高程控制网也应视测区面积大小和工程要求采用分级的方法建立。一般以国家或城市等级水准点为基础，在测区建立三、四等水准线路或水准网；再以三、四等水准点为基础，测定图根点的高程。

7.2　导线测量

导线测量是平面控制测量的一种常用方法,主要用于隐蔽地区、带状地区、城建区、公路、铁路和水利等控制点的测量。

将测区内相邻控制点连成直线而构成的折线图形,称为导线。构成导线的控制点,称为导线点,折线边称为导线边。导线测量就是依次测定各导线边的长度和各转折角,根据起算数据推算各边的坐标方位角,从而求出各导线点的坐标。

7.2.1　导线测量的布设形式

导线测量按照测定边长的方法分为:钢尺量具导线、视距导线以及电磁波测距导线等。根据测区的情况和要求,导线可布设成闭合导线、附和导线、支导线等形式,如图7.3所示。

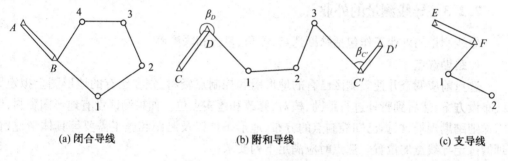

|　(a) 闭合导线　|　(b) 附和导线　|　(c) 支导线　|

图 7.3　导线布设形式

1. 闭合导线

所谓闭合导线是从一点出发,最终再回到出发点的闭合多边形,也称为环形导线。导线起始方位角和起始坐标可以分别测定或假定。导线附近若有高级控制点,应尽量使导线与高级控制点连接,或假定一点坐标和一边坐标方位角作为已知数据。闭合导线存在严格的几何条件,具有校核作用。

2. 附和导线

附和导线是布设在两已知点间的导线。导线从一高级控制点和已知方向出发,经过一系列导线点最后附和到另一已知高级点和已知方向上,这种布置形式,同样具有检核观测成果的作用。

3. 支导线

支导线是指由一已知的控制点和一已知方向边出发,经过一条折线后,既不回到起始点,也不附和到另一已知控制点的导线,也称为自由导线。由于支导线缺乏校核条件,不易发现测角和量边中的错误,故支导线的点数不宜超过 2 个。

7.2.2　导线测量的技术要求

在局部地区的地形测量和一般工程测量中,根据测区范围及精度要求,导线测量分为

一级导线、二级导线、三级导线和图根导线四个等级。它们可作为国家四等控制点或国家 E 级 GPS 点的加密,也可作为独立地区的首级控制。各级导线测量的主要技术要求见表 7.2 所示。

表 7.2　导线测量技术指标表

等级	导线长度/km	平均边长/km	测角中误差/(″)	测回数 DJ$_6$	测回数 DJ$_2$	角度闭合差/(″)	相对闭合差
一级	4	0.5	5	4	2	$10\sqrt{n}$	1/1500
二级	2.4	0.25	8	3	1	$16\sqrt{n}$	1/10 000
三级	1.2	0.1	12	2	1	$24\sqrt{n}$	1/500
图根	≤1.0M	≤1.5 测图最大视距	20	1	—	$40\sqrt{n}$	1/2 000

其中,n 为测站数,M 为测图比例尺的分母。

7.2.3　导线测量的外业

导线测量的外业工作包括踏勘选点、测角、量边和联测等。

1. 踏勘选点

选点前应调查并搜集测区已有的地形图和控制点资料,先在已有的地形图上拟定导线布设方案,然后到野外进行踏勘、核对、修改和落实点位。如果测区没有地形图资料,则需详细踏勘现场,根据已知控制点的分布、地形条件以及测图和施工需要等具体情况,合理的选定导线点的位置。选点时应满足下列要求:

(1)相邻点间必须通视良好,地势较平坦,便于测角和量边。

(2)点位应选在土质坚实处,便于保存标志和安置仪器。

(3)视野开阔,便于测图或放样。

(4)导线各边的长度应大致相等,除特殊情况外,导线边长一般在 50～350 m 之间,平均边长应符合表 7.2 的规定。

(5)导线点应有足够的密度,分布较均匀,便于控制整个测区。

确定导线点位置后,需要在地上打入木桩,并在木桩顶钉一个钉作为导线点的标志。当导线点需要长期保存时,应该埋设水泥桩并在其上凿一十字标志。导线点按照顺序进行编号便于寻找,必要时,应根据导线点与周围地物的相对关系绘制导线点点位图。

2. 测角

导线的转折角有左、右之分,通常在导线前进方向左侧的称为左角,而右侧的称为右角。对于附和导线应统一观测左角或统一观测右角,在公路测量中习惯统一观测右角。对于闭合导线,当观测内角采用顺时针编号时,闭合导线的右角作为观测内角,当观测内角采用逆时针编号时,闭合导线的左角作为观测内角。

导线的转折角通常采用测回法进行观测。各级导线的技术要求应满足表 7.2 的规定。对于图根导线,一般用 J$_6$ 级经纬仪或者采用全站仪测一个测回,盘左、盘右测得角值的较差不大于 40″时,则取其平均值作为观测结果。

3. 量边

导线边长一般用钢尺进行往返丈量。丈量的相对误差不应超过表 7.2 的规定。满足要求后将其平均值作为丈量的结果。

当导线边遇到障碍不能丈量时,例如,跨越河流,可采用全站仪测定。或如图 7.4 所示,导线边 FG 跨越河流,这时选定一点 P,要求基线 FP 便于丈量,而且 $\triangle FGP$ 接近等边三角形为宜。丈量基线长度 FP,观测内角 α, β, γ,当内角和与 $180°$ 相差不超过 $60''$ 时,将闭合差反符号均分于三个内角。然后,按照正弦定理计算导线边长 FG。

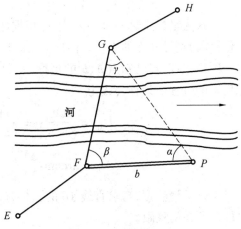

图 7.4　边长间接丈量

7.2.4　导线测量的内业

导线测量的内业主要是为了计算各导线点的坐标。在外业工作结束后,首先要整理外业测量的资料,内业必须的资料有以下三方面:各导线边的水平距离;导线各转折角和导线边与已知边所夹的连接角;高级控制点的坐标。当导线不具备与高级控制点联测的条件时,需要假定一个起始点的坐标和起始边的坐标方位角。

计算前,应对上述数据进行检查复核,在确保准确无误后,进行导线草图的绘制,注明已知数据和观测数据并填表。计算中,需要注意细节部分,数字书写要清晰,尽量少的进行涂改,在涂改中要注意原始数据的保留。计算的数据在保留数位上要一致,一般情况,角度值保留至秒,边长及坐标保留至毫米;而对于图根导线的边长和坐标可保留至厘米。

1. 坐标正算与反算的问题

坐标正算是根据一个已知点的坐标和到未知点的边长及坐标方位角,推算出未知点的坐标。坐标反算是根据直线两端点的坐标计算直线的坐标方位角和边长,在施工放样的计算中经常用到坐标反算。

如图 7.5,设点 A 的坐标 (X_A, Y_A),边 AB 的边长 D_{AB} 及坐标方位角 α_{AB} 均为已知,现求点 B 的坐标 (X_B, Y_B)。

从图 7.5 可知

$$X_B = X_A + \Delta X_{AB}, Y_B = Y_A + \Delta Y_{AB} \quad (7.1)$$

其中坐标增量为

$$\Delta X_{AB} = D_{AB}\cos \alpha_{AB}, \Delta Y_{AB} = D_{AB}\sin \alpha_{AB} \quad (7.2)$$

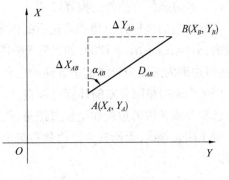

图 7.5　坐标计算

则有

$$X_B = X_A + D_{AB}\cos \alpha_{AB} \quad Y_B = Y_A + D_{AB}\sin \alpha_{AB} \tag{7.3}$$

上式为坐标正算的基本公式,即根据两点间的边长和坐标方位角,计算两点间的坐标增量,再根据已知点的坐标,计算另一未知点的坐标。

同样道理,当已知点 A、B 的坐标(X_A,Y_A) 和(X_B,Y_B) 时,计算 D_{AB} 和 α_{AB} 的过程为坐标反算的过程。计算公式为

$$\left. \begin{array}{l} D_{AB} = \dfrac{\Delta X_{AB}}{\cos \alpha_{AB}} = \dfrac{\Delta Y_{AB}}{\sin \alpha_{AB}} = \sqrt{\Delta X_{AB}^2 + \Delta Y_{AB}^2} \\[3mm] \alpha_{AB} = \arctan \dfrac{\Delta Y_{AB}}{\Delta X_{AB}} = \arctan \dfrac{Y_B - Y_A}{X_B - X_A} \end{array} \right\} \tag{7.4}$$

在这里请注意,当求直线 AB 的坐标方位角时,还应根据 ΔX、ΔY 的正负号来确定坐标方位角所在的象限。

2. 闭合导线的坐标计算

闭合导线坐标在计算前,应将校核无误的外业观测数据和起算数据填入导线坐标计算表,有利于快速而方便的计算,如表7.3 所示。

(1)角度闭合差的计算与调整。

n 边形内角和的理论值为

$$\sum \beta_{\text{理}} = (n - 2) \times 180° \tag{7.5}$$

水平角在观测的过程中不可避免地存在误差,用 $\sum \beta_{\text{测}}$ 表示实际测量的内角和。两者之差称为角度闭合差,用 f_β 表示,即

$$f_\beta = \sum \beta_{\text{测}} - (n - 2) \times 180° \tag{7.6}$$

对于不同等级的导线角度闭合差有不同的要求,例如,图根导线角度闭合差的容许值为$f_{\beta容} = \pm 60'' \sqrt{n}$。只有当$f_\beta \leqslant f_{\beta容}$ 时,该水平角观测值方可用,这时可以进行平差工作,原则是将闭合差反符号平均改正到每个观测角中,余数可以凑整或分配给相邻边长差值大的夹角,使得改正后的角度满足理论值。当$f_\beta \geqslant f_{\beta容}$ 时,应返工重新测量。

(2)各边坐标方位角的推算。

用起始边的坐标方位角和改正后的内角值可以推算出其他各边的坐标方位角。推导公式为:$\alpha_{前} = \alpha_{后} + \beta_{左} \pm 180°$,如表7.3 中所示的图例,按1—2—3—4—1 逆时针的方向推算,使多边形内角即为导线前进方向的左角。为了检核,还应推算至起始边。

(3)坐标增量闭合差的计算与调整。

已知导线各边的边长和坐标方位角,就可以计算出各导线边的坐标增量。

对于闭合导线,无论其导线边数多与少,其纵横坐标增量代数和的理论值应分别等于零,即

$$\sum \Delta X_{\text{理}} = 0, \sum \Delta Y_{\text{理}} = 0 \tag{7.7}$$

表 7.3　闭合导线坐标计算表

点号	观测角 /(°)(′)(″)	改正数 /(″)	改正角 /(°)(′)(″)	坐标方位角 /(°)(′)(″)	距离 /m	增量计算值 ΔX/m	增量计算值 ΔY/m	改正后增量 ΔX/m	改正后增量 ΔY/m	坐标值 X/m	坐标值 Y/m	点号
1	2	3	4=2+3	5	6	7	8	9	10	11	12	13
1	89 33 47	+16	89 34 03							500.00	800.00	1
				144 36 00	77.38	−2 / −63.07	−1 / 44.82	−63.09	44.81			
2	72 59 47	+16	73 00 03							436.91	844.81	2
				54 10 03	128.05	−3 / 74.96	−2 / 103.81	74.93	103.79			
3	107 49 02	+16	107 49 18							511.84	948.60	3
				307 10 06	79.38	−2 / 47.96	−1 / −63.26	47.94	−63.27			
4	107 49 02	+16	107 49 18							559.78	885.33	4
				234 59 24	104.16	−2 / −59.76	−2 / −85.31	−59.78	−85.33			
1	89 36 20	+16	89 36 36							500.00	800.00	1
2				144 36 00								
总和	359 58 56	+64	360 00 00		388.97	+0.09	+0.06	0.000	0.00			

辅助计算

$$f_\beta = \sum\beta_{测} - \sum\beta_{理} = 359°58'56'' - 360° = -64''$$

$$f_{\beta容} = \pm 60''\sqrt{4} = \pm120''$$

$$f_x/\mathrm{m} = \sum\Delta X = +0.09$$

$$f_y/\mathrm{m} = \sum\Delta Y = +0.06$$

$$f_D/\mathrm{m} = \sqrt{f_x^2+f_y^2} = 0.11$$

$$K = \frac{f_D}{\sum D} = \frac{0.11}{388.97} = \frac{1}{3\,500} \approx \frac{1}{3\,500} < \frac{1}{2\,000}$$

由于量边的误差和角度闭合差调整后的残余误差,使得由起点 1 出发,经过各点的坐标增量计算,其纵横坐标增量的总和都不等于零,这就存在着导线纵坐标增量闭合差 f_x 和横坐标增量闭合差 f_y,计算公式为

$$f_x = \sum \Delta X_{测} - \sum \Delta X_{理} = \sum \Delta X_{测} , f_y = \sum \Delta Y_{测} - \sum \Delta Y_{理} = \sum \Delta Y_{测} \quad (7.8)$$

当产生坐标增量闭合差时,导线点 A 最后不闭合点为 A',可以得出两点间的距离 AA',称其为导线全长闭合差,用 f_D 表示,其数值为 $f_D = \sqrt{f_x^2 + f_y^2}$。

导线全长闭合差是由测角误差和量边误差共同引起的,导线越长,全长闭合差就越大,所以要衡量导线的精度,可用导线全长闭合差 f_D 与 $\sum D$ 的比值来表示。表达式为

$$K = \frac{f_D}{\sum D} = \frac{1}{\sum D / f_D} \quad (7.9)$$

其中 K 称为导线相对精度。不同等级的导线其导线全长相对闭合差有着不同的限差。当小于容许精度时,可对坐标增量闭合差进行调整。调整的原则是将 f_x、f_y 反符号且与边长成正比例分配到各边的纵横坐标增量中去,即表示为:

$$V_{xi} = -\frac{f_x}{\sum D} \cdot D_i , V_{yi} = -\frac{f_y}{\sum D} \cdot D_i \quad (7.10)$$

其中 V_{xi}、V_{yi} 为第 i 条边的坐标增量改正数;D_i 为第 i 条边的边长。计算坐标增量改正数时,其结果应进行凑整并满足条件

$$\sum V_{xi} = -f_x , \sum V_{yi} = -f_y \quad (7.11)$$

(4)导线点坐标计算。

根据起算点的坐标和改正后的坐标增量可以依次推算各导线点的坐标,最后还应推算出起点的坐标,其值是否与原有的数值保持一致,以作校核。

$$\Delta X'_i = \Delta X_i + V_{xi} , \Delta Y'_i = \Delta Y_i + V_{yi} \quad (7.12)$$

$$X_{i+1} = X_i + \Delta X'_i , Y_{i+1} = Y_i + \Delta Y'_i \quad (7.13)$$

3. 附和导线的坐标计算

附和导线的计算方法与闭合导线的计算方法基本相同,但由于计算条件有些差异,致使角度闭合差和坐标增量闭合差的计算有所不同。

(1)角度闭合差的计算。

附和导线的角度闭合条件是推算至终边的坐标方位角应等于该边已知坐标方位角。如图 7.3 附和导线所示,C、D、C'、D' 为高级控制点,其坐标均为已知,坐标方位角 α_{CD}、$\alpha_{C'D'}$ 为已知或可以通过坐标反算的方法计算得到。在 D 与 C' 之间布设了一条附和导线,观测了连接角 β_D、$\beta_{C'}$ 和各转折角。

观测的各角值都没有误差,可以从已知边的坐标方位角 α_{CD},经过各角推算出 $C'D'$ 边坐标方位角 $\alpha_{C'D'}$ 应与已知角一致,否则就存在角度闭合差 f_β,即 $f_\beta = \alpha'_{C'D'} - \alpha_{C'D'}$。

按照图 7.3 附和导线所示推算坐标方位角,有

$$\left.\begin{array}{l} \alpha'_{D1} = \alpha_{CD} + \beta_B \pm 180° \\ \alpha'_{12} = \alpha'_{D1} + \beta_1 \pm 180° \\ \quad\vdots \\ \underline{+ \alpha'_{C'D'} = \alpha'_{3C} + \beta_{C'} \pm 180°} \\ \alpha'_{C'D'} = \alpha_{CD} + \sum \beta_{测} \pm n \times 180° \end{array}\right\} \tag{7.14}$$

上式中的 n 为包含附和导线两端点在内的导线点数，$\sum \beta_{测}$ 中包括了连接角 β_D 和 $\beta_{C'}$。结合闭合差的公式可得

$$f_\beta = \sum \beta_{测} - (\alpha_{C'D'} - \alpha_{CD}) \pm n \times 180° = \sum \beta_{测} - (\alpha_{终} - \alpha_{始}) \pm n \times 180° \tag{7.15}$$

容许的角度闭合差及闭合差的分配方法与闭合导线相同，但必须注意，此时的连接角也应加改正数。

（2）坐标增量闭合差计算。

附和导线是在两个已知点间敷设的导线，故根据起始点的坐标值及各导线边的坐标增量，可以推算出终点的坐标值，因此，附和导线各边坐标增量代数和的理论值应等于终始点的已知坐标值之差，即

$$\left.\begin{array}{l} \sum \Delta X_{理} = X_{终} - X_{始} \\ \sum \Delta Y_{理} = Y_{终} - Y_{始} \end{array}\right\} \tag{7.16}$$

由于测量误差的存在，经计算得到的各边坐标增量的代数和为 $\sum \Delta X_{理}$，$\sum \Delta Y_{理}$ 不等于理论值，则坐标增量的闭合差为

$$\left.\begin{array}{l} f_x = \sum \Delta X_{测} - \sum \Delta X_{理} = \sum \Delta X_{测} - (X_{终} - X_{始}) \\ f_y = \sum \Delta Y_{测} - \sum \Delta Y_{理} = \sum \Delta Y_{测} - (Y_{终} - Y_{始}) \end{array}\right\} \tag{7.17}$$

附和导线坐标计算的全过程见表 7.4 所示。

7.3　三、四等水准测量

三、四等水准测量在施工测量和地形测图中经常作为首级高程控制。在进行高程控制测量前，必须根据精度和需要在测区保证水准点的布置密度。水准点的埋设应该满足有关规定要求。

7.3.1　三、四等水准测量的技术要求

在加密国家控制点时，三、四等水准路线多布设为符合水准路线、结点网的形式；在独立测区作为首级高程控制时，应该布设为闭合水准路线；而在山区、带状工程测区，可布设为支水准路线。三、四等水准测量的主要技术要求如表 7.5，7.6 所示。

表 7.4　附和导线坐标计算表

点号	观测角 /(°)(′)(″)	改正数 (″)	改正角 /(°)(′)(″)	坐标方位角 /(°)(′)(″)	距离 /m	增量计算值		改正后增量		坐标值		点号
						ΔX/m	ΔY/m	ΔX/m	ΔY/m	X/m	Y/m	
1	2	3	4=2+3	5	6	7	8	9	10	11	12	13
A				157 00 36								A
B	167 45 39	+3	167 45 42	144 46 18	118.07	-3 -96.45	-2 68.11	-96.48	68.09	2 299.82	1 303.80	B
1	123 11 27	+3	123 11 30	87 57 48	146.68	-3 5.13	-3 146.59	5.10	146.56	2 203.34	1 371.89	1
2	189 20 33	+3	189 20 36	97 18 24	85.08	-2 -10.82	-1 84.39	-10.84	84.38	2 208.44	1 518.45	2
3	179 59 27	+3	179 59 30	97 17 54	87.11	-2 -11.07	-1 86.40	-11.09	86.39	2 197.76	1 602.83	3
C	129 27 27	+3	129 27 30	46 45 24						2 186.51	1 689.22	C
D								-113.31	385.42			D
总和	789 44 33	+15	789 44 48		436.94	-113.21	385.49					

辅助计算

$$f_\beta = \sum\beta_测 - (\alpha_{CD} - \alpha_{AB}) \pm 5 \times 180° = -15''$$

$$f_{\beta容} = \pm 60''\sqrt{5} = \pm 134''$$

$$f_x/\mathrm{m} = \sum\Delta X_测 - (X_终 - X_始) = -113.21 - (2\,186.51 - 2\,299.82) = +0.10$$

$$f_y/\mathrm{m} = \sum\Delta Y_测 - (Y_终 - Y_始) = -385.49 - (1\,689.22 - 1\,303.80) = +0.07$$

$$f_D/\mathrm{m} = \sqrt{f_x^2 + f_y^2} = 0.12$$

$$K = \frac{f_D}{\sum D} = \frac{0.12}{436.94} \approx \frac{1}{3\,600} < \frac{1}{2\,000}$$

表 7.5　三、四等水准测量主要技术指标

等级	水准仪型号	视线长度 /m	前后视距差 /mm	前后视距累积差 /mm	视线离地面最低高度 /mm	黑红面读数差 /mm	红黑面所测高差之差 /mm
三	DS1 DS3	100 75	3	6	0.3	1.0 2.0	1.5 3.0
四	DS3	100	5	10	0.2	3.0	5.0
五	DS3	100	大致相等				
图根	DS10	≤ 100					

注:1. 当成像显著清晰、稳定时,视线长度可按表中规定放长 20%;
　　2. 当进行三、四等水准观测,采用单面标尺变更仪器高度时,所测两高差之差,应与黑红面所测高差之差的要求相同。

表 7.6　三、四等水准测量主要技术指标

等级	水准仪型号	路线长度 /km	观测次数		每千米高差中误差 /mm	往返较差、附和或环形闭合差	
			与已知点联测	附和或环形		平地 /mm	山地 /mm
三	DS1	≤ 50	往返各一次	往一次	6	$12\sqrt{L}$	$4\sqrt{n}$
	DS3			往返各一次			
四	DS3	≤ 6	往返各一次	往一次	10	$20\sqrt{L}$	$6\sqrt{n}$
五	DS3		往返各一次	往一次	15	$30\sqrt{L}$	$9\sqrt{n}$
图根	DS10	≤ 5	往返各一次	往一次	20	$40\sqrt{L}$	$12\sqrt{n}$

注:1. 结点之间或结点与高级点之间,其路线的长度,不应大于表中规定的 70%;
　　2. L 为往返测段、附和或环线的水准路线长度(km),n 为测站数。

7.3.2　三、四等水准测量的观测方法

测站观测的程序按照后黑、前黑、前红、后红的顺序进行观测。具体如下:
(1)照准后视标尺黑面,按下、上、中丝读数。
(2)照准前视标尺黑面,按下、上、中丝读数。
(3)照准前视标尺红面,按中丝读数。
(4)照准后视标尺红面,按中丝读数。

三、四等水准测量的观测记录及计算的示例如表 7.7 所示。四等水准测量,如果采用单面尺观测,则可按变更仪器高法进行,观测顺序为:后 — 前 — 变更仪器高 — 前 — 后,变更仪器高前按三丝读数,变更仪器高后则按中丝读数。无论何种顺序,视距丝和中丝的读数均应在仪器精平时读数。

表 7.7　三四等水准测量记录、计算表

测站编号	后尺	下丝	前尺	下丝	方向及尺号	标尺读数		$K+$ 黑－红	高差中数
		上丝		上丝		黑面	红面		
	后视距		前视距						
	视距差 d		视距累积差						
	(1)		(4)		后	(3)	(8)	(14)	
	(2)		(5)		前	(6)	(7)	(13)	
	(9)		(10)		后一前	(15)	(16)	(17)	(18)
	(11)		(12)						
1	1.532		1.457		后 1	1.326	6.111	+ 2	
	1.121		1.053		前 2	1.254	5.940	+ 1	+ 0.071 5
	41.1		40.4		后一前	+ 0.072	+ 0.171	+ 1	
	+ 0.7		+ 0.7						
2	1.677		1.763		后 2	1.580	6.265	+ 2	
	1.482		1.581		前 1	1.670	6.458	− 1	− 0.091 5
	19.5		18.2		后一前	− 0.090	− 0.193	+ 3	
	+ 1.3		+ 2.0						
3	1.721		1.452		后 1	1.529	6.314	+ 2	
	1.337		1.051		前 2	1.250	5.936	+ 1	0.278 5
	38.4		40.1		后一前	+ 0.279	+ 0.378	+ 1	
	− 1.7		+ 0.3						

7.3.3　三、四等水准测量的测站计算与检核

首先将观测数据以(1)、(2)、…、(8) 按表 7.7 的形式记录。

(1) 视距计算。

后视距离(9) = 100[(1) − (2)],前视距离(10) = 100[(4) − (5)],此值应符合表7.5 的要求。

前后视距差值(11) = (9) − (10),此值应符合表7.5 的要求。

视距差累积值(12) = 上站(12) + 本站(11),其值也应符合表 7.5 的要求。

(2) 读数检核。

高差计算先进行同一标尺红、黑面读数校核,后计算高差。

前视黑、红读数差:(13) = K + (6) − (7)。

后视黑、红读数差:(14) = K + (3) − (8)。

此值应满足表7.5 要求。对于同一水准尺红黑面中丝读数之差应等于该尺红黑面的

常数差 K，即为 4.687 或 4.787，否则应重新观测。

（3）高差计算与检核。

黑面高差：(15) = (3) − (6)。

红面高差：(16) = (8) − (7)。

黑、红面高差之差：(17) = (15) − (16) ±0.100。

计算校核：(17) = (14) − (13)。

平均高差：(18) = [(15) + (16) ±0.100]/2。

在完成一测段单程测量后，须立即计算其高差总和。完成一测段往返观测后，应立即计算高差闭合差，进行成果检核。满足技术要求后需要对高差闭合差进行调整平差。

7.4　三角高程测量

在高程测量中，除了采用水准测量外，还可以应用经纬仪观测竖直角进行三角高程测量。在地形起伏较大进行水准测量比较困难时，可以采用三角高程测量。

7.4.1　三角高程测量的原理

所谓三角高程测量是根据两点间的水平距离或倾斜距离和竖直角，应用三角学的原理计算两点间高差的过程。

已知点 A 的高程 H_A，要求测 A、B 两点间的高差 h，计算点 B 的高程 H_B，如图 7.6 所示。

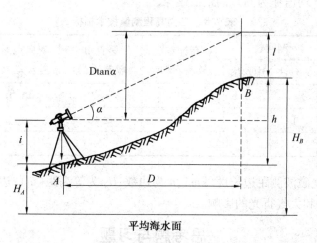

图 7.6　三角高程测量原理

在已知点 A 上安置经纬仪，在点 B 竖立标尺，测量望远镜旋转轴到点 A 桩顶的高度 i，称 i 为仪器高。用望远镜横丝瞄准点 B 标尺高度 l。再测量出竖直角 α。根据 AB 之间的水平距离 D，可以得出

$$h = D\tan \alpha + i - l \tag{7.18}$$

经纬仪的位置也可以安放测距仪或全站仪，测出斜距 S，也可以得出

$$h = S\sin\alpha + i - l \qquad (7.19)$$

则点 B 的高程为

$$H_B = H_A + S\sin\alpha + i - l \quad \text{或} \quad H_B = H_A + D\tan\alpha + i - l \qquad (7.20)$$

当 $D > 300$ m 时，三角高程测量还要考虑地球曲率及大气折光对高差的影响，需要对高差加上改正数 f，数值上 $f = 0.43D^2/R$，其中 D 为两点间的水平距离，R 为地球半径 6 371 km。

三角高程测量，一般应进行往返测量，取对向观测的平均值作为高差结果。

7.4.2　三角高程测量的观测方法

三角高程测量根据采用的仪器不同分为测距仪或全站仪三角高程测量与经纬仪三角高程测量。

三角高程控制测量分为两级，即四等和五等三角高程测量，可以作为测区的首级控制。三角高程控制适合在平面控制点的基础上布设三角高程网或高程导线，也可布置为闭合或附和的高程路线。具体步骤如下：

首先，在测站安置仪器，量取仪器高 i；测点立标杆并量取标杆高度 l，读数精确至毫米。

然后，采用测回法观测竖直角 1 ~ 3 个测回，前后半测回之间的较差要符合表 7.8 的规定，平均值作为最后的观测结果。

最后，高差和高程的计算应用上述公式进行计算。采用对向观测法的高差满足表 7.8 的规定后，取其平均值作为高差的最后结果。

表 7.8　三角高程测量技术指标

等级	仪器	测回数		指标差较差 /(″)	竖直角较差 /(″)	对向观测高差较差 /mm	附和或环形闭合差 /mm
		三丝法	中丝法				
四等	DJ2		3	≤ 7	≤ 7	$40\sqrt{D}$	$20\sqrt{\sum D}$
五等	DJ2	1	2	≤ 10	≤ 10	$60\sqrt{D}$	$30\sqrt{\sum D}$
图根	DJ6		1			≤ 400D	$0.1H_d\sqrt{n}$

其中，D 为电磁波测距边长度（km），n 为边数；H_d 为等高距（m）；边长大于 400 m 时，应考虑地球曲率和大气折光的影响。

思考题与习题

1. 名词解释：控制测量、导线、角度闭合差、坐标增量闭合差、三角高程测量。

2. 导线测量的外业工作有哪几项？选择导线时应注意什么事项？

3. 导线有哪几种布设形式？

4. 闭合导线和附和导线在内业计算上有何异同？

5. 三角高程测量的原理？

6. 简答三、四等水准测量一个测站的观测程序。

7. 根据已知数据计算闭合导线各点坐标(图7.7)。

$\beta_1 = 120°, D_1 = 90.523$ m。

$\beta_2 = 123°, D_2 = 70.523$ m。

$\beta_3 = 102°, D_3 = 100.523$ m。

$\beta_4 = 107°, D_4 = 134.543$ m。

$\beta_5 = 87°, D_5 = 167.623$ m。

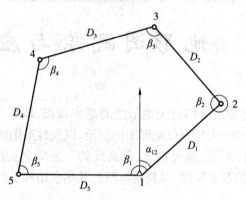

图 7.7

8. 根据已知数据计算附和导线各点坐标(图7.8)。

$X_A = 843.400, Y_A = 1\ 246.290$。

$X_B = 640.930, Y_B = 1\ 068.440$。

$X_C = 589.970, Y_C = 1\ 307.870$。

$X_D = 793.610, Y_D = 1\ 399.190$。

$\beta_B = 114°17'00'', D_1 = 82.171$ m。

$\beta_1 = 146°59'30'', D_2 = 77.283$ m。

$\beta_2 = 135°11'30'', D_3 = 89.647$ m。

$\beta_3 = 145°38'30'', D_4 = 79.836$ m。

$\beta_C = 158°00'00''$。

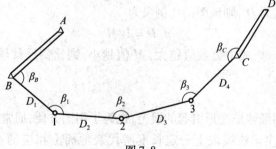

图 7.8

第 8 章

地形图测绘与应用

【本章提要】 本章主要介绍有关地形图的基本知识,地形图的分幅与编号,地形图上地物和地貌的表示方法,大比例尺地形图的测绘,以及地形图的识读与应用等内容。

【学习目标】 要求掌握比例尺精度,等高线的有关概念及其特性,大比例尺地形图测绘方法,数字化测图的基本原理,以及地形图的基本应用和工程应用等重点内容。

8.1 地形图的基本知识

8.1.1 比例尺及比例尺精度

地形图比例尺是指地形图上某一线段的长度与地面上相应线段的水平距离之比。地形图比例尺可分为数字比例尺和图示比例尺。

通常把 1∶500、1∶1 000、1∶2 000 和 1∶5 000 比例尺地形图称为大比例尺地形图。1∶1 万、1∶2.5 万、1∶5 万、1∶10 万的图称为中比例尺地形图。1∶20 万、1∶50 万、1∶100 万的图称为小比例尺地形图。在工程建设中用的通常是大比例尺地形图。

1. 数字比例尺

数字比例尺用分母为整数,分子为 1 的分数表示。设图上任意两点间的距离为 d ,地面上相应的水平距离为 D ,则该图的比例尺为

$$d/D = 1/M \tag{8.1}$$

式中,M 为比例尺分母,式中分数值越大,M 值越小,则比例尺就越大,图上所表示的地物、地貌越详尽。

2. 图示比例尺

为了减少由于图纸伸缩变形引起的误差,也为了用图方便,通常在地形图上绘制出一直线线段,并用数字注记该线段上一定长度所代表地面上相应的水平距离。图 8.1 为1∶2 000图示比例尺,它取图上 2 cm 线段长度为基本单位,每小格的长度代表地面上 4 m的水平距离,每基本单位代表地面上 40 m 水平距离。

3. 比例尺精度

人的肉眼在图上能分辨出的最小距离为 0.1 mm。因此,绘图或者实地测绘时,最多

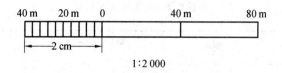

图 8.1　直线比例尺

只能达到图上 0.1 mm 的精度。把图纸上 0.1 mm 长度所代表的实际水平距离称为比例尺精度。显然，比例尺大小不同，其比例尺精度数值也不同。地形图比例尺精度对测图和用图有着重要意义。例如，要测绘 1∶5 000 的地形图，其比例尺精度为 0.5 m，实际测图时，距离精度只要达到 0.5 m 就足够了。因为即使测得再精细，图上也是表示不出来的。又如工程设计中，为了能反映地面上 0.1 m 的精度，所选地形图的比例尺就不能小于 1∶1 000。

如表 8.1，比例尺精度越高，其表示的地形、地貌就越详细，但其测绘工作量因此会成倍地增加。所以，采用何种比例尺，应根据实际的工程需要而定。

表 8.1　地形图比例尺精度

比例尺	1∶500	1∶1 000	1∶2 000	1∶5 000	1∶10 000
比例尺精度/m	0.05	0.1	0.2	0.5	1.0

8.1.2　地形图图式

为便于测图和用图，用各种符号将实地的地物和地貌在图纸上表示出来，这种符号统称为地形图图式。《地形图图式》由国家测绘总局统一制定，是测绘和使用地形图的重要工具。表 8.2 为 1∶500、1∶1 000、1∶2 000 比例尺的一部分地形图图式示例。

1. 地物符号

为了测图和用图的方便，对于地面上天然或人工形成的地物，按统一规定的图式符号在地形图上将它们表示出来。地物符号可分为比例符号、半比例符号、非比例符号与注记符号。

（1）比例符号。可按测图比例尺用规定的符号在地形图上绘出的地物符号称为比例符号。如地面上的房屋、桥梁、旱田等地物。

（2）半比例符号。某些线状延伸的地物，如铁路、公路、通信线、围墙、篱笆等，其长度可按比例尺绘出，但其宽度不能按比例尺表示，这类地物符号称为线性符号，也称为半比例符号。

（3）非比例符号。某些地物，如独立树、界碑、水井、电线杆、水准点等，无法按比例尺在图上绘出其形状。这种只能用其中心位置和特定的符号表示的地物符号称为非比例符号。非比例符号不仅其形状和大小不按比例尺绘出，而且符号的中心位置（定位点）与该地物实地中心位置的关系也随地物的不同而异，在测图和用图时应加以注意。

表 8.2　地形图图式符号

编号	符号名称	图例	编号	符号名称	图例
1	坚固房屋 4-房屋层数	砖4　　1.5 	10	旱地	1.0　　2.0　　10.0　　10.0
2	普通房屋 2-房屋层数	2　　1.5 	11	灌木林	0.5　1.0　10.0
3	窑洞 1.住人的 2.不住人的 3.地面下的	1　2.5　2 2.0 3	12	菜地	2.0　2.0　10.0　10.0
4	台阶	0.5　0.5　0.5	13	高压线	4.0
5	花圃	1.5　1.5　10.0　10.0	14	低压线	4.0
6	草地	1.5　0.8　10.0　10.0	15	电杆	1.0
7	经济作物地	0.8　3.0　蔗　10.0　10.0	16	电线架	
8	水生经济作物地	3.0　藕　0.5	17	砖、石及混凝土围墙	10.0　　0.5　10.0　0.3
			18	土围墙	10.0　0.5
9	水稻田	2.0　2.0　10.0　10.0	19	栅栏、栏杆	1.0　10.0
			20	篱笆	1.0　10.0

续表8.2

编号	符号名称	图例	编号	符号名称	图例
21	活树篱笆	3.5　0.5　10.0 ○○　○○　○○ 1.0　0.8	31	水塔	2.0 3.0—Ⅱ—1.0 1.2
22	沟渠 1.有堤岸的 2.一般的 3.有沟堑的	1 2　　0.3 3	32	烟囱	3.5 1.0
			33	气象站（台）	3.0 4.0 1.2
23	公路	0.3 ———— 沥 砾 ———— 0.3	34	消火栓	1.5 1.5—○—2.0
24	简易公路	8.0　　2.0	35	阀门	1.5 1.5—○—2.0
25	大车路	0.15 ———— 碎石 ———— 0.3	36	水龙头	3.5—●—2.0 1.2
26	小路	0.4　　1.0 0.3	37	钻孔	3.0—◉—1.0
27	三角点 凤凰山–点名 394.486–高程	△ 凤凰山 394.468 3.0	38	路灯	2.0 1.5—┳—4.0 1.0
28	图根点 1.埋石的 2.不埋石的	1 2.0 □ N16 84.46 2 1.5 ◇ 25 62.74 2.5	39	独立树 1.阔叶 2.针叶	1.5 1 3.0—●— 0.7 2 3.0—♣— 0.7
			40	岗亭、岗楼	90 ▼ ⫴ 3.0 1.5
29	水准点	2.0 ⊗ 京石5 32.804	41	等高线 1.首曲线 2.计曲线 3.间曲线	0.15 〰 87 1 0.3 〰 85 2 0.15 〰 6.0 3 1.0
30	旗杆	1.5 4.0 ▮ 1.0 ○ 1.0			

（4）注记符号。图上用文字和数字所加的注记和说明称为注记符号。如房屋的结构和层数、厂名、校名、路名、等高线高程以及用箭头表示的水流方向等。绘图的比例尺不同，则符号的大小和详略程度也有所不同。

2.地貌符号

（1）等高线。等高线是地面上高程相同的相邻点连成的闭合曲线。设想一座湖中小岛，湖水表面静止时，其与小岛的交线是一条高程相同的闭合曲线。如图 8.2 所示，开始时湖水水面高程为 95 m，则湖水面与小岛的交线即为 95 m 的等高线；湖水水位下降 5 m后，得到 90 m 交线的等高线；然后水位继续下降 5 m，就得到 85 m 交线的等高线；这样，水位每下降 5 m，就得到一条湖面与小岛相交的等高线。从而得到了一组高差为 5 m 的等高线。把这一组实地上的等高线沿铅垂线

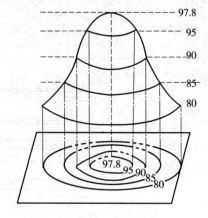

图 8.2　等高线

方向投影到水平面上，并按规定的比例尺缩小画在图纸上，就得到用等高线表示该小岛地貌的等高线图。

　　显然，地面的高低起伏状态决定了图上的等高线形态。因此，可以从地形图的等高线形态判断实地的地貌形态。

　　（2）等高距和等高线平距。把两条相邻等高线间的高差称为等高距（或基本等高距），用 h 表示。两条相邻等高线间的水平距离称为等高线平距，用 d 表示。在同一幅地形图上等高距是相同的，等高线平距则随地面坡度的变化而改变。坡陡则等高线密，等高线平距小；坡缓则等高线疏，等高线平距大。

　　如表 8.3，地形图上等高距是按测图比例尺和测区的地形类别选择，图上按基本等高距绘制的等高线称为首曲线。每隔四条首曲线加粗的一条等高线称为计曲线，在计曲线上注记高程。对于坡度较缓的地方，基本等高线不足以表示出其局部地貌特征时，按 1/2基本等高距绘制的等高线称为间曲线。按 1/4 基本等高距绘制的等高线称为助曲线。间曲线用虚线在图上绘出。

表 8.3　基本等高距

比例尺	地形类别		
	平地	丘陵	山区
1：500	0.5 m	0.5 m	0.5～1.0 m
1：1 000	0.5 m	0.5～1.0 m	1.0 m
1：2 000	0.5～1.0 m	1.0 m	2.0 m

　　（3）典型地貌及其等高线。尽管地球表面的高低起伏变化复杂，但不外乎由山头、盆地、山脊、山谷、鞍部等几种典型地貌组成。

①山头与洼地(盆地)。典型地貌中地表隆起并高于四周的高地称为山地,其最高处为山头。山头的侧面为山坡,山地与平地相连处为山脚。洼地是四周较高中间凹下的低地,较大的洼地称为盆地。

②山脊与山谷。山地上线状延伸的高地为山脊,山脊的棱线称山脊线,即分水线。两山脊之间的凹地为山谷,山谷最低点的连线称山谷线或集水线。

③鞍部。鞍部一般指山脊线与山谷线的交会之处,是在两山峰之间呈马鞍形的低凹部位。

④陡崖与悬崖。坡度在70°以上的山坡称为陡崖,陡崖处等高线非常密集甚至重叠,可用陡崖符号来代替等高线。下部凹进的陡崖称悬崖,悬崖的等高线投影到地形图上会出现相交情况。

上述典型地貌及其等高线如图8.3及图8.4所示。

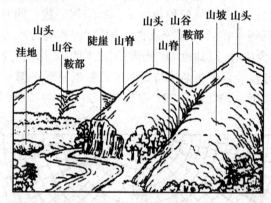

图 8.3　典型地貌

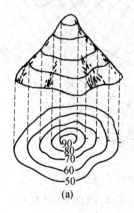
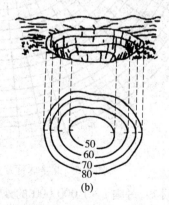

图 8.4　典型地貌等高线

(4)等高线的特性。

①同一条等高线上各点的高程都相同。

②等高线应是闭合曲线,若不在本图幅内闭合,则在相邻图幅闭合。只有在遇到用符号表示的陡崖和悬崖时,等高线才能断开。

③除了悬崖和陡崖处外,不同高程的等高线不能相交或重合。

④山脊线和山谷线与等高线正交。

⑤同一幅地形图上等高距相同。等高线平距越小,等高线越密,则地面坡度越陡;等高线平距越大,等高线越疏,则地面坡度越缓。

8.1.3 地形图的分幅与编号

为了便于测绘、管理和使用地形图,需将同一区域内的地形图进行统一的分幅和编号,地形图的编号简称为图号,它是根据分幅的方法而定的。地形图分幅有两种方法:其一是按经纬线分幅的梯形分幅法,用于国家基本图的分幅;其二是按坐标格网划分的矩形分幅法,用于工程建设的大比例尺地形图的分幅。

1. 梯形分幅与编号

(1)国际1:1 000 000地形图的分幅与编号。为了全球地形图的划一,1:1 000 000的地形图分幅与编号由国际统一规定。做法是将整个地球表面用子午线分为60个6°的纵列,由经度180°起,自西向东用阿拉伯数字1~60编列号数。同时由赤道起,向南北两方直到纬度88°止,以每隔4°的纬度圈分成许多横行,这些横行用大写的英文字母A、B、C、…、V标明。以两极为中心,以纬度88°为界的圆,则用Z标明。图8.5为北半球百万分之一地形图的分幅与编号。在北半球与南半球的图幅分别在编号前加N、S予以区别。我国的图幅范围为北纬0°~56°,东经72°~138°。

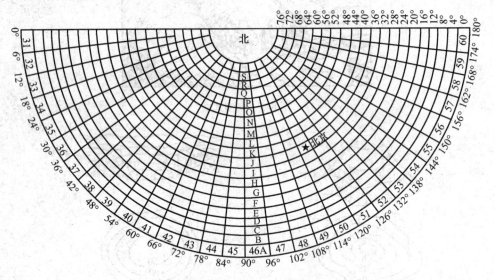

图8.5 北半球百万分之一梯形分幅与编号

由上所述可知,每幅1:1 000 000的地形图是由纬差4°纬线和经差6°的子午线所形成的梯形。其图幅号是由行号(字母)与图幅列号(数字)组成(图8.6)。例如,北京某地的纬度为北纬39°54′3″,经度为东经116°28′06″,其所在1:1 000 000比例尺的图幅的编号为J50。

(2)1:500 000~1:5 000地形图的分幅与编号。根据《国家基本比例尺地形图分幅和编号》(GB/T 13989—92)的规定,1:500 000~1:5 000地形图的分幅与编号均以1:1 000 000地形图编号为基础,采用行列编号法。即将1:1 000 000地形图按所含比例尺地形图的纬差和经差划分为若干行和列(其图幅关系详见表8.4),横行从上到下,纵

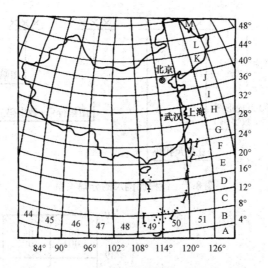

图 8.6　1∶1 000 000 地形图梯形分幅与编号

列从左到右按顺序分别用 3 位数字表示(不是 3 位数者在前面补零),各比例尺地形图分别采用不同的字母代码加以区别。按上述地形图分幅的方法,1∶500 000 ~ 1∶5 000 地形图的编号应由 10 位编码组成,如图 8.7 所示。

表 8.4　不同比例尺的图幅关系

比例尺		1∶1 000 000	1∶500 000	1∶250 000	1∶100 000	1∶50 000	1∶25 000	1∶10 000	1∶5 000
图幅范围	经差	6°	3°	1°30′	30′	15′	7′30″	3′45″	1′52.5″
	纬差	4°	2°	1°	20′	10′	5′	2′30″	1′15″
行列数量关系	行数	1	2	4	12	24	48	96	192
	列数	1	2	4	12	24	48	96	192
比例尺代码		A	B	C	D	E	F	G	H
不同比例尺的图幅数量关系		1	4	16	144	576	2304	9216	36864
			1	4	16	144	576	2304	9216
				1	4	16	144	576	2304
					1	4	16	144	576
						1	4	16	144
							1	4	16
								1	4
									1

例如,上述北京某地的 1∶500 000 地形图的编号(图 8.8),即斜线部分的图幅编号为 J50B001。该地所在 1∶250 000 地形图的图幅编号为 J50C001002,如图 8.9 所示。其余比例尺地形图的分幅编号方法可以以此类推。

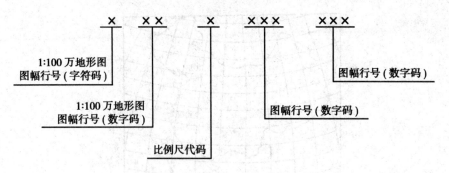

图 8.7　各种比例尺的分幅关系

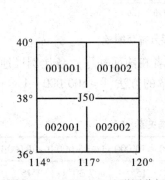

图 8.8　1∶500 000 地形图分幅

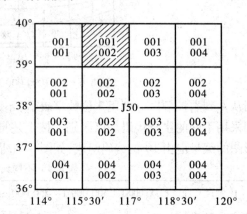

图 8.9　1∶250 000 地形图分幅

2. 矩形分幅与编号

工程建设中所用大比例尺地形图多采用矩形分幅法,它们图幅的大小如表 8.5 所示。

表 8.5　矩形分幅图廓规格

比例尺	图幅大小/(cm×cm)	图廓实地面积/km²	每 1 km² 图幅数
1∶5 000	40×40	4.0	1/4
1∶2 000	50×50	1.0	1
1∶1 000	50×50	0.25	4
1∶500	50×50	0.062 5	16

矩形分幅是以 1∶5 000 的图为基础,取其图幅西南角的坐标值(以千米为单位)作为 1∶5 000图的编号。如图 8.10 所示的 1∶5 000 图的编号为 20～30 每幅 1∶5 000 图可分成 4 幅 1∶2 000 图,分别以Ⅰ、Ⅱ、Ⅲ、Ⅳ编号。每幅 1∶2 000 图又分成 4 幅 1∶1 000 图,每幅 1∶1 000 图再分成 4 幅 1∶500 图,它们的编号均用罗马数字Ⅰ、Ⅱ、Ⅲ、Ⅳ表示。另外,各种比例尺图的编号的编排顺序均为自西向东,自北向南,在图 8.10 中,绘有阴影线的 1∶2 000 图号为 20-30-Ⅲ,绘有阴影线的 1∶1 000 图号为 20-30-Ⅱ-Ⅰ,而绘有阴影线的 1∶500 图号为 20-30-Ⅰ-Ⅰ-Ⅰ。

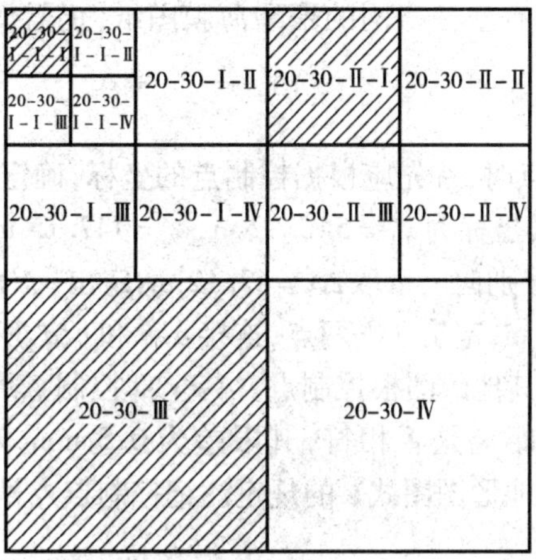

20-30-Ⅰ-Ⅰ-Ⅰ
20-30-Ⅰ-Ⅰ-Ⅱ
20-30-Ⅰ-Ⅰ-Ⅲ
20-30-Ⅰ-Ⅰ-Ⅳ
20-30-Ⅰ-Ⅱ
20-30-Ⅱ-Ⅰ
20-30-Ⅱ-Ⅱ
20-30-Ⅰ-Ⅲ
20-30-Ⅰ-Ⅳ
20-30-Ⅱ-Ⅲ
20-30-Ⅱ-Ⅳ
20-30-Ⅲ
20-30-Ⅳ

图8.10 矩形分幅与编号

8.2 大比例尺地形图测绘

大比例尺地形图测绘是在控制测量工作完成后进行的。直接用于地形图测绘的控制点称为图根控制点。控制测量中除了测定图根控制点的平面位置,一般还需用水准测量或三角高程测量的方法测定其高程。然后根据图根点测定地物和地貌特征点的位置,按规定的比例尺和图式符号绘制地形图。

8.2.1 测图前的准备工作

1. 图纸准备

地形图的图纸,一般选用一种表面打毛的半透明聚酯薄膜,其厚度为0.07~0.1 mm,用聚酯薄膜作为测图图纸,具有伸缩变形小,透明度高,不怕潮湿,牢固耐用,可用清水洗涤,可在底图上着墨,直接晒蓝等优点。但聚酯薄膜怕折、易燃、易老化,因此,使用及保管时应当注意。当没有聚酯薄膜图纸时,可选用质地好的绘图纸作为图纸进行测绘。

2. 绘制坐标方格网

控制点在测图前应根据其坐标值展绘在图纸上。为了正确地在图纸上绘出控制点的位置,以及用图的方便,首先要在测图纸上精确地绘制10 cm×10 cm直角坐标格网。绘制坐标格网和展绘控制点可用比较精确的直尺按对角线法进行绘制和展点。

如图8.11,首先,依据图纸的四角用直尺画出两条对角线,从交点 *M* 起,在对角线上精确量取四段相等的长度 *MA*、*MB*、*MC*、*MD*,连接 *A*、*B*、*C*、*D* 四点即得矩形 *ABCD*。自点 *A* 和 *D* 起,分别沿 *AB* 和 *DC* 方向每隔10 cm截取一点;再自点 *A* 和 *B* 起,分别沿 *AD* 和 *BC* 方向每隔10 cm截取一点,然后连接相应各点,即得坐标格网和内图廓线。

坐标方格网绘制好后,应检查各方格网线条粗细不超过0.2 mm;各方格网边长误差不超过0.2 mm;坐标方格网的对角线上各点应在一条直线上,其偏差不大于0.2 mm,图廓线及对角线长度误差不大于0.3 mm。检查合格后,在图廓外注明格网线的坐标值,并

注明图幅编号。对于已绘有坐标格网的聚酯薄膜图纸,仍需作上述精度检查,以确保质量。

3. 展绘控制点

如图 8.12,展绘控制点时,首先应根据控制点的坐标,确定该点所在的方格位置。图中点 A 为一图根控制点,其坐标为 $x_A = 542.12$ m,$y_A = 747.15$ m,该点应落于 $mnpq$ 这一方格内,从 m、n 两点按比例分别向上量取 $\Delta x = 42.12$ m,定出 c、d 两点;再从 m、q 两点按比例分别向右量取 $\Delta y = 47.15$ m,定出 a、b 两点,连接 a、b 和 c、d,所得交点即为图根点 A 的位置。用相同的方法展绘出其他的图根控制点。待全部控制点展绘好后,检查图纸上展绘控制点之间的距离与实际距离是否相符,其限差为 0.3 mm,对超限的控制点应重新展绘。经校对无误后,可按《地形图图式》的规定注记控制点点号及其高程。

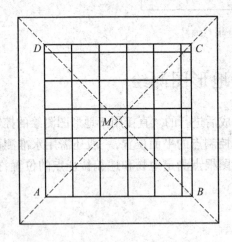

图 8.11 对角线法绘制坐标格网

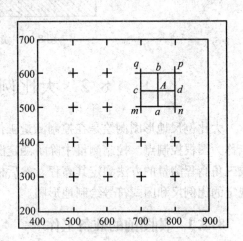

图 8.12 展绘控制点

8.2.2 碎部测量方法

经纬仪测绘法是用极坐标法测量碎部点的水平距离和高差,然后按极坐标法用量角器和比例尺将碎部点标定在图纸上,并在点的右侧注记高程。当图纸上碎部点足够时,即可对照实地并按规定的图式符号在图上勾绘地物和地貌。测图时,经纬仪安置在一控制点上并作为测站点,绘图平板安放在测站点附近。选定测站点至另一控制点的方向为起始方向零方向,该方向的度盘读数为 0°00′,待测的碎部点上安放水准尺,用经纬仪测出起始方向和测站点至碎部点方向间的水平角,以及测站点至碎部点的水平距离和高差。

1. 碎部点的选择

反映地物轮廓和几何位置的点称为地物特征点;地貌可以看做是由许多大小、坡度方向不同的曲面组成,这些曲面的交线称为地貌特征线(例如,山脊线和山谷线等),地貌特征线上的点称为地貌特征点。测图时,碎部点的选择合理与否,直接关系到测图的质量和速度。因此,碎部点应选在地物和地貌的特征点上。规范规定,建筑物轮廓线的凸凹部在图上大于 0.4 mm、简单建筑大于 0.6 mm 时都要绘制出来。因此在测绘 1∶1 000 地形图时,实地凸凹大于 0.4 m 就要进行施测。对于地物,如能依比例尺在地形图上显示出来,要实测出其轮廓线的转折点,如房角、道路中心线、河岸线等的转折点;对于不能依比例尺在图上显示的地物,如水井、独立树及电杆等,要实测其中心位置。对于地貌应测出最能反映地貌特征的地性线,如山脊线、山谷线、山脚线等。此外还应测出山顶、山谷底、鞍部和其他地面坡度变化处的地貌特征点。通常,应在现场把有关的地貌特征点连起来,用铅笔轻轻地勾出地性线。用点画线表示山脊线,用虚线表示山谷线。然后在两相邻点之间,按其高程内插出等高线,进而将地貌绘制出来。在碎部测量中,还应注意碎部点要分布均匀,尽量一点多用。测绘不同比例尺的形图,对碎部点间距(或密度)有不同的限定,对碎部点距测站的最远距离也有不同的限定。表 8.6、表 8.7 给出了地形测绘采用视距测量方法测量距离时的碎部点最大间距和最大视距的允许值。

表 8.6 碎部点最大间距和最大视距(一般地区)

测图比例尺	地形点最大间距/m	最大视距/m	
		主要地物点	次要地物和地形点
1：500	15	60	100
1：1 000	30	100	150
1：2 000	50	130	250
1：5 000	100	300	350

表 8.7 碎部点最大间距和最大视距(城镇建筑区)

测图比例尺	地形点最大间距/m	最大视距/m	
		主要地物点	次要地物和地形点
1：500	15	50	70
1：1 000	30	80	120
1：2 000	50	120	200

2. 经纬仪测绘法测图操作步骤

将经纬仪安置在测站 A 上,绘图板安放于测站旁,如图 8.13 所示。其一个测站上测量工作的步骤如下:

(1)安置仪器。安置经纬仪于测站点 A(图根控制点)上,对中、整平、量取仪高 i,填入记录手簿。

(2)定向。经纬仪照准另一控制点 B,置水平度盘读数为 $0°0'0''$,即置 AB 方向为水平度盘的零方向。

(3)立尺。立尺人员应根据测图范围和实地情况,与观测员、绘图员共同商定跑尺路线,选定立尺点,依次将水准尺立在地物、地貌特征点上。

(4)观测。旋转照准部,瞄准碎部点 1 上的水准尺,读取水平角 β。使竖盘指标水准管居中,在尺上读取上丝、下丝读数(或直接读出尺间隔 l),中丝读数 V,竖盘读数 L(竖直角 α)。竖盘读数、水平角读数到 $1'$,半测回即可。

(5)依次将观测值填入记录手簿。对于具有特殊意义的碎部点,如房角、电杆、山头、

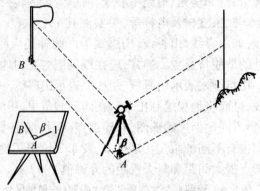

图 8.13　经纬仪测绘法测图

鞍部等,应在备注中加以说明。

（6）计算碎部点的高程 H_1 和测站 A 至碎部点 1 的水平距离 D_{A1},如图 8.14 所示,依下列测量公式计算

$$D_{A1} = 100 \cdot l \cdot \cos^2 \alpha$$
$$h_{A1} = D_{A1} \tan \alpha + i - V$$
$$H_1 = H_A + h_{A1}$$

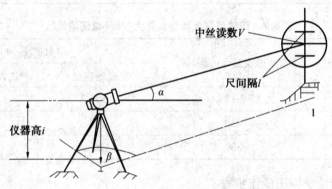

图 8.14　经纬仪测绘法测图

式中　　l——（尺间隔）上丝、下丝读数之差;

　　　　V——中丝读数;

　　　　i——仪器高;

　　　　α——竖直角。

（7）展绘碎部点。如图 8.15,用细针将量角器的圆心固定在图上测站点处,转动量角器,使量角器上等于水平角 β 的刻画线对准图上的起始方向（相应于实地的零方向 AB）,此时量角器的零方向便是碎部点 1 的方向。按测得的水平距离和测图比例尺在该方向上定出点 1 的位置,并在该点右侧注明其高程。

同法,测绘出本站上其余各碎部点的平面位置与高程。并对照实地绘出等高线和地物。为了保证测图质量,仪器搬到下一测站时,应首先检查上一测站所测部分碎部点的平面位置和高程。若测区面积较大时,考虑到相邻图幅的拼接问题,每幅图应向图廓外测出 5 mm。

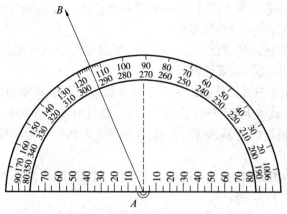

图 8.15　半圆量角器展绘碎部点

8.2.3　全站仪数字测图

全站仪数字测图是利用电子全站仪在野外采集地物、地貌信息数据,通过数据接口将采集的数据传输到计算机,再通过测图软件进行数据处理后形成数字地图。数字地形图可以数字形式存储在磁盘或光盘介质上,也可通过绘图仪输出纸质地形图。

数字测图使地形测绘实现了自动化、数字化,具有精度高、不受图幅限制、便于远距离传输等特点。数字测图方法已在大比例尺测绘及地理信息系统数据采集等方面得到广泛应用。

1. 数字测图的作业模式

大比例尺数字测图主要有数字测记模式和电子平板作业模式两种。

(1)数字测记模式。该模式采用全站仪加电子手簿测图。在测站上安置全站仪,并通过通信电缆与电子手簿连接,全站仪采集的数据直接由电子手簿记录。观测碎部点时,要对所测地形绘制草图,标注其地形要素名称及碎部点连接关系(图 8.16)。然后在室内将测量数据由电子手簿或全站仪传输到计算机,计算机通过测图软件将碎部点点号及平面位置显示在显示屏上。根据实地绘制的草图,采用人机交互方式连接碎部点,输入地形信息码,编辑成图。

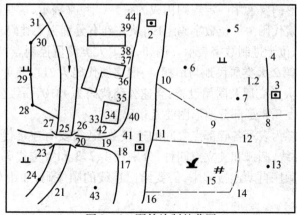

图 8.16　野外绘制的草图

使用全站仪内存采用测记模式,是将测得的数据按一定编码方式直接记录于全站仪内存,观测结束后将数据传输给计算机。

这种模式具有测量灵活,野外作业时间短,可由多台全站仪配合一台计算机、一套软件进行作业等特点,但测图时要绘制草图。

(2)电子平板作业模式。该模式采用全站仪加笔记本电脑测图。将安装了数字测图软件的笔记本电脑(或掌上电脑)作为电子平板,通过电缆与全站仪进行数据通信,由笔记本电脑实现测量数据的记录、解算、建模,在测站及时进行地形图编辑和修改,实现了测图内外作业一体化。

随着 GPS 实时动态定位技术(RTK)的迅速发展,以 RTK 型 GPS 接收机作为数据采集的作业模式也已广泛应用。

2. 数字测图方法

(1)地形信息码。输入地形信息码是数字测图数据采集的一项重要工作。如果只有碎部点的坐标和高程,计算机处理时,就无法识别碎部点是哪一种地形要素,也无法确定碎部点之间的连接关系。因此,要将测量的碎部点生成数字地图,就必须给碎部点记录输入地形信息码。

①地形图要素分类和代码。按照国家标准《1:500,1:1 000,1:2 000 地形图要素分类与代码》(GB 14804—93),地形图要素(地形类别)分成 9 大类(与《地形图图式》相对应):

1 类为测量控制点;

2 类为居民地与垣栅;

3 类为工矿建(构)筑物及其他;

4 类为交通及附属设施;

5 类为管线及附属设施;

6 类为水系及附属设施;

7 类为境界;

8 类为地貌和土质;

9 类为植被。

将上述 9 类地形图要素用一定规则构成的符号(串)来表示,这些符号(串)称为编码或代码。地形图要素代码由 4 位数字码组成,从左到右分别为大类码、小类码、一级代码、二级代码,分别用 1 位十进制数字表示。例如,第 1 大类测量控制点:导线点代码为 115,水准点代码为 121;第 2 大类居民地与垣栅:一般房屋代码为 211,简单房屋代码为 212,围墙代码为 243;第 4 大类交通及附属设施:高速公路代码为 4310,一级公路代码为 4311,小路代码为 443 等。表 8.8 是部分地形图要素代码。

②连接线代码。为表示各碎部点之间的连接关系,需要有连接代码。各碎部点的连接形式分为直线、曲线、圆弧和独立点四种,分别用 1、2、3 和空位代码。为了使一个地物上的点根据记录按顺序自动连接起来,需要给出连线的顺序码,如用 0 表示开始、1 表示中间、2 表示结束。

表 8.8　1∶500,1∶1 000,1∶2 000 地形图要素分类与代码(GB 14804—93)

代码	名称	代码	名称
1	测量控制点	2	居民地与垣栅
11	平面控制点	21	普通房屋
111	三角点	211	一般房屋
1111	一等	212	简单房屋
⋮	⋮	213	建筑中房屋
1114	四等	⋮	⋮
112	土堆上的三角点	218	过街楼
⋮	⋮	22	特种房屋
113	小三角点	221	地面上住人的窑洞
⋮	⋮	⋮	⋮
114	土堆上的小三角点	23	房屋附属设施
⋮	⋮	231	廊
115	导线点	2311	柱廊
1151	一级	2312	门廊
⋮	⋮	⋮	⋮

③数据记录内容和格式。野外数据采集时,要记录测站数据,如测站点号、零方向点号、仪器高等;碎部点观测数据如距离、水平角、竖直角、觇标高或全站仪计算得到的 x 坐标、y 坐标和高程 H 等;同时还要记录地形要素代码、连接点和连接线信息。可用图 8.17 和表 8.9 说明野外记录方法。假设测量一条小路,其记录格式见表 8.9,表中略去了观测值。小路的编码为 443,点号同时也代表测量碎部点的顺序。

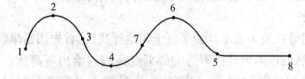

图 8.17　数字测图的记录

④数据处理。将野外实测数据输入计算机,计算机用程序对控制点进行平差处理,求出测站点坐标 x、y、H,再计算出各碎部点坐标 x_i、y_i、H_i。再将其编码分类和整理,形成地形编码对应的数据文件:一个是带有点号、编码的坐标文件,录有全部点的坐标;另一个是连接信息文件,含有所有点的连接信息。

⑤绘图。首先建立一个与地形编码相应的《地形图图式》符号库,供绘图使用。绘图程序根据输入的比例尺、图廓坐标、已生成的坐标文件和连接信息文件,按编码分类,分层进入房屋、道路、水系、独立地和植被及地貌等各层,进行绘图处理,生成绘图命令,并在屏幕上显示所绘图形,再根据操作员的人为判断,对屏幕图形作最后的编辑、修改。经过编

辑、修改的图形生成图形文件,由绘图仪绘制出地形图。通过打印机打印出必要的控制点成果数据。

表 8.9 数字测图记录表

单元	点号	编码	连接点	连接线型
第一单元	1	443	1	2
	2	443		
	3	443		
	4	443		
第二单元	5	443	5	2
	6	443		
	7	443	4	
第三单元	8	443	5	1

将实地采集的碎部点的坐标和高程,经过计算机处理,自动生成不规则的三角网(TIN),建立起数字地面模型(DEM)。该模型的核心目的是用内插法求得任意已知坐标点的高程。据此可以内插绘制等高线和断面图,为道路、管线、水利等工程设计服务,还能根据需要随时取出数据,绘制任何比例尺的地形原图。

8.2.4 地形图的绘制

地形图的绘制一般是在现场,对照实地描绘地物和等高线。

1.地物描绘

地物描绘是按《地形图图式》规定的符号在实地描绘地物。对于建筑物的轮廓用直线连接,道路、河流则用光滑曲线逐点连接。不能按比例尺描绘的地物,如电杆、烟囱、水井等,应在图上绘出其中心位置,或按规定的非比例符号表示。

2.等高线勾绘

地貌主要是用等高线来表示。为了便于勾绘等高线,首先用铅笔轻轻描绘出山脊线、山谷线等地性线,然后根据地性线附近的碎部点高程勾绘出等高线。如图 8.18,地面上两碎部点 A、B 的高程分别为 62.8 m 及 56.1 m,若取 1 m 等高距时,其间有 57 m、58 m、59 m、60 m、61 m、62 m 六条等高线通过。由于碎部点是选在地面坡度变化处,因此相邻两点间山坡可视为均匀坡度。这样可在两相邻碎部点的连线上按平距与高差成比例的关系,内插出两点间各条整米等高线。勾绘等高线时,先目估定出高程为 57 m 的点和高程为 62 m 的点,然后将该两点间距离五等分,定出高程为整数点的等高线。同理可定出其他相邻碎部点间等高线应通过的位置。将高程相同的相邻点用光滑的曲线连接,即为等高线。勾绘等高线时,要对照实地,先画计曲线,后画首曲线,并注意等高线通过山脊线和山谷线的走向。地形图等高距的选择与测图比例尺和地形坡度有关。对于不能用等高线表示的地貌,如悬崖、陡崖、冲沟等应按《地形图图式》规定的符号表示。

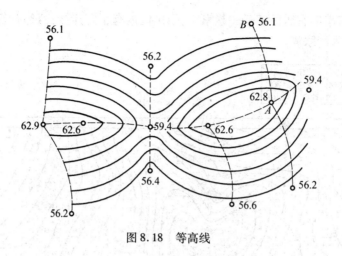

图 8.18　等高线

8.3　地形图的识读与应用

8.3.1　地形图的识读

地形图上包含大量的自然、环境、社会、人文、地理等要素和信息,是国民经济发展规划与国民经济建设的重要基础资料。土木工程规划、设计和施工中,首先要在地形图上进行总平面设计,然后根据需要,在地形图上进行一定的面积量算工作,以便因地制宜地进行合理的规划和设计。铁路、公路规划和设计中,也是首先在地形图上进行选线和道路设计。这些都需要正确掌握地形图识读的基本知识。

地形图是用各种规定的图式符号和注记表示地物、地貌及其他有关资料的。要想正确地使用地形图,首先要能熟读地形图。通过对地形图上的符号和注记的识读,可以判断地貌的自然形态和地物间的相互关系,这也是地形图识读的主要目的。在地形图识读时,应注意以下几方面的问题。

1. 熟悉图式符号

在地形图识读前,首先要熟悉一些常用的地物符号的表示方法,区分比例符号、半比例符号和非比例符号的不同,以及这些地物符号和地物注记的含义。对于地貌符号要能根据等高线判断出各类地貌特征(例如,山头、山脊、山谷、鞍部、冲沟等),了解地形坡度变化。

2. 图廓外信息识读

地形图反映的是测图时的地表现状。因此,应首先根据测图的时间判定地形图的新旧程度,对于不能完全反映最新现状的地形图,应及时修测或补测,以免影响用图。然后要了解地形图的比例尺、坐标系统、高程系统、图幅范围。根据接图表了解相邻图幅的图名、图号。

3. 地物的识读

以图 8.19 为例,树木覆盖绝大部分地区,其中北部是松树,中部和南部多为果树,西

北部是灌木;东南部有居民区——赵家庄,居民区内有小路连接;西部有条公路通过;西南部有条小河流入清水潭。

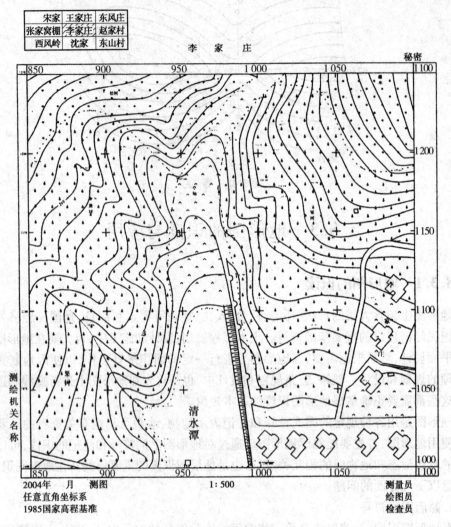

图 8.19 李家庄地形图

4. 地貌的识读

该图等高线的基本等高距为 2 m。北部等高线密集,地势高,为山坡,且坡度比较均匀;南部等高线稀疏,地势平坦;南部清水潭的东侧为陡岸。

8.3.2 地形图的基本应用

1. 求点的坐标

如图 8.20,欲求图上点 N 的平面直角坐标,可以通过点 N 分别做平行于直角坐标格网的直线 gh 和 ef,则点 N 的平面直角坐标为

$$x_N = x_A + \frac{Ae}{AB} \cdot l$$

$$y_N = y_A + \frac{Ah}{AD} \cdot l \tag{8.2}$$

式中,l 为平面直角坐标格网边的理论长度。

上述方法确定的平面直角坐标不受图纸伸缩的影响。

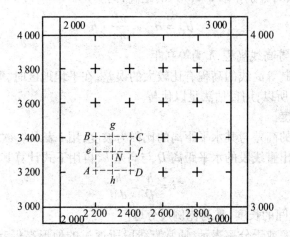

图 8.20　点的坐标

例 8.1　根据比例尺量出 $l = 100$ m,$AD = 100.2$ m,$AB = 99.9$ m,$Ah = 65.2$ m,$Ae = 54.2$ m,$x_A = 5\,200$ m,$y_A = 1\,200$ m,求点 N 的坐标 x_N,y_N。

解　　　　　$$x_N/m = 5\,200 + \frac{54.2}{99.9} \times 100 \approx 5\,254.3$$

$$y_N/m = 1\,200 + \frac{65.2}{100.2} \times 100 \approx 1\,265.1$$

2. 求两点间的水平距离

求图上两点间的水平距离有以下两种方法。

(1) 解析法。求 AB 的水平距离,先按式(8.2)分别求出 A、B 两点的坐标(x_A,y_A) 和 (x_B,y_B)。然后用下式计算 AB 的水平距离

$$D_{AB} = \sqrt{(x_B - x_A)^2 + (y_B - y_A)^2} \tag{8.3}$$

由此算得的水平距离不受图纸伸缩的影响。

(2) 图解法。图解法即直接量取 A,B 两点间的长度,或用卡规卡出 AB 线段的长度,再与图示比例尺比量即可得出 AB 的水平距离。

3. 确定直线的方位角

(1) 解析法。欲求 AB 直线的坐标方位角,可按式(8.2)分别求出 A、B 两点的坐标,再利用坐标反算求得坐标方位角

$$\alpha_{AB} = \arctan \frac{y_B - y_A}{x_B - x_A} \tag{8.4}$$

(2) 图解法。图解法即直接量取角度,具体方法为:分别过 A、B 两点作坐标纵轴的平行线,然后用量角器分别量取 AB、BA 的坐标方位角 α_{AB} 和 α_{BA},此时,若两角相差 180°,可取两者平均值作为最终结果。

4. 求点的高程

欲求点 P 的高程。当点 P 恰好在某一条等高线上时,点 P 高程即为此等高线的高程。如果点 P 位于两等高线之间,则过点 P 作一条大致垂直于两相邻等高线的直线,并分别交该等高线于 m、n,分别量取 mn、mP 的距离,则

$$H_P = H_m + \frac{mP}{mn} \cdot h \tag{8.5}$$

式中,H_m 为点 m 的等高线高程,h 为等高距。

由于地形图绘制等高线的高程有比较大的误差,在平坦地区时,等高线高程的中误差仍为等高距的 1/3,所以,用目估法足以代替。

5. 求直线的坡度

地面上两点间的高差与其水平距离的比称为坡度,用 i 表示。欲求图上直线的坡度,可按前述的方法求出直线段的水平距离 D 与高差 h,再用下式计算其坡度

$$i = \frac{h}{D} = \frac{h}{dM} \tag{8.6}$$

式中,d 为图上两点间的长度,M 为比例尺分母。

坡度常用百分率或千分率表示,通常直线段所通过的地形高低起伏,是不规则的,因而所求的直线坡度实际为平均坡度。

6. 面积量算

在规划设计中,经常需要在地形图上测定一定轮廓范围内的面积,如汇水面积、填挖面积等。面积量算的方法主要有如下五种。

(1) 图解法。图解法是在图上量取图形的一些几何元素,用几何公式求出图形面积。图解法常用的几何图形有梯形、三角形、矩形、扇形等。一般需要量测面积的图形都不是这些常用简单的几何图形,这时需将被量测的复杂图形分解成若干个简单的几何图形,然后分别进行量算。

(2) 方格法。用透明毫米方格纸覆盖在被量测的图形上,如图 8.21 所示,先数图形内整方格数 n_1,再数图形边缘部分不足一整方格的残缺方格数 n_2,则被量测图形的实地面积为

$$A = \left(n_1 + \frac{1}{2}n_2 \right) aM^2 \tag{8.7}$$

式中,M 为地形图比例尺分母;a 为一个整方格的图上面积。

(3) 平行线法。将刻有间距 $h = 1$ mm 或 2 mm 平行线的透明纸覆盖在被量测的图形上,如图 8.22 所示,转动和平移透明纸使上下平行线与图形相切,则整个图形被平行线分割成若干个等高的近似梯形,各梯形的高为 h,底分别为 l_1、l_2、$\cdots$、l_n,则各梯形的面积分别为

$$A_1 = \frac{1}{2}h(0 + l_1)$$

$$A_2 = \frac{1}{2}h(l_1 + l_2)$$

$$\vdots$$

$$A_n = \frac{1}{2}h(l_n + 0)$$

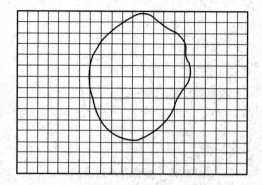

图 8.21　方格计算法

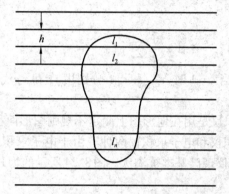

图 8.22　平行线法

故被量测图形的面积为

$$A = A_1 + A_2 + \cdots + A_n = (l_1 + l_2 + \cdots + l_n)h \tag{8.8}$$

（4）坐标计算法。多边形图形面积很大时，可在地形图上求出各顶点的坐标（或在实地用全站仪测得），直接用坐标计算面积。

如图 8.23，将任意四边形各顶点按顺时针编号为 1、2、3、4，各点坐标分别为 (x_1, y_1)、(x_2, y_2)、(x_3, y_3)、(x_4, y_4)。由图可知，四边形 1234 的面积等于梯形 33'4'4 加梯形 4'411' 的面积再减去梯形 3'322' 与梯形 2'211' 的面积，即

$$A = \frac{1}{2}[(y_3 + y_4)(x_3 - x_4) + (y_4 + y_1)(x_4 - x_1) -$$
$$(y_3 + y_2)(x_3 - x_2) - (y_2 + y_1)(x_2 - x_1)]$$

整理后得

$$A = \frac{1}{2}[x_1(y_2 - y_4) + x_2(y_3 - y_1) + x_3(y_4 - y_2) + x_4(y_1 - y_3)]$$

若四边形各顶点投影于 y 轴，则为

$$A = \frac{1}{2}[y_1(x_4 - x_2) + y_2(x_1 - x_3) + y_3(x_2 - x_4) + y_4(x_3 - x_1)]$$

若图形为 n 边形，则一般形式为

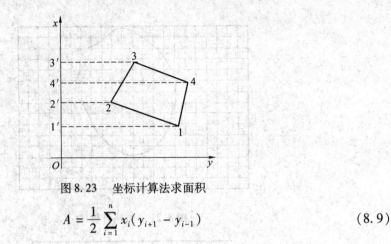

图 8.23　坐标计算法求面积

$$A = \frac{1}{2} \sum_{i=1}^{n} x_i (y_{i+1} - y_{i-1}) \tag{8.9}$$

或

$$A = \frac{1}{2} \sum_{i=1}^{n} y_i (x_{i-1} - x_{i+1}) \tag{8.10}$$

式中，n 为多边形边数。当 $i = 1$ 时，y_{i-1} 和 x_{i-1} 分别用 y_n 和 x_n 代入；当 $i = n$ 时，y_{i+1} 和 x_{i+1} 分别用 y_1 和 x_1 代入。

（5）求积仪法。求积仪是用在地形图上测定不规则图形面积的仪器，使用方便，且精度高。求积仪分机械求积仪和电子求积仪两种。由于电子求积仪能自动记录和显示，且操作简单，因此机械求积仪现已基本被淘汰。图 8.24 所示的为 KP - 90N 型动极式电子求积仪。

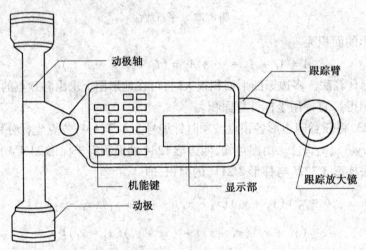

图 8.24　KP - 90N 型动极式电子求积仪

8.3.3　地形图的工程应用

1. 选取最短路线

在线路工程设计时，常在有坡度限制的情况下选取最短路线，既要满足坡度限制又要减少工程量、降低施工费用。一般解决这类问题，首先要依照坡度限值的要求，求出路线

经过相邻两条等高线之间的允许最短平距 d，即

$$d = \frac{h}{iM} \qquad\qquad (8.11)$$

然后以起点为圆心，以 d 为半径画弧交终点方向的相邻等高线于一中间点，再以该点为圆心重复上述过程，直至达到终点，然后，将所有点连线即可。最短路线若不止一条，则要综合考虑地形、地质等因素，从中选取最佳路线。除此之外，如果相邻两条等高线的平距均大于最短平距，则可按原方向画出与相邻等高线的交点，此时，地面坡度小于限制坡度。

2. 绘制确定方向的断面图

所谓断面图，就是过一指定方向的竖直面与地面的交线，它反映了在这一指定方向上地面的高低起伏形态。下面以图 8.25 为例说明绘制纵断面图的方法。

首先在方格纸上或绘图纸上绘制水平线 KL，过点 K 作垂线垂直于 KL，并将此线作为高程轴线（图 8.25）。为了使地面起伏变化明显，一般高程比例尺比水平距离比例尺大 $10 \sim 20$ 倍，而水平距离比例尺一般与地形图比例尺一致。然后以点 K 为起点，沿地形图上 KL 方向量取与等高线相交点 C_1、C_2、C_3、C_4、C_5、L，并依次将它们与点 K 的距离截取于 KL 水平线上，再依次将各点的高程作为纵坐标在各点的上方标出。对于一些特殊的点位，例如，断面经过的山顶、山谷、山脊等，可根据前述"求点的高程"中的内插法算出其高程，并在断面图中标出。最后将图中标出的各点用光滑曲线连接，即得断面图 8.26。

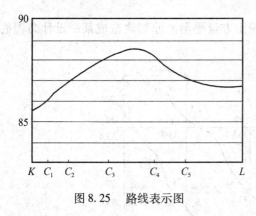

图 8.25　路线表示图

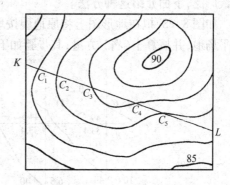

图 8.26　纵断面图

3. 确定汇水面积

当修筑铁路、公路要跨越河流或山谷时，就必须建桥或修涵洞；当修建水库时，就要筑拦水坝。桥梁、涵洞的大小与形式结构、拦水坝的设计位置与高度等，都要取决于这个地区的水流量，而水流量又与汇集水量的面积有关，此面积称之为汇水面积。

出于雨水是在山脊线（又称分水线）处向其两侧山坡分流，所以汇水面积的边界线是由一系列的山脊线连接而成的，如图 8.27 所示，一条公路经过一山谷，拟在 K 处架桥或修涵洞，其结构形式与规模应根据流经该处的水流量来决定，水流量计算与汇水面积有关。由图中可以看到，由山脊线（图中虚线）与公路中线所围成的区就是这个山谷的汇水区，此区域的面积为汇水面积。求出汇水面积后，再依据当地的水文气象资料，便可求出流经 K 处的水量。

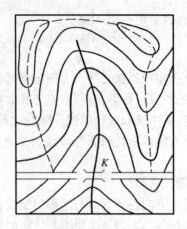

图 8.27　汇水面积示意图

4. 土地平整时的土方量计算

在各项工程建设中,通常在规划设计时要对拟建地区的自然地貌加以改造。平整场地,使其适合布置和修建工程,便于排水,并满足交通运输和敷设地下管线的要求等。为了预算平整场地的工程费用,常需利用地形图进行填、挖土(石)方量的计算。其一般原则是使场地的土(石)方工程合理,即挖方与填方基本平衡,这样既不需从拟建地区外取土,也不必将土运到拟建地区外。场地平整土方量的估算方法很多,其中设计等高线法应用最广泛,下面介绍这种方法。

如图 8.28,拟在地形图上将原地貌按填挖土方量平衡的原则改造成某一设计高程的水平场地,并概算土(石)方量,其步骤如下。

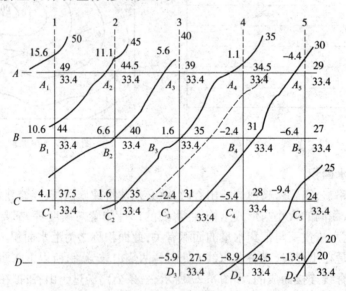

图 8.28　地形图

（1）绘制方格网。方格网的网格大小取决于地形的复杂程度、地形图的比例尺大小和土方量概算的精度,方格的边长一般为 20 m。若设计阶段地形图比例尺为 1∶1 000,则方格的图上边长为 2 cm。

在图上绘制方格网后，根据前述用等高线内插求高程的方法求出每一方格顶点的地面高程，并将其标注在相应顶点的右上方。

（2）计算设计高程。将每一小方格各顶点的地面高程加起来取平均得到每一方格的平均高程 H_i，然后将所有小方格的平均高程再加起来除以方格总数，就得到设计高程 H_0，即

$$H_0 = \left(\frac{H_{A1} + H_{B1} + H_{A2} + H_{B2}}{4} + \frac{H_{A2} + H_{B2} + H_{A3} + H_{B3}}{4} + \cdots \right) \div n =$$
$$\frac{H_1 + H_2 + \cdots + H_n}{n} \tag{8.12}$$

式中 H_i 为第 i 个方格的平均高程；n 为方格总数。

从式（8.12）可以看出，在计算设计高程时方格网上的角点 $A1$、$A4$、$B5$、$D1$、$D5$ 的高程只用到一次，边线上的点 $A2$、$B1$、$\cdots$ 用到两次，拐点 $B4$ 用到三次，中间点 $B2$、$B3$、$\cdots$ 用到四次，因此，设计高程的计算公式可改写为

$$H_0 = \frac{\sum H_{角} + 2\sum H_{边} + 3\sum H_{拐} + 4\sum H_{中}}{4n} \tag{8.13}$$

式中，$H_{角}$、$H_{边}$、$H_{拐}$、$H_{中}$ 分别表示角点、边点、拐点、中点的高程。

将方格网顶点的地面高程代入上式，即可算出设计高程为 33.04 m。然后按高程内插法将 33.04 m 的等高线在图上勾绘出来（图中的虚线），此线即为填、挖的边界线。

（3）计算填、挖高度。将各方格顶点地面高程减去设计高程，即可得到每个顶点的填高或挖深，故填、挖高度

$$h = 地面高程 - 设计高程 \tag{8.14}$$

用上式计算出来的 h 为"+"时表示挖，为"−"时表示填，将其标注在相应顶点左上方。

（4）计算填、挖土（石）方量。分别计算各方格内的填、挖土（石）方量，最后汇总，求出总的土（石）方量。每一方格的土（石）方量为方格的四个顶点填、挖高度的平均值乘以方格的面积 A，上述的计算方法也可用下面的计算公式表示，即

$$V_{角} = h_{角} \cdot \frac{1}{4}A$$

$$V_{边} = h_{边} \cdot \frac{2}{4}A$$

$$V_{拐} = h_{拐} \cdot \frac{3}{4}A$$

$$V_{中} = h_{中} \cdot A$$

式中，$V_{角}$、$V_{边}$、$V_{拐}$、$V_{中}$ 分别表示相应角点、边点、拐点和中点的填挖方量；$h_{角}$、$h_{边}$、$h_{拐}$、$h_{中}$ 分别表示相应角点、边点、拐点和中点的填挖高度。

用上述公式分别计算填方量和挖方量，计算结果应满足"填挖平衡"的原则，即总的填方量与总的挖方量大致相等。最后再将总的填方量和总的挖方量取和，得到总的填挖方量。

思考题与习题

1. 解释下列名词:地形图、比例尺、等高线、等高距、碎部测量。

2. 地形图的比例尺按其大小可分为哪几种? 其中大比例尺主要包括哪几个?

3. 什么是比例尺精度? 它对测图和用图有什么作用?

4. 等高线有哪些特性? 等高线穿过道路、房屋或河谷时,如何描绘?

5. 请在表 8.10 中填写相应的比例尺精度。

表 8.10　比例尺精度表

比例尺	1 : 500	1 : 1 000	1 : 2 000	1 : 5 000
比例尺精度				

6. 根据表 8.11 观测数据,计算碎部点的水平距离和高程。设测站高程为 123.50 m,仪器高 $i = 1.50$ m,指标差 $X = 0$(经纬仪视线向上盘左竖盘读值减小)。

表 8.11　竖直角表

点号	尺间隔	中丝读数	竖盘读值	竖直角	高差	水平角	水平距离	测点高程
1	0.395	1.50	84°36′			43°30′		
2	0.575	1.50	85°18′			69°21′		
3	0.614	2.50	93°16′			5°00′		

7. 如何正确选择地物特征点和地貌特征点?

8. 试述经纬仪测绘法测图和全站仪数字测图的区别。

8. 如何在地形图上确定地面点的坐标和高程?

9. 如何在地形图上确定直线的距离、方向和坡度?

第9章

建筑工程测量

【本章提要】 本章主要讲述施工测量的基本方法,点的平面位置和高程测设,建筑场地的施工控制测量,民用建筑施工测量,工业建筑施工测量,以及建筑物的变形观测等内容。

【学习目标】 重点掌握点的平面位置和高程测设方法,运用建筑基线和建筑方格网建立平面控制网的方法,以及民用建筑和工业建筑的施工测量技术与方法;了解建筑物的变形观测等内容。

9.1 施工测量概述

土木工程建设都要经过勘测、设计、施工、竣工、验收几个阶段。勘测要进行地形测量工作,提供建筑场地的地形图或数字地图,以便在已有的地形信息的基础上进行设计。一旦设计完毕,就要在施工场地上进行建筑物的定位和施工测量。

施工阶段的测量工作,主要是使用测量仪器设备,按照一定的测量技术和方法,将图纸上的建(构)物的平面位置和高程,按设计的要求测设到实地。并在施工过程中,随时给出建筑物、构筑物的施工方向、高程和平面位置。同时,还要检查建(构)筑物的施工是否符合设计要求,随时给予纠正和修改。在建筑设备和工业设备安装阶段,还要根据工艺和设计要求给出安装的空间位置和方向。由此可见,施工测量自始至终贯穿于施工的全过程。当施工结束,还要编绘建筑工程的竣工图,以备今后管理、维修、改建、扩建时使用。特别是对隐蔽工程(地下建筑、管道、电缆、光缆等)在施工过程中要及时地进行测量,以便为竣工时编绘竣工图提供资料。

9.1.1 施工测量的特点

施工测量是将设计的建(构)筑物的位置测设于地面,它与测绘地形图的程序正好相反。

施工测量的精度并非按照比例尺大小决定,而是根据建(构)筑物的重要程度和大小、所用材料、用途的不同而确定测设精度。一般测设的精度高于地形测量的精度,尤其是高层建筑物和特种建筑工程的测设精度要求更高。

施工测量贯穿于施工的全过程,要时时处处为满足施工进程的要求、为保证施工质量服务。

施工现场工种多,交叉作业频繁,车流、人流复杂,对测量工作影响较大。各种测量标志必须稳固、坚实地埋置于不易被破坏的安全处,否则难于保存长久。

9.1.2 施工测量的原则

施工测量和地形测量一样,必须遵循"由整体到局部,先控制后细部"的原则。在控制测量的基础上,再进行细部施工放样工作。同时,施工测量的检核工作十分重要,必须采用各种方法加强外业数据和内业成果的检验,否则就有可能影响施工质量,造成巨大损失。

施工测量的方法根据施工对象的不同而有所不同。有时为了施工放样还要进行专用仪器工具的研制,一切为了满足建(构)筑物和设备安装的要求而进行施工测量工作。

9.2 测设的基本内容和方法

9.2.1 已知水平距离的测设

1. 一般法

一般测设方法又称往返测设分中法。线段的起点和方向已知,如图9.1所示,从起点用钢尺丈量出已知距离,得到另一端点 B'。再往返测量 AB' 的距离,得往返测量的较差 ΔL,若 ΔL 在限差以内,则取其平均值值作为测设的结果。在实地移动较差的一半标定点 B,点 B 即为测设线段的端点。

图 9.1 一般法测设

2. 精确法

当测设精度要求较高时,可采用精确法。

(1)将经纬仪置于点 A(图9.2),标定已知直线方向,沿此方向用钢尺量出整尺段的长度并打下带有铁皮顶的木桩,作为尺段点。

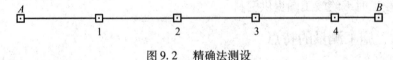

图 9.2 精确法测设

(2)用水准仪测出各相邻桩顶之间的高差。

(3)按精密测量的方法,测出各尺段的距离,并加以尺长改正 Δl_d、温度改正 Δl_t、倾斜改正 Δl_h。分别计算各尺段长度,并求其和 D_0。

(4)求出已知长度 D 与 D_0 之差

$$q = D - D_0 \tag{9.1}$$

（5）计算测设余长

$$q' = q - \Delta l'_d - \Delta l'_t - \Delta l'_h \tag{9.2}$$

式中　$\Delta l'_d$、$\Delta l'_t$、$\Delta l'_h$——余长 q 的改正数。

（6）在现场沿给定的方向从点 4 测设 q' 值得到点 B，并打下大木桩以标定之。再测量 q' 值，以资校核。

3. 归化法

归化法属精确法的一种，如图 9.3 所示，欲测设长度 L，先从起点开始沿给定的方向丈量稍大于已知距离的长度，得到点 B'，临时固定之。沿 AB' 往返丈量多次，在较差符合要求的情况下，取其中数为 L'，作为 AB' 的最可靠值，然后求得较差 $\Delta L = L' - L$，按照 ΔL 的符号，沿 AB' 的方向量出 ΔL，并固定之，得点 B。通常在测设时，取 AB' 的长度大于 AB，另外，当 B' 与 A 的高差较大时，应测出 A，B' 间的高差，进行倾斜改正。

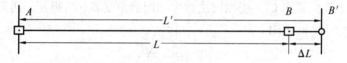

图 9.3　一般法测设

4. 用红外测距仪、全站仪测设水平距离

（1）用红外测距仪测设距离。如图 9.4，欲从点 A 沿给定的方向测设距离 D。于点 A 安置测距仪，在给定方向上的某点安置反光镜，使仪器显示的距离稍大于 D，定出点 C'。然后读取竖直角 α，并加气象改正，得倾斜距离 L，计算出水平距离：$L' = L\cos\alpha$。得水平距离与测设距离之差：$\Delta D = D - D'$。若 C 在 C' 附近，则用小钢尺改正 ΔD，得点 C 并固定之。然后，将反光镜安置在点 C，复测 AC 距离，如果与测设距离之差超限，则再进行改正。

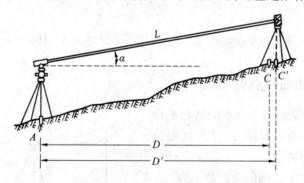

图 9.4　用红外测距仪测设

（2）用全站仪测设距离。将全站仪安置于点 A，测出气象参数，输入全站仪。沿给定方向瞄准欲测设点上的反光镜，持反光镜的人手持镜杆沿给定方向前进，当跟踪反光镜显示距离达到欲测设距离时，则将光反光镜稳固地安置于点 C'，并桩定之。再仔细进行观测，稍移动反光镜，使显示距离等于已知水平距离 D，则在木桩上标定点 C。为了检核可进行复测。

9.2.2 已知水平角的测设

已知一个方向和水平角的数据,将该角的另一方向测设于实地。

1. 一般法

当测设精度要求不高时,使用该方法。如图9.5,地面上已有 AB 方向,已知测设角度为 β,则在点 A 安置经纬仪,盘左瞄准点 B,读取度盘读数为 a_1,得 $b_1 = a_1 + \beta$,转动照准部使读数为 b_1,在地上沿视线桩定点 C'。盘右位置再瞄准点 B,读数为 a_2,得 $b_2 = a_2 + \beta$,转动照准部,使读数为 b_2,在地上标定点 C''。如果 C' 和 C'' 不重合,则取 C',C'' 的中点 C,固定之。为了检核,用测回法测量 $\angle BAC$,若与 β 值之差符合要求,则 $\angle BAC$ 为测设的角 β。此法又称盘左盘右分中法。

2. 精确法

精确法又称归化法,当测设精度要求较高时使用此法。如图9.6,在点 A 安置经纬仪,用一个盘位测设角 β,得点 C'。用测回法数个测回测量 $\angle BAC'$,得 β'。再测量 AC' 的距离 D。便可计算点 C' 上的垂距 l 为

$$l = AC' \cdot \frac{\Delta \beta''}{\rho''} \qquad (9.3)$$

l 即为改正值。从点 C' 按 $\Delta \beta$ 符号确定 l 改正的方向,量出 l,即得点 C。

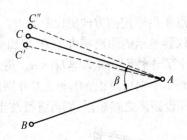

图9.5 一般法测设水平角

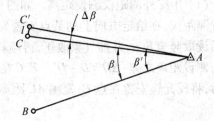

图9.6 精确法测设水平角

9.2.3 已知高程点的测设

测设已知高程是根据水准点的高程进行引测。如图9.7,A 为一水准点,已知高程为 H_A。欲测设点 B 的高程 H_B。

现测得后视读数 a,则前视读数 b 为

$$b = H_A + a - H_B \qquad (9.4)$$

视线对准水准尺上的读数 b,水准尺紧贴点 B 桩,以尺底为准在桩上划一横线,此线即为 H_B 高程线。

在建筑施工过程中,大多以室内地坪的

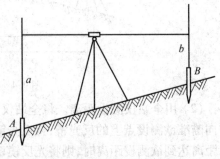

图9.7 测设已知高程

高程 ±0 作为标高。建筑物的门、窗、过梁等的标高均以 ±0 为依据进行测设。

在建筑工程中引测楼板的高程,测设吊车轨道梁的高程等,需要从水准点的高程或±0向上引测,此时一般用钢尺代替水准尺进行测设。如图9.8,利用楼梯间测设楼板高程。欲在某层楼板上测设高程H_B,其始高程点A,$H_A = \pm 0.000$,首先通过楼梯间悬吊一钢尺,零端向下,并挂一重量相当于检定钢尺时所用拉力的重锤(如100 N)。安水准仪于底层,在点A上立尺,读出后视读数a,再读钢尺读数b;在某层楼板上,安水准仪读出钢尺上的读数c。如果在墙上标志高程,使测设高程为一整数,可将水准尺紧贴墙壁,在尺上读数为

$$d = H_A + a - b + c - H_B \tag{9.5}$$

在墙上做一标志。式中的H_B为整数高程(如整分米数,或整米数)。

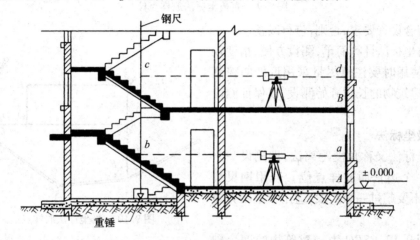

图9.8 测设楼板高程

上述测设应进行两次,如较差小于3 mm,可取中间位置作为最终高程点。

在地下建设工程中,需测设地下建筑物底板的高程,可采用上述悬吊钢尺的方法进行。

9.2.4 平面点位的测设

根据控制网的形式、地形情况、控制点的分布等因素,可采用不同的方法进行点位的测设。

1.直角坐标法

该法适用于建筑方格网、建筑基线等有相互垂直轴线的控制网形式。如图9.9,OA、OB为相互垂直的轴线,已知点O的坐标(x_O, y_O)和建筑物特征点S、R、P、Q的坐标。首先计算出建筑物特征点与控制点的坐标增量

$$\left.\begin{array}{l} \Delta x_1 = x_R - x_O, \Delta y_1 = y_R - y_O \\ \Delta x_2 = x_S - x_O, \Delta y_2 = y_S - y_O, \Delta y_2 = \Delta y_1 \end{array}\right\} \tag{9.6}$$

测设时,将仪器安置于点O,瞄准点B,分别测设Δx_1,Δx_2,从而得到1,2两点。再将仪器置于点1,转90°角,测设Δy_1和RQ边长,得到R,Q两点;将仪器置于点2,转90°角,测设Δy_2和SP边长,得到S、P两点。分别丈量建筑物的各边长和测量建筑物的4个内角,检

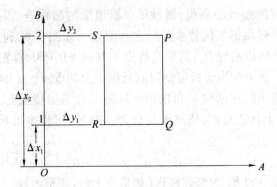

图 9.9　直角坐标法放样点位

查是否符合设计要求,否则,进行改正。

直角坐标法计算简单,测设方便,精度较高,但在使用时要注意尽量采用近处的控制点;宜从建筑物的长边开始测设,以保证测设精度。

2. 极坐标法

极坐标法又称角度距离法,即测设一个角度和一个边长而放样点位。若用钢尺量距,最好不要超过一个尺段,适用于量距方便的条件下。

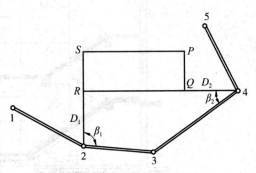

图 9.10　极坐标法放样点位

如图 9.10,$RSPQ$ 为一建筑物的四个轴线点,其设计坐标为已知,附近有测量控制点 $1,2,3,\cdots$。首先计算测设数据

$$\left.\begin{aligned}
\alpha_{2R} &= \arctan^{-1}\frac{y_R - y_2}{x_R - x_2} \\[2mm]
\alpha_{4Q} &= \arctan^{-1}\frac{y_Q - y_4}{x_Q - x_4} \\[2mm]
\beta_1 &= a_{23} - a_{2R} \\[2mm]
\beta_2 &= a_{4Q} - a_{43} \\[2mm]
D_1 &= \frac{y_R - y_2}{\sin a_{2R}} = \frac{x_R - x_2}{\cos a_{2R}} \\[2mm]
D_2 &= \frac{y_Q - y_4}{\sin a_{4Q}} = \frac{x_Q - x_4}{\cos a_{4Q}}
\end{aligned}\right\} \tag{9.7}$$

根据计算结果绘制测设草图,然后进行实地测设。

将经纬仪安置于点 2,测设角 β_1,沿 2R 方向量取 D_1,便得到点 R;同法,在点 4 上测设点 Q。然后测量 RQ 的边长,检查是否与设计长度一致,以资校核。

按照上述原理,用全站仪测设点位的方法如下。

(1)用全站仪测设平面点位。用全站仪测设平面点位时,无需事先计算设计数据,其方法如下(图 9.10):

①将全站仪安置于点 2 上,瞄准控制点 3,置水平盘读数为 0°00′00″。

②将点 R 和 2、3 两点的坐标输入主机,给出指令,便自动计算出设计数据 D_1 和 β_1。

③旋转照准部,使显示的角值为 β_1,将反光镜置于视线上点 R 附近,即显示水平距离 D',根据 D' 与 D_1 之差移动反光镜,使 D_1 与 D' 相差较小,可用小钢尺沿视线方向进行改正,从而得到点 R,并固定之。

④同法,于点 4 测设点 Q。

⑤当测设完一个点后,随时测出该点的坐标,与设计坐标相比较,以资校核。

（2）全站仪坐标放样。将全站仪置于测站点上,量出仪高和反光镜高度;输入测站点的坐标和高程,同时输入定向点的方位角（或坐标）;再输入待定点 P 的坐标和高程,以及放样的差限 dx,dy,dh。

瞄准定向点,按全站仪的程序,便可在欲设点 P 近处跟踪测量,全站仪即可显示出与待定点的三角坐标差。有的仪器还可显示跟踪方向。直到在限差之内,该点即放样完成。

3. 角度交会法

角度交会法只测设角度,不测设距离,故适用于不便量距或控制点远离测设点的条件。为了保证测设点 P 的精度,需要用两个三角形交会。首先根据点 P 和点 A、B、C 的已知坐标,分别计算出指向角 α_1、β_1 和 α_2、β_2,然后分别于 A、B、C 三个点测设指向角 α_1、β_1、α_2、β_2,并在点 P 附近沿 AP、BP、CP 方向各打两个小木桩。桩顶钉一小钉,拉一细线,以示 AP、BP、CP 方向线。如图 9.11,三条方向线的交点即为点 P。但是由于测设存在误差,三条方向线有时不交于一点,会出现一个很小的三角形,称为误差三角形。若误差三角形的边长在允许的范围内,则取三角形重心 P 为点位。否则,重新测设。

4. 距离交会法

距离交会法是在两个控制点上,量取两段平距交会出点的平面位置。当地形平坦,用钢尺量距,距离不大于一个尺段时,用此法较适宜。

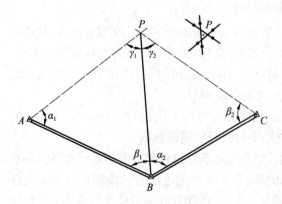
图 9.11　角度交会法放样点位

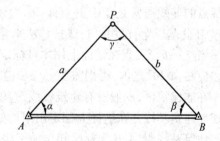
图 9.12　距离交会法放样点位

如图 9.12,a、b 分别为 AP、BP 的平距,在点 A 测设平距 a,在点 B 测设 b,其交点即为点 P。测设时,交会角 γ 的大小一般在 60°～120° 之间较为适宜。

9.3　建筑场地的施工控制测量

在施工场地上，一般由于工种多、交叉作业频繁，并有大量的土方填挖，地面变动很大，原来勘测阶段所建立的测量控制点大部分是为测图布设的，而不是用于施工，即使保存下来的也不尽符合要求。所以，为了使施工能分区、分期地按一定顺序进行，并保证施工测量的精度和施工速度，在施工以前，在建筑场地上要建立统一的施工控制网。施工控制网包括平面控制网和高程控制网，它是施工测量的基础。

施工控制网的布设形式应根据建筑物的总体布置、建筑场地的大小以及测区条件等因素来确定。在大中型建筑施工场地上，施工控制网一般布置成正方形或矩形的格网，称为建筑方格网。在面积不大、地形又不十分复杂的建筑施工场地上，常布置一条或几条相互垂直的基线，成为建筑基线。对于山区或丘陵地区建立方格网或建筑基线有困难，宜采用导线网或三角网来代替建筑方格网或建筑基线。下面分别介绍建筑基线和建筑方格网这两种控制形式。

9.3.1　建筑基线

建筑基线的布置应临近建筑场地中主要建筑物并与其主要轴线平行，以便用直角坐标法进行放样。通常建筑基线可布置成三点直线形、三点直角形、四点丁字形和五点十字形等，如图 9.13 所示。

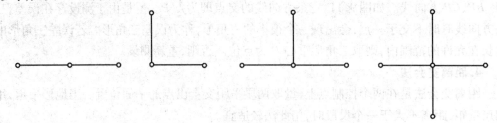

图 9.13　建筑基线布设方法

为了便于检查建筑基线点有无变动，一般基线点不应少于三个。在城建地区，建筑用地的边界要经规划部门和设计单位商定，并由规划部门的拨地单位在现场标定出边界点，边界点的连线通常是正交的直线，称为建筑红线，如图 9.14 中 A、B、C 三点的连线 AB、BC。在此基础上，可用平行线推移法来建立建筑基线 ab、bc。

当把 a、b、c 三点在地面上用木桩标定后，再安置经纬仪于 b 点检查 $\angle abc$，$\angle abc$ 与90″之差应在 $\pm 20''$ 之内，否则需要进一步检查推平行线时的测设数据。

在非建筑区，一般没有建筑红线，这就需要根据建筑物设计坐标和附近已有的控制点来建立建筑基线并在地面上标定出来。如图 9.15，A、B 为附近已有的控制点，a、b、c 为选定的建筑基线点，A、B 坐标已知，a、b、c 坐标可算出，这样就可以采用极坐标法分别放样出 a、b、c 三点。然后把经纬仪安置于点 b 检查 $\angle abc$，$\angle abc$ 与90°之差如在 $\pm 20''$ 之内，丈量 ab、bc 两段距离与计算数据相比较，相对误差应在 1/5 000 以内，否则应对点 a、c 的位置进行调整。

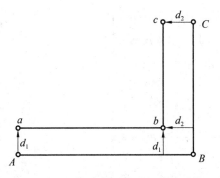

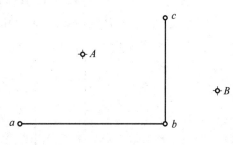

图 9.14　根据建筑红线设立建筑基线

图 9.15　非建筑区设立建筑基线

9.3.2　建筑方格网

1. 建筑方格网的布置和主轴线的选择

建筑方格网的布置一般是根据建筑设计总平面图并结合现场情况来拟定。布网时应首先选定方格网的主轴线,如图 9.16 中的 *AOB* 和 *COD*,然后再布置其他的方格点。格网可布置成正方形或矩形。当场地面积较大时方格网常分两级布设,首级为基本网,可采用"十"字形,"口"字形或"田"字形,然后再加密方格网。当场地面积不大时,尽量布置成全面方格网。布网时应注意以下几点:

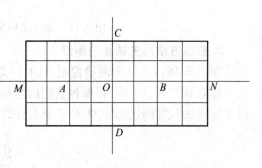

图 9.16　建筑方格网布设形式

（1）方格网的主轴线与建筑物的基本轴线平行,并使控制点接近测设的对象。

（2）方格网的边长一般为 100～200 m,边长的相对精度一般为 1/1 万～1/2 万,为了便于设计和使用,方格网的边长尽可能为 50 m 的整数倍。

（3）相邻方格点应保持通视,各桩点应能长期保存。

（4）选点时应注意便于测角、量距,点数应尽量少。

2. 确定各主点施工坐标和坐标换算

如图 9.16,*MN*、*CD* 为建筑方格网的主轴线,是建筑方格网扩展的基础。当场地很大时,主轴线很长,一般只测设其中的一段,如图中的 *AOB* 段,*A*、*O*、*B* 是主轴线的定位点,称为主点。主点的施工坐标一般由设计单位给出,也可以在总平面图上用图解法求得。当坐标系统不一致时,还要进行坐标换算,使坐标系统统一。坐标换算的方法如下:

如图 9.17,设已知点 *P* 的施工坐标为 (A,B),如将其换算为测量坐标 (X_P,Y_P),可以按下式计算,即

$$\left.\begin{array}{l} X_P = X_{O'} + A\cos\alpha - B\sin\alpha \\ Y_P = Y_{O'} + A\sin\alpha + B\cos\alpha \end{array}\right\} \tag{9.8}$$

如已知点 *P* 的测量计算坐标 (X_P,Y_P) 而将其换算为施工坐标 (A,B) 时,则按下式计算,即

$$A = (X_P - X_{O'})\cos \alpha + (Y_P - Y_{O'})\sin \alpha \left.\right\}$$
$$B = - (X_P - X_{O'})\sin \alpha + (Y_P - Y_{O'})\cos \alpha$$

(9.9)

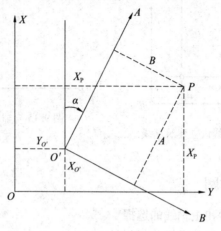

图 9.17　施工坐标系与测量坐标系换算关系

3. 建筑方格网主轴线的测设

如图 9.18,1、2、3 为测量控制点,A、O、B 为主轴线上的主点。首先将 A、O、B 三点的施工坐标换算为测量坐标,再根据它们的坐标算出放样数据 D_1、D_2、D_3 和 β_1、β_2、β_3,然后按极坐标方法分别测设出 A、O、B 三个主点的概略位置,以 A'、O'、B' 表示。

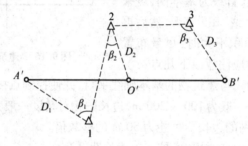

图 9.18　极坐标法测设主轴线

由于误差原因,三个主点一般并不在一条直线上,因此,要在点 O' 上安置经纬仪。如图 9.19,精确地测量 $\angle A'O'B'$ 的角值。如果它和 180°之差超过规定时应进行调整。调整时将各主点沿垂直方向移动一个改正值 d,但 O' 与 A'、B' 两点移动的方向相反。d 值计算如下:

由于

$$\varepsilon''_1 = \frac{d}{a/2} = \frac{2d}{a} \times \rho''$$

(9.10)

同理

$$\varepsilon''_2 = \frac{2d}{b} \times \rho''$$

(9.11)

则

$$\varepsilon''_1 + \varepsilon''_2 = (\frac{1}{a} + \frac{1}{b})2d\rho'' = 180° - \beta'' \tag{9.12}$$

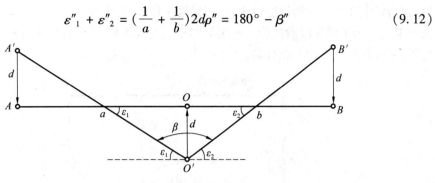

图 9.19　主轴线测设误差调整

所以

$$d = \frac{ab}{a + b}(90° - \frac{\beta''}{2}) \cdot \frac{1}{\rho''} \tag{9.13}$$

移动过 A'、O'、B' 三点以后再测量 $\angle AOB$,如测得结果与 180° 之差仍旧超过限度,则应再进行调整,直到误差在容许范围内为止。

定好 A、O、B 三个主点后,将仪器安置在点 O 来测设与 AOB 轴线相垂直的另一主轴线 COD,如图 9.20 所示。测设时瞄准点 A,分别向右、向左转 90°,在地上定出点 C' 和 D',再精确地测出 $\angle AOC'$ 和 $\angle AOD'$。分别计算出它们与 90° 之差 ε_1 和 ε_2,并按下式计算出改正值 d_1、d_2,即

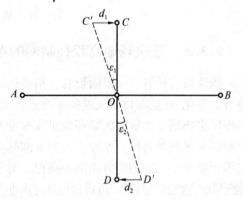

图 9.20　垂直主轴线的测设

$$d = D \cdot \varepsilon''/\rho'' \tag{9.14}$$

式中,D 为 OC' 或 OD' 的距离。

将 C' 沿垂直方向移动距离 d_1 得点 C,同法定出点 D。最后再实测改正后的 $\angle COD$,其角值与 180° 之差不超过规定的限差。

最后,分别自点 O 起,用钢尺分别沿直线 OA、OC、OB 和 OD 量取主轴线的距离。主轴线的量距必须用经纬仪定线,用检定过的钢尺往、返丈量。丈量精度一般为 1/1 万 ~ 1/2 万,若用测距仪或全站仪代替钢尺进行测距,则更为方便,且精度更高。

主轴线点 A、O、B、C、D 分别要在地面上用混凝土桩标示出来。

4. 建筑方格网的测设

主轴线测设出后,就要测设方格网。具体做法如下:

在主轴线的四个端点 A、B、C、D 分别安置经纬仪,如图 9.21 所示,每次都以 O 为起始方向,分别向左、向右测设 90° 角,这样就交会出方格网的四个角点 1、2、3、4。为了进行校核。还要量出 $A1$、$A4$、$D1$、$D2$、$B2$、$B3$、$C3$、$C4$ 各段距离,量距精度要求和主轴线相同。如果根据量距所得的角点位置和角度交会法所得的角点位置不一致时,则可适当地进行调

整,以确定 1、2、3、4 点的最后位置,并用混凝土桩标定,上述构成"田"字形的各方格点作为基本点。为了便于以后进行厂房细部的施工放线工作,在测设矩形方格网的同时,还要每隔 24 m 埋设一个距离指标桩。

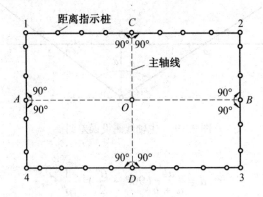

图 9.21　建筑方格网的测设

9.3.3　建筑场地高程控制网的布置

场地高程控制点一般附设在方格点的标桩上,但为了便于长期检查这些水准点高程是否有变化,还应布设永久性的水准点。大型企业建筑场地除埋设水准主点外,在要建的大型厂房或高层建筑等区域还应布置水准基点,以保证整个场地有一可靠的高程起算点控制每个区域的高程。水准主点和水准基点的高程用精密水准测量测定,在此基础上用三等水准测量方法测定方格网的高程。对于中小型建筑场地的水准点,一般用三、四等水准测量的方法测其高程。最后包括临时水准点在内,水准点的密度应尽量满足放样要求。

9.4　民用建筑施工测量

9.4.1　概　　述

住宅楼、教学楼、办公楼、会堂、体育馆等建筑物都属于民用建筑。民用建筑按高度分为单层、低层(2 ~ 3 层)、多层(4 ~ 8 层)、高层(9 层以上)。民用建筑施工测量的主要任务就是根据民用建筑的技术指标、施工工艺、施工顺序等要求,为施工作业在施工现场提供标示。民用建筑的施工测量在施工控制测量完成之后进行,总的过程包括建筑物定位、放线、基础施工测量、墙体施工测量等。按照施工工序的展开,分别将建筑物的位置、基坑、基础、柱、梁、墙、门、窗、楼板、顶盖等平面尺寸和高程放样出来,设置标志,作为施工作业的依据。建筑施工测量的主要工作内容是:

(1)准备资料。收集总平面图、立面图等含有位置、几何尺寸的设计资料,收集施工组织设计、技术交底记录等与施工工序、工艺有关的施工资料。

(2)熟悉资料、施工现场并制定放样方案。阅读收集的设计资料,主要了解放样对象的平面几何尺寸、竖向数据及高程数据;阅读施工资料主要了解施工工艺、施工方案、施工进度方面的信息;现场踏勘主要了解现场的地物、地貌和控制点分布情况,并调查与施工测量有关的问题。

（3）制定放样方案。综合设计资料、施工资料、人员组成、仪器功能和现场情况,制定放样方案,放样方案至少应包含放样进度计划、放样数据及其精度要求、放样方法、放样所用仪器及技术指标,意外事项的处理预案及放样方案略图。

（4）仪器检验、校正与数据准备。检验、校正用于放样的测绘仪器,确保测角、测距等参数符合规范要求。根据控制点资料和设计数据,计算、整理对应于放样构筑物的施工放样数据。

（5）现场放样、检测及调整,并满足工程测量技术规范要求（见表 9.1）。

表 9.1　施工放样的主要技术要求

建筑物结构特征	测距相对中误差	测角中误差 /(″)	测站高程中误差 /mm	施工水平面高程中误差 /mm	竖向传递轴线点中误差 /mm
钢结构、装配式混凝土结构、建筑高度 100 ~ 120 m 或跨度 30 ~ 36 m	1/20 000	5	1	6	4
15 层房屋或建筑高度 60 ~ 100 m 或跨度 18 ~ 30 m	1/10 000	10	2	5	3
5 ~ 15 层房屋或建筑高度 15 ~60 m 或跨度 6 ~ 18 m	1/5 000	20	2.5	4	2.5
5 层房屋或建筑高度 15 m 或跨度 6 m 以下	1/3 000	30	3	3	2
木结构、工业管线或公路铁路专线	1/2 000	30	5	–	–
土工竖向平整	1/1 000	45	10	–	–

9.4.2　建筑物的定位和放线

建筑物的定位就是建筑物外轴线交点（简称角桩如图 9.22 中 A_1、E_1、E_6、A_6 点）放样到地面上,作为放样基础和细部的依据。

1. 建筑物定位的方法

放样定位点方法很多,有极坐标法、直角坐标法、全站仪法等,除了上章所介绍的根据控制点、建筑基线、建筑方格网放样外,下面用根据已有建筑物放样法为例说明建筑物定位的方法。

如图 9.22 所示,1 号楼为已有建筑物,2 号楼为拟建建筑物（8 层、6 跨）。A_1、E_1、E_6、A_6 建筑物定位点的放样步骤如下:

（1）用钢卷尺紧贴于 1 号楼外墙 MP、NQ 边各量出 2 m（距离大小根据实地地形而定,一般为 1 ~ 4 m）,得 a,b 两点,打入桩,桩顶钉上铁钉标志,以下类同。

（2）把经纬仪安置于 a 点,瞄准 b 点,并从 b 点沿 ab 方向量出 12.250 m,得 c 点,再继

续量 19.800 m,得 d 点。

（3）将经纬仪安置在 c 点，瞄准 a 点，水平度盘读数配置到 $0°00'00''$ 顺时针转动照准部，当水平度盘读数为 $90°00'00''$ 时，锁定此方向，并按距离放样法沿该方向用钢尺量出 2.25 m 得 A_1 点，再继续量出 11.600 m，得 E_1 点。

（4）将经纬仪安置在 d 点，同法测出 A_6、E_6。则 A_1、E_1、E_6、A_6 四点为拟建建筑物外墙轴线交点。检测各桩点间的距离，与设计值相比较，其相对误差不超过 1/2 500，用经纬仪检测 4 个拐角是否为直角，其误差不超过 40''。

建筑物放线就是根据已定位的外墙轴线交点桩放样建筑物其他轴线的交点桩（简称中心桩），如图 9.22 中 A_1、A_6、E_1、E_6 等各点为中心桩。其放样方法与角桩点相似，即以角桩为基础，用经纬仪和钢尺放样。

2. 建筑物的放线

由于基槽开挖后，角桩和中心桩将被挖掉，为了便于在施工中恢复各轴线位置，应把各轴线延长到基槽外安全地方，并作好标志，其方法有轴线控制桩放线法和龙门框放线法两种形式。

（1）轴线控制桩放线法

轴线控制桩设置在基槽外基础轴线的延长线上，建立半永久性标志（多数为混凝土包裹木桩），如图 9.23 所示，作为开挖基槽后恢复轴线位置的依据。为了确保轴线控制桩的精度，通常是先直接放样轴线控制桩，然后根据轴线控制网放样角桩。如果附近有已建的建筑物，也可将轴线投测到建筑物的墙上。角桩和中心桩被引测到安全地点之后，用细绳来标定开挖边界线，并沿此线撒下白灰线，施工时按此线进行开挖。

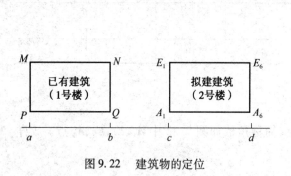

图 9.22　建筑物的定位

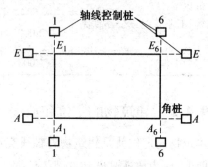

图 9.23　轴线控制桩放线

（2）龙门板放线法

龙门板法适用于一般砖石结构的小型民用建筑物。在建筑物四角与隔墙两端基槽开挖边界线以外约 2 m 处打下大木桩，使各桩连线平行于墙基轴线，用水准仪将 ±0.000 的高程位置放样到每个龙门桩上。然后以龙门桩为依据，用木料或粗约 5 cm 的长铁管搭设龙门框，如图 9.24 所示，使框的上边缘高程正好为 ±0.000，若现场条件受限制时，也可比 ±0.000 高或低一个整数高程，安置仪器于各角桩、中心桩上，用延长线法将轴线引测到龙门框上，作出标志，图中 A、B、…、E、1、2、…、6 等为建筑物各轴线延长至龙门框上的标志点。也可用拉细线的方法将角桩、中心桩延长至龙门框上，具体方法是用锤球对准桩点,然后沿两锤球线拉紧细绳,把轴线标定在龙门框上。

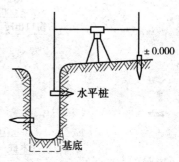

图 9.24　龙门板框放线

9.4.3　建筑物基础施工测量

开挖边线标定之后,就可进行基槽开挖。如果超挖基底,必须做超挖基底处理,不能直接用挖土回填,因此,必须控制好基槽的开挖深度。如图 9.25 所示,在即将挖到槽底设计标高时,用水准仪在基槽壁上设置一些水平桩,使水平桩表面离槽底设计标高为整分米数,用以控制开挖基槽的深度。各水平桩间距约 3 ~ 5 m,在转角处必须再加设一个,以此作为修平槽底和打垫层的依据。水平桩放样的允许误差为±10 mm。

图 9.25　基槽深度施工测量

9.4.4　墙体施工测量

在垫层之上至±0.000 m 墙称为基础墙。基础的高度利用基础皮数杆来控制,基础皮数杆是一根木制的杆子,如图 9.26 所示,在杆上预先按照设计尺寸将砖、灰缝厚度画出线条,标明±0.000 m、防潮层等标高位置。立皮数杆时,把皮数杆固定在某一空间位置上,使皮数杆上的标高名副其实,即使皮数杆上的±0.000 m 位置与±0.000 桩上标定的位置对齐,以此作为基础墙的施工依据。基础和墙体顶面标高容许误差为±15 mm。

在±0.000 m 以上的墙体称为主体墙,主体墙的标高利用墙身皮数杆来控制,如图 9.27所示。墙身皮数杆根据设计尺寸按砖、灰缝从底部往上依次标明±0.000、门、窗、过梁、楼板预留孔等以及其他各种构件的位置。同一标准楼层各层皮数杆可以共用,不是同一标准楼层,则应根据具体情况分别制作皮数杆。砌墙时,可将皮数杆撑立在墙角处,使杆端±0.000 m 刻划线对准基础端标定的±0.000 m 位置。

砌墙之后,还应根据室内抄平地面和装修的需要,将±0.000 m 标高引测到室内,在墙上弹墨线标明,同时还要在墙上定出+0.5 m 的标高线。

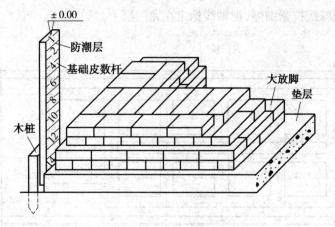

图 9.26　基础皮数杆

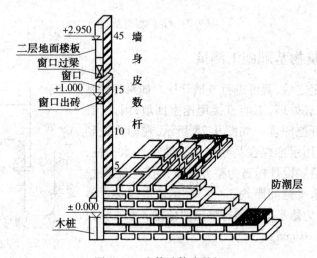

图 9.27　主体墙体皮数杆

9.4.5　高层建筑施工放样

高层建筑的特点是层数多、高度大,尤其是在繁华区建筑群中施工时,场地十分狭窄,而且高空风力大,给施工放样带来较大困难。在施工过程中,对建筑物各部位的水平位置、垂直度、标高等精度要求十分严格。高层建筑施工方法很多,目前较常用的有两种,一种是滑模施工,即分层滑升逐层现浇楼板的方法,另一种是预制构件装配式施工。

高层建筑的施工测量主要包括基础定位、轴线点投测和高程传递等工作。基础定位及控制网的放样工作前已论述,不再重复。因此,高层建筑施工放样的主要问题是轴线投测时控制竖向传递轴线点的中误差和层高误差,也就是各轴线如何精确地向上引测的问题。

1. 轴线点投测

低层建筑物轴线投测,通常采用吊锤法,即从楼边缘吊下 5 ~ 8 kg 重的锤球,使之对准基础上所标定的轴线位置,垂线在楼边缘的位置即为楼层轴线端点位置,并画出标志线。这种方法简单易行,一般能保证工程质量。

高层建筑物轴线投测,一般采用经纬仪引桩投测。将经纬仪安置在墙中心轴线或中心轴线延长线的控制桩上,如图 9.28 中的 B 点或 B' 点位置,按正倒镜分中法,向上逐层投测。如附近有高建筑物可供利用时,也可把墙中心轴线延长到高建筑物上,然后再在该处安置经纬仪向上投测,如图 9.28 中先由 A 点投测出 A_1 点,将经纬仪搬至 A_1 点投测出 A_2 点,再将经纬仪搬至 A_2 点继续向上投测。

值得注意的是进行轴线投测的经纬仪一定要经过严格检校,尤其是照准部水准管轴应严格垂直于竖轴,并在操作时仔细整平。

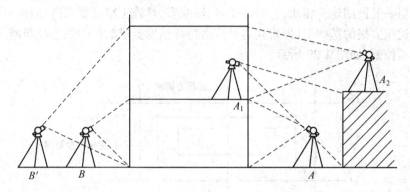

图 9.28　经纬仪投测高层建筑轴线

2. 高程传递

高程传递就是从底层±0.000 m 标高点沿建筑物外墙、边柱或电梯间等用钢尺向上量取。一幢高层建筑物至少要由 3 个底层标高点向上传递。由下层传递上来的同一层几个标高点,必须用水准仪进行检核,看是否在同一水平面上,其误差不得超过 3 mm。

对于装配式建筑物,底层墙板吊装前要在墙板两侧边线内铺设一些水泥砂浆,利用水准仪按设计高程抄平其面层。在墙板吊装就绪后,应检查各开间的墙间距,并利用吊锤球的方法检查墙板的垂直度,合格后再固定墙的位置,用水准仪在墙板上放样标高控制线,一般为整数值。然后进行墙体抄平层施工,抄平层是由 1∶2.5 水泥砂浆或细石混凝土在墙上、柱顶面抹成。抄平层放样是利用靠尺,将尺子下端对准墙板上弹出的标高控制线,其上端即为楼板底面的标高,用水泥砂浆抹平凝结后即可吊装楼板。抄平层的高程误差不得超过 5 mm。

滑模施工的高程传递是先在底层墙面上放样出标高线,再沿墙面用钢尺向上垂直量取标高,并将标高放样在支承杆上,在各支承杆上每隔 20 cm 标注一分划线,以便控制各支承点提升的同步性。在模架提升过程中,为了确保操作平台水平,要求在每层提升间歇,用两台水准仪检查平台是否水平,并在各支承杆上设置抄平标高线。

9.5　工业建筑施工测量

9.5.1　概　述

工业建筑是作为工业生产场所而建造的建筑物,一般需要安装中大型生产设备,建筑构造上具有大跨度、高空间的特点,多采用低层和单层建筑形式。工业建筑以工业厂房为主体,一般工业厂房大多采用预制构件或钢结构构件在现场装配的方法施工。工业建筑

的资料收集、熟悉及施工方案制订可参照第 10 章相关内容。

工业厂房的预制构件有柱子(也有现场浇注的)、吊车梁、吊车轨道和屋架等。因此,工业建筑施工测量的工作要点是保证这些预制构件安装到位。其主要工作包括:厂房矩形控制网的建立、厂房柱列轴线的测设、桩基施工的测设、厂房预制构件安装测量等。

9.5.2　厂房矩形控制网的建立

厂房与一般民用建筑相比,它的柱子多、轴线多,且施工精度要求高,因而对于每幢厂房还应在建筑方格的基础上,再建立满足厂房特殊精度要求的厂房矩形控制网,作为厂房施工的基本控制,如图 9.29 所示。

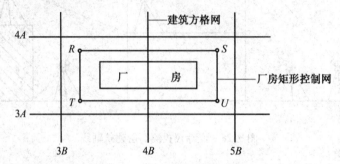

图 9.29　工业厂房矩形控制网

厂房矩形控制网是依据已有建筑方格网按直角坐标法来建立的,其边长误差应小于1/10 000,各角度误差小于±10″。

9.5.3　厂房柱列轴线的测设

厂房矩形控制网建立之后,再根据各柱列轴线间的距离在矩形边上用钢尺定出柱列轴线的位置,并作好标志,如图 9.30 所示。其放样方法是:在矩形控制桩上安置经纬仪,如 T 端点安置经纬仪,照准另一端点 U,确定此方向线,根据设计距离,严格放样轴线控制桩。依次放样全部轴线控制桩,并逐桩检测。

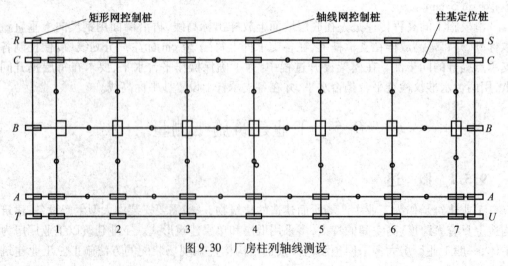

图 9.30　厂房柱列轴线测设

　　柱列轴线桩确定之后,在两条互相垂直的轴线上各安置一台经纬仪,沿轴线方向交会出柱基的位置,然后在柱基基坑外的两条轴线上打入 4 个定位小桩,如图 9.31 所示,作为基坑修整和支护模板的依据。柱基施工测量还包括设置基坑水平桩,以控制开挖深度;轴线投测,以检校基坑轴线平面位置。

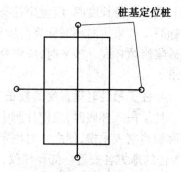

图 9.31　桩基放样

9.5.4　厂房预制构件安装测量

　　装配式单层工业厂房主要预制构件有柱子、吊车梁、屋架等。在安装这些构件时,必须使用测量仪器进行严格检测、校正,才能正确安装到位,即它们的位置和高程必须与设计要求相符。柱子、桁架或梁的安装测量容许误差见表9.2。

　　厂房预制构件的安装测量所用仪器主要是经纬仪和水准仪等常规测量仪器,所采用的安装测量方法大同小异,仪器操作基本一致,今以柱子吊装测量为例来说明预制构件的安装测量方法。

表 9.2　厂房预制构件安装容许误差

项　　目			容许误差/mm
杯形基础	中心线对轴线偏移		10
	杯底安装标高		+0,-10
柱	中心线对轴线偏移		5
	上下接口对中心线偏移		3
	垂直度	≤5 m	5
		>5 m	10
		≥10 多节柱	1/1 000 柱高,且不大于 20
	牛腿面和柱高	≤5 m	+0,-5
		>5 m	+0,-8
梁或吊车梁	中心线对轴线偏移		5
	梁上表面标高		+0,-5

1. 投测柱列轴线

　　根据轴线控制桩用经纬仪将柱列轴线投测到杯形基础顶面作为定位轴线,并在杯口顶面弹出杯口中心线作为定位轴线的标志,如图 9.32 所示。

2. 柱身弹线

　　在柱子吊装前,应将每根柱子按轴线位置进行编号,在柱身的 3 个面的上、下端弹出柱的中心线,供安装时校正使用。

3. 柱身长度和杯底标高检查

　　柱身长度是指从柱子底面到牛腿面的距离,它等于牛腿面的设计标高与杯底标高之

差。检查柱身长度时,应量出柱身4条棱线的长度,以最长的一条为准,同时用水准仪测定标高。如果所测杯底标高与所量柱身长度之和不等于牛腿面的设计标高,则必须用水泥砂浆修填杯底。抄平时,应将靠柱身较短棱线一角填高,以保证牛腿面的标高满足设计要求。

4. 柱子吊装时垂直度的校正

柱子吊入杯底时,应使柱脚中心与定位轴线对齐,误差不超过5 cm。然后,在杯口处柱脚两边塞入木楔,使之临时固定,再在两条互相垂直的柱列轴线附近,离柱子约为柱高1.5倍的地方各安置一部经纬仪,如图9.33所示。照准柱脚中心线后固定照准部,仰倾望远镜,照准柱子中心线顶部。如重合,则柱子在这个方向上就是竖直的;如不重合,应用牵绳或千斤顶进行调整,直至柱中心线与十字丝竖丝重合为止。当柱子两个侧面都竖直时,应立即灌浆,以固定柱子的位置。观测时应注意:千万不能将杯口中心线当成柱脚中心线去照准。

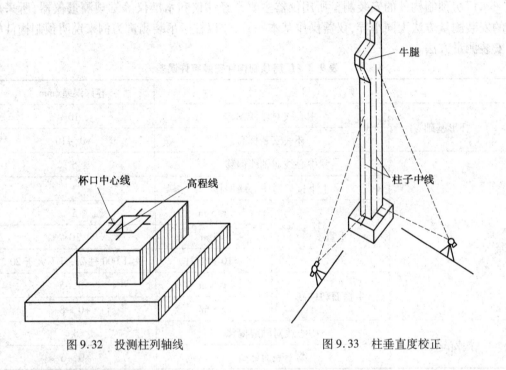

图9.32　投测柱列轴线　　　　　　　图9.33　柱垂直度校正

5. 吊车梁的吊装测量

吊车梁的吊装测量主要是保证吊装后的吊车梁中心线位置和梁面标高满足设计要求。吊装前先弹出吊车梁的顶面中心线和吊车梁两端中心线,将吊车轨道中心线投到牛腿面上。其步骤是(图9.34):利用厂房中心线A_1A_1,根据设计轨道间距在地面上放样出吊车轨道中心线$A'A'$和$B'B'$。然后分别安置经纬仪于吊车轨道中心线的一个端点A'上,瞄准另一个端点,仰倾望远镜,即可将吊车轨道中心线投测到每根柱子的牛腿面上,并弹出墨线。吊装前,要检查预制柱、梁的施工尺寸以及牛腿面到柱底高度,看是否与设计要求相符,如不相符且相差不大时,可根据实际情况及时做出调整,确保吊车梁安装到位。

吊装时使牛腿面上的中心线与梁端中心线对齐,将吊车梁安装在牛腿上。吊装完后,还需要检查吊车梁的高程,可将水准仪安置在地面上,在柱子侧面放样 50 cm 的标高线,再用钢尺从该线沿柱子侧面向上量出梁面的高度,检查梁面标高是否正确,然后在梁下用钢板调整梁面高程。

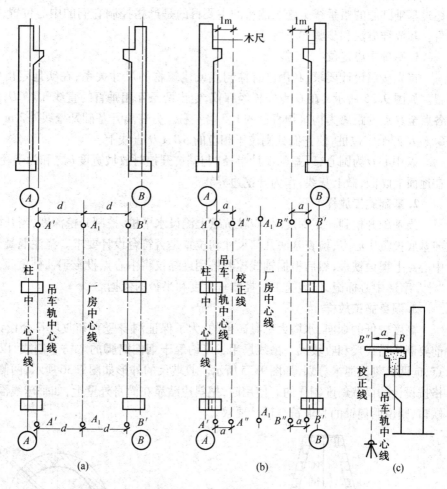

图 9.34 吊车梁吊车轨道安装测量

6. 吊车轨道安装测量

安装吊车轨道前,一般须先用平行线法对梁上的中心线进行检测,如图 9.34 所示,首先在地面上从吊车轨道中心线向厂房中心线方向量出长度 a(1 m),得平行线 $A''A''$ 和 $B''B''$。然后安置经纬仪于平行线一端点 A'' 上,瞄准另一端点,固定照准部,仰倾望远镜进行投测。此时另一人在梁上移动横放的木尺,当视线正对准尺上 1 m 刻划线时,尺的零点应与梁面上的中心线重合。如不重合应予以改正,可用撬杠移动吊车梁,直至吊车梁中心线到 $A''A''$(或 $B''B''$)的间距等于 1 m 为止。

吊车轨道按中心线安装就位后,可将水准仪安置在吊车梁上,水准尺直接放在轨道顶上进行检测,每隔 3 m 测一点高程,并与设计高程相比较,误差应在 3 mm 以内。还需用钢尺检查两吊车轨道间的跨距,并与设计跨距相比较,误差应在 5 mm 以内。

9.6 烟囱与水塔施工测量

烟囱(如图 9.37 所示)和水塔的形式不同,但有共同点,即基础小、主体高,其对称轴通过基础圆心的铅垂线。施工测量的主要目的是严格控制它们的中心位置,保证主图竖直。其放样方法和步骤如下所述。

1. 基础中心定位

首先按照设计要求,利用已有控制点或建筑物的尺寸关系,在实地定出中心 O 的位置。如图 9.35 所示 ,在 O 点安置经纬仪,定出两条互相垂直的直线 AB、CD,使 A、B、C、D 各点至 O 点的距离为构筑物直径的 1.5 倍左右。另在离开基础开挖线外 2 m 左右标定 E、G、F、H 四个定位桩,使它们分别位于相应的 AB、CD 直线上。

以中心 O 为圆心,以基础设计半径 r 与基坑开挖时放坡宽度 b 之和为半径($R = r + b$),在地面上画圆,撒上灰线,作为开挖边界线。

2. 基础施工放样

当基础开挖到一定深度时,应在坑壁上测设水平桩,控制开挖深度,当开挖到基底时,向基底投测中心点,检查基底几何尺寸和位置是否符合设计要求。浇注混凝土基础时,在中心点上埋设铁桩,然后根据轴线控制桩用经纬仪将中心点投影到铁桩顶面,用钢锯锯刻"十"字形中心标记,作为施工时控制垂直度和半径的依据。

3. 洞身施工放样

高度较低的烟囱、水塔大都是砖砌的,为了保证洞身竖直和收坡符合设计要求,施工前要制作吊线尺和收坡尺。吊线尺用长度约等于烟囱筒脚的木枋子制成,以中间点为零点,向两头刻注厘米分划,如图 9.35 所示。收坡尺的外形如图 9.36 所示,两侧的斜边是严格按设计的筒壁斜度制作的。使用时,把斜边贴靠在筒身外壁上,如垂球线恰好通过下端缺口,则说明筒壁的收坡符合设计要求。

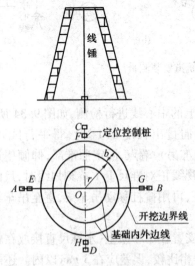

图 9.35 烟囱基础中心定位

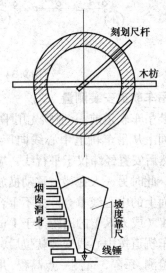

图 9.36 吊线尺和收坡尺

4. 筒体标高控制

筒体标高控制是用水准仪在筒壁上测出整分米数(+ 50 cm) 标高线,再向上用钢尺量取高度。

9.7　建筑物的变形观测

建(构) 筑物随着荷载或运营时间增加,地基会产生不均匀沉降,从而导致变形,如果变形过大,可能会导致坍塌的严重事故,因此有必要对荷载变化较大的建(构) 筑物进行变形观测。

9.7.1　建(构) 筑物变形的基本概念

建(构) 筑物变形是指地基发生变化导致其上的建(构) 筑物产生的水平位移、沉降、倾斜、弯曲、裂缝等形式的形体变化。建(构) 筑物变形常发生在深基坑施工和荷载急剧变化的部位,施工过程中,尤其要关注沉降不均匀、沉降速率过快、累积沉降量过大几种形式的变形,以免造成严重的工程事故。防建(构) 筑物施工过程中,变形测量的主要内容包括:沉降、水平、倾斜、挠度和裂缝监测。

9.7.2　变形测量的特点和技术要求

1. 变形测量的特点

变形测量是通过对变形体的动态监测,获得精确的观测数据,并对监测数据进行综合分析,及时对变形体的异常变形可能造成的危害做出预报的工作,以便采取必要的技术措施,避免造成严重事故。变形测量具有以下特点:

(1) 观测数据精度高。一般变形测量的观测精度高于施工测量一个等级,以便区分误差和变形引起的数据变化。

(2) 周期长。施工中的变形观测贯穿整个施工过程,运营阶段的变形测量延续至建(构) 筑物的整个寿命期。

(3) 观测呈规律性。变形测量一般以星期、月、季度、年为时间段进行周期性的观测,以便分析变形规律。

(4) 数据分析综合性的特点。变形观测必须对各种形式的变形观测数据进行综合处理和分析,才可能发现变形规律,预估变形的趋势,以此作出变形评判结论。

2. 变形测量的技术要求

变形测量按不同的工程分为 4 个等级,其主要技术要求见表9.3。

9.7.3　沉降与位移观测

沉降观测是根据水准基点定期测出变形体上设置的观测点的高程变化,从而得到其下沉量,常用水准测量的方法实施。位移观测时根据基准点定期观测设置在变形体上观测点的位置变化,从而得其位置的变化,常用基准线法、小角法、导线法等完成。

1. 沉降观测

沉降观测最常用的方法是水准测量法,高精度沉降观测中,还可采用液体静力水准测量的方法。水准测量法的工作内容有以下几个方面。

表9.3　变形测量的等级划分及精度要求

变形测量等级	垂直位移测量		水平位移	适　用　范　围
	变形测量的高差中误差/mm	相邻变形点高差中误差/mm	变形点的点中误差位/mm	
一等	±0.3	±0.1	±1.5	变形特别敏感的高层建筑、工业建筑、高耸构筑物、重要古建筑、精密工程设施
二等	±0.5	±0.3	±3.0	变形比较敏感的高层建筑、高耸构筑物、古建筑、重要工程设施和重要的滑坡监测等
三等	±1.0	±0.5	±6.0	一般性的高层建筑、工业建筑、高耸构筑物、滑坡监测等
四等	±2.0	±1.0	±12	观测精度要求较低的建筑物、构筑物和滑坡监测等

（1）水准基点的布设和建立监测网

水准基点是确认固定不动且作为沉降观测高程基点的水准点。水准基点应该埋设在建筑物变形影响范围之外,一般距观测对象变形体50 m左右,按二、三等水准点标石要求,埋设点的个数不少于3个。

沉降监测网一般布设成闭合水准路线,采用独立高程系统,按国家二等水准测量技术要求施测,对精度要求较低的建筑物也可采用三等水准要求施测。监测网应该定期进行检核。

（2）观测点的布设

观测点是设置在变形体上,能够反映其变形特征的点。深基坑支护结构的沉降观测点一般埋设在锁口梁上,间隔10～15 m设置一点,在支护结构的阳角处和距原有建筑物很近处设置加密观测点。建筑物的观测点设置在高度、结构、地基、受力情况有明显变化的地方。正常情况下,设置在建筑物的四角、沿外墙间隔10～15 m布设或每隔2～3根受力柱上设一点。观测点应埋设稳固、能长期保存并便于立尺观测。具体埋设要求如图9.37所示。

（3）沉降观测

① 观测周期的确定。沉降观测的周期根据观测变形对象的特征、变形速率、观测精度和地质条件等因素综合考虑,并根据沉降量的变化情况适当调整。

深基坑开挖时,锁口梁会发生较大的水平位移,一般每隔1～2d观测一次;浇注地下室地板后,每隔3～4d观测一次,至支护结构变形稳定。出现影响变形的意外情况(暴雨)时,应增加观测次数。

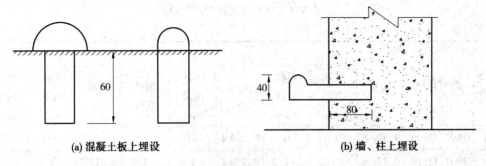

(a) 混凝土板上埋设　　　　　　　(b) 墙、柱上埋设

图9.37　沉降点埋设(单位:mm)

建筑物主体结构施工时,每1～2层楼面结构浇注完观测一次;结构封顶后每两个月左右观测一次;建筑物竣工投入使用后,视沉降量大小而定,正常情况下每3个月左右观测一次,至沉降稳定。无论何种建筑物沉降观测次数不能少于5次。

②沉降观测方法。一般高层建筑物和深基坑开挖的沉降观测,通常采用精密水准仪,按国家二等水准测量的技术要求施测,将各观测点布设成闭合环或符合水准路线联测到水准基点上。每次观测应该采用相同的观测路线,使用同一台水准仪和水准尺,固定观测人员,同时记录荷载变化和气象条件。

二等水准测量高差闭合差容许误差值为 $\pm 0.6\sqrt{n}(\mathrm{mm})$。三等水准测量高差闭合差容许误差值为 $\pm 1.40\sqrt{n}(\mathrm{mm})$,$n$ 为测站个数。

③成果整理。每次观测结束后,应及时整理观测记录。先根据基准点高程计算出各观测点高程,然后分别计算各观测点相邻两次观测的沉降量(本次观测高程减上次观测高程)和累计沉降量(本次观测高程减第一次观测高程),并将计算结果填入成果表中(表9.4),为了形象表示沉降和荷载、时间的关系,应绘制沉降曲线图,如图9.38所示。

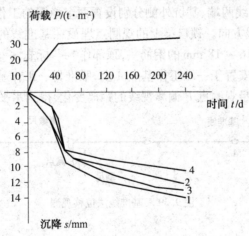

图9.38　沉降曲线图

2.水平位移观测

水平位移观测根据场地条件,可采用基准线法、小角法、导线法和前方交会法等方法施测。

表 9.4 建筑物沉降观测成果表

工程名称：××××综合楼 编号：

观测次数	观测日期	NO. 1			NO. 2			NO. 3		
		高程/m	本次沉降/mm	累计沉降/mm	高程/m	本次沉降/mm	累计沉降	高程/m	本次沉降/mm	累计沉降/mm
1	1997. 11. 06	9.579 8	±0	0	9.580 4	±0	0	9.577 7	±0	0
2	1997. 11. 19	9.578 6	−1.2	−1.2	9.579 4	−1.0	−1.0	9.577 7	−1.2	−1.2
3	1997. 11. 29	9.576 6	−2.0	−3.2	9.578 2	−1.2	−2.2	9.577 7	−0.8	−2.0
4	1997. 12. 12	9.575 7	−0.9	−4.1	9.577 5	−0.7	−2.9	9.577 7	−1.1	−3.1
5	1997. 12. 23	9.574 1	−1.6	−5.7	9.576 1	−1.4	−4.3	9.577 7	−1.7	−4.8
6	1997. 12. 30	9.572 0	−2.1	17.8	9.574 1	−2.0	−6.3	9.577 7	−1.5	−6.3
7	1998. 01. 07	9.570 1	−1.9	−9.7	9.573 0	−1.1	−7.4	9.577 7	−2.7	−9.0
8	1998. 03. 02	9.567 4	−2.7	−12.4	9.570 2	−2.8	−10.2	9.577 7	−1.9	−10.9
9	1998. 05. 04	9.566 3	−1.1	−13.5	9.568 9	−1.3	−11.5	9.577 7	−1.5	−12.4
10	1998. 07. 10	9.565 8	−0.5	−14.0	9.568 2	−0.7	−12.2	9.577 7	−0.4	−12.8

（1）基准线法

基准线法的原理是在与水平位移垂直的方向上建立一条固定不变的铅垂面，测定各观测点相对该铅垂面的变化，从而求得水平位移量。

在深基坑监测中，主要对锁口梁的水平位移（一般偏向基坑内侧）进行监测。如图 9.39 所示，在锁口梁轴线两端、基坑外侧分别设置两个稳固的工作基点 A 和 B，两个工作基点的连线即为基准线方向。锁口梁上的观测点埋设在基准线的铅垂面上，偏离距离不大于 2 cm。观测点用 16～18 mm 的钢筋头，顶部作"+"标志，一般每隔 8～10 m 设置一点。观测时，将经纬仪安置于一端工作基点 A 上，瞄准另一工作基点 B（称后视点），此视线即为基准线，通过测量观测点 P 偏离视线的距离变化，得到水平位移值。

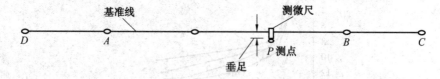

图 9.39 基准线法位移观测

（2）小角法

用小角法测量水平位移的方法是将经纬仪安置在工作基点 A，后视点 B 和观测点 P 分别安置观测目标标志，用测回法测出 $\angle BAP$。设第一次观测角值为 β_1，后一次观测角值为 β_2，根据两次角值的变化量 $\Delta\beta = \beta_1 - \beta_2$，即可算出 P 点的位移量 δ，即

$$\delta = \frac{\Delta\beta}{\rho} \cdot D \tag{9.15}$$

式中　　D——A 点至 P 点的水平距离；

　　　　ρ—— 常数，$\rho = 206\ 265$。

　　角度观测的测回数视仪器的精度(不低于 DJ2 的经纬仪) 和位移观测精度而定。位移的方向根据 $\Delta\beta$ 的符号确定。观测周期视水平位移大小而定。

　　(3) 导线法和前方交会法

　　当基准线法和小角法观测水平位移受场地限制无法实施时,可以采用导线法和前方交会法进行观测。

　　首先在场地建立水平位移监测控制网,然后用精密导线或前方交会的方法测量、计算各观测点的坐标,将每一次观测的坐标与上一次坐标进行比较,即可得到水平位移在 x 轴和 y 轴上的分量(Δx, Δy),再根据 Δx, Δy 计算观测点的位移值 δ,位移的方向根据 Δx, Δy 对应的方位角确定。

9.7.4　倾斜、挠度与裂缝观测

1.倾斜观测

(1) 深基坑的倾斜观测

　　锁口梁的水平位移观测反映的是支护顶部的水平位移量。利用钻孔测斜仪可对支护桩进行倾斜观测。图 9.40 是我国生产的 CX – 45 型钻孔测斜仪,它由探头、监视器(或微机) 两部分组成。探头内安装有天顶角(竖直角) 和方位角的传感器,CCD 摄像系统,外侧装有导向轮。天顶角传感器为一圆水准器,当探头不垂直时,圆水准器的气泡偏离零点,从而可以测出钻孔轴线与铅垂线的夹角。方位角传感器为一指南针,可测定气泡偏离零点的方位。圆水准器气泡偏离零点的大小和方位通过 CCD 摄像系统摄取影像后,经过数据通信显示在监视器上,计算出倾斜角度。摄像系统也可以和微机连接,直接获得钻孔深处的位移,进一步计算倾斜度。

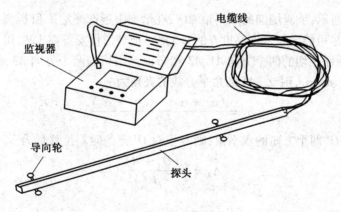

图 9.40　钻孔测斜仪

(2) 房屋建筑的倾斜观测

　　基础不均匀沉降将使房屋建筑倾斜,对于高大建筑物影响更大,严重的不均匀沉降会使房屋建筑产生裂缝甚至倒塌。因此,必须及时观测、处理,以保证建筑物的安全。

　　如图 9.41 所示房屋建筑,在离墙距离大于墙高的地方选一点 A 安置经纬仪,分别用

正、倒镜瞄准墙顶一固定点 M，取其中点 M_1。过一段时间再用经纬仪瞄准同一点 M，向下投影得 M_2。若房屋建筑沿侧面方向发生倾斜，M 点已移位，则 M_2、M_1 不重合，于是量得偏离量 e_M。同时，在另一侧面也可以测得偏离量 e_N，利用矢量加法可求得建筑物的总偏斜量 e，即

$$e = \sqrt{e_M^2 + e_N^2} \tag{9.16}$$

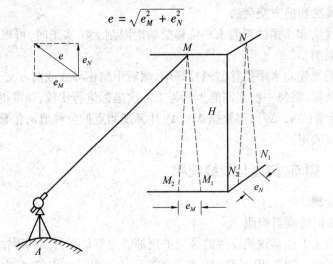

图 9.41　房屋建筑的倾斜观测

以 H 表示房屋建筑的高度，则房屋建筑的倾斜度为

$$i = \frac{e}{H} \tag{9.17}$$

（3）塔式构筑物的倾斜观测

水塔等高耸构筑物的倾斜观测是测定其顶部与底部中心的偏移量，即为其倾斜偏量。

如图 9.42 所示，欲测烟囱的倾斜量 OO'，在烟囱附近选测站 A 和 B，要求 AO 与 BO 大致垂直，且距离尽可能大于烟囱高度 H 的 1.5 倍。把经纬仪安置在 A 站，用方向观测法，观测与烟囱底部断面相切的两个方向 $A1$、$A2$ 和与顶部相切的两个方向 $A3$、$A4$，得方向观测值分别为 α_1、α_2、α_3、α_4，则 $\angle 3A4$ 的角平分线的夹角为

$$\delta_A = \frac{(\alpha_1 + \alpha_2) - (\alpha_3 + \alpha_4)}{2} \tag{9.18}$$

δ_A 即为 AO 与 AO' 两个方向的水平角，则 O 点对 O' 点的倾斜位移量为

$$\Delta_A = \frac{\delta_A (D_A + R)}{\rho} \tag{9.19}$$

同理

$$\Delta_B = \frac{\delta_B (D_B + R)}{\rho} \tag{9.20}$$

式中　D_A, D_B —— 分别为 AO、BO 方向 A、B 至烟囱外墙的水平距离。

烟囱的倾斜量为

$$\Delta = \sqrt{\Delta_A^2 + \Delta_B^2} \tag{9.21}$$

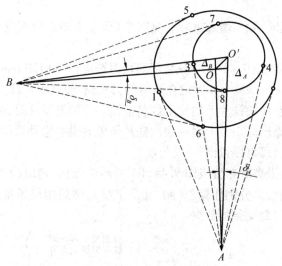

图 9.42　烟囱倾斜观测

烟囱的倾斜度为

$$i = \frac{\Delta}{H} \tag{9.22}$$

O' 的倾斜方向由 δ_A、δ_B 的正、负号确定,当 δ_A 或 δ_B 为正时,O' 偏向 AO 或 BO 的左侧;当 δ_A 或 δ_B 为负时,O' 偏向 AO 或 BO 的右侧。

2. 挠度观测

在建筑物施工过程中,随着荷载的增加,基础会产生挠曲。挠曲的大小对建筑物的结构受力影响很大。因此,必须对建筑物进行挠度测量,以保证建筑物的安全。

挠度测量是通过测量观测点的沉降量来计算的。如图 9.43 所示,A、B、C 为基础同轴线上的 3 个沉降点,由沉降观测得其沉降分量分别为 S_A、S_B、S_C,A、B 和 B、C 的沉降差分别为

$$\Delta S_{AB} = S_B - S_A$$
$$\Delta S_{BC} = S_C - S_B$$

图 9.43　基础挠度观测

则基础的挠度 f_C 按下式计算

$$f_C = \Delta S_{BC} - \frac{L_1}{L_1 + L_2} \cdot \Delta S_{AB} \tag{9.23}$$

式中　f_C——挠度;

L_1——B、C 间距离;

L_2——A、C 间距离。

3. 裂缝观测

建筑物出现裂缝时,除了增加沉降观测次数,还应立即进行裂缝观测,以掌握裂缝的发展情况。

裂缝观测的方法如图 9.44(a) 所示,用两块白铁皮,一块 150 mm × 150 mm 固定在裂缝一侧,另一片 50 mm × 200 mm 固定在裂缝的另一侧,使其中一部分紧贴在相邻的正方形白铁片之上,然后在两块铁片上均涂上红色油漆。当裂缝发展时,两块铁片将被逐渐拉开,正方形白铁片便露出原来被上面一块白铁片覆盖着没有涂油漆的部分,其宽度即为裂缝增加的宽度,可用直尺直接量出。

观测的装置也可沿裂缝布置成图 9.44(b) 所示的测标,随时检查裂缝的发展程度。有时也可在裂缝两侧墙面分别作标志(画"十"字线),然后用尺子量测两侧"十"字线标志的距离变化,得到裂缝变化的数据。

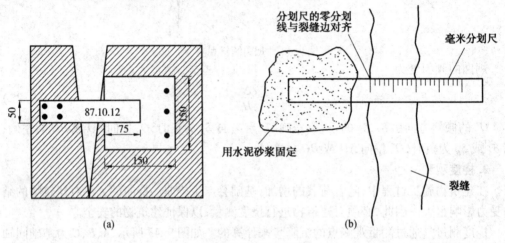

图 9.44　裂缝观测

9.8　竣工测量

竣工测量是指各种工程建设竣工、验收时所进行的测绘工作。竣工测量的最终成果就是竣工总平面图,它包括反映工程竣工时的地形现状、地上与地下各种建筑物、构筑物以及各类管线平面位置与高程的总现状地形图和各类专业图。竣工总平面图是设计总平面图在工程施工后实际情况的全面反映和工程验收的重要依据,也是竣工后工程改建、扩建的重要基础技术资料。因此,工程单位必须十分重视竣工测量。

竣工测量包括室外的测量工作和室内的竣工总平面图编绘工作,其内容如下。

9.8.1　室外测量

1. 主要厂房及一般建、构筑物墙角和厂区边界围墙角的测量

对于较大的矩形建筑物至少要测 3 个主要房角坐标,小型房屋可测其长边两个房角坐标,并量其房宽注于图上。圆形建筑物应测其中心坐标,并在图上注明其半径。

2. 架空管线支架测量

要求测出起点、终点、转点支架中心坐标,直线段支架用钢尺量出支架间距及支架本身长度和宽度的尺寸,在图上绘出每一个支架位置。如果支架中心不能施测坐标时,可施测支架对角两点的坐标,然后取其中数确定,或测支架一长边的两角坐标,量出支架宽度注于图上,如果管线在转弯处无支架,则要求测出临近两支架中心坐标。

3. 电信线路测量

对于高压、照明及通信线路需要测出起点、终点坐标及转点杆位中心坐标,高压铁塔要测出一条对角线上两基础中心坐标,另一对角的基础也应在图上表示出来,直线部分的电杆可用交会法确定其点位。

4. 地下管线测量

上水管线应施测起点、终点、弯头三通点和四通点的中心坐标,下水道应施测起点、终点及转点井位中心坐标,地下电缆及电缆沟应施测其起点、终点、转点中心的坐标。

5. 交通运输线路测量

厂区铁路应施测起点、终点、道岔岔心、进厂房点和曲线交点的坐标,同时要求测出曲线元素:半径、偏角、切线长和曲线长。

厂区和生活区建筑物一般可不测坐标,只在图上表示位置即可。

9.8.2　竣工总平面图的编绘

编绘竣工总平面图的室内工作主要包括:竣工总平面图、专业分图和附表等的编绘工作。总平面图的编绘内容如下:

(1) 总平面图既要表示地面、地下和架空的建构筑物平面位置,还要表示细部点坐标、高程和各种元素数据,因此构成了相当密集的图面,比例尺的选择以能够在图面上清楚地表达出这些要素、用图者易于阅读和查找为原则,一般选用1/1 000的比例尺,对于特别复杂的厂区可采用1/500 比例尺。

(2) 对于一个生产流程系统,如炼钢厂、炼铁厂、轧钢厂等,应尽量放在一个图幅内,如果一个生产流程的工厂面积过大,也可以分幅,分幅时应尽量避免主要生产车间被切割。

(3) 对于设施复杂的大型企业,若将地面、地下、架空的建筑物反映在同一个图面上,不仅难以表达清楚,而且给阅读、查找带来很多不便。尤其是现代企业的管理是各有分工的,如排水系统、供电系统、铁路运输系统等,因此需要既有反映全貌的总图,又有能够反映详细的专业分图。

(4) 竣工总平面图上应包括建筑方格网点、水准点、厂房、辅助设施、生活设施、架空与地下管线、铁路等建筑物或构筑物的坐标和高程,以及厂区内空地和未建区的地形。有关建筑物、构筑物的符号应与设计图例相同,有关地形的图例应使用国家地形图图式符号。

(5) 总图可以采用不同的颜色表示出图上的各种内容,例如,厂房、车间、铁路、仓库、住宅等以黑色表示,热力管线用红色表示,高、低压电缆用黄色表示,绿色表示通信线,而河流、池塘、水管用蓝色表示等。

（6）在已编绘的竣工总平面图上，要有工程负责人和编图者的签字，并附有下列资料：

① 测量控制点布置图、坐标及高程成果表；

② 每项工程施工期间测量外业资料，并装订成册；

③ 对施工期间进行的测量工作和各个建筑物沉降和变形观测的说明书。

最后，竣工总平面图及附表应移交使用单位。

思考题与习题

1. 名词解释：±0.000 标高、建筑基线、建筑方格网、轴线投测、变形观测、竣工测量。

2. 测设的基本工作有哪些？

2. 测设点的平面位置有哪几种方法？各适用于什么场合？

4. 建筑基线有哪几种布设形式？布设时应满足哪些要求？

5. 龙门板的作用是什么？如何设置龙门板？

6. 民用建筑和工业厂房的施工放样有什么不同？

7. 房屋基础放线和抄平测量的工作方法及步骤如何？

8. 简述高层建筑经纬仪轴线投测的方法和步骤。

9. 为什么要进行建筑物的变形观测？变形观测主要包括哪几项内容？

10. 如图 9.45 所示，$\alpha_{MN} = 300°04'$，$x_M = 24.22$ m，$y_M = 86.71$ m，$x_A = 42.34$ m，$y_A = 85.00$ m。计算仪器安置在 M 点用极坐标法测设 A 点所需数据。

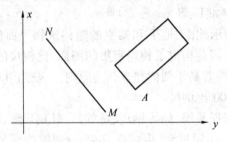

图 9.45

11. 已知 A、B 两控制点的坐标分别为 $x_A = 530.00$ m、$y_A = 520.00$ m，$x_B = 469.63$ m、$y_B = 606.22$ m，又已知 P 点的设计坐标为 $x_P = 522.00$ m，$y_P = 586.00$ m，试求用角度交会法测设 P 点的数据。

12. 利用高程为 44.570 m 的水准点，测设高程为 44.000 的室内 ±0.000 标高，设尺子立在水准点上时按水准仪的水平视线在尺子上画一条线，问在同一根尺子上应该在什么地方再画一条线，才能使视线对好此线时，尺子底部就在 ±0.000 标高的位置上？

13. 已知某厂房两个相对房角点的坐标，放样时顾及基坑开挖范围，拟在厂房轴线以外 6 m 处布设矩形控制网，如图 9.46 所示，试求厂房控制网四角点 P、Q、R、S 的坐标值。

14. 如图 9.47 所示，在建筑方格网中拟建一建筑物，其外墙轴线与建筑方格网平行，已知两相对房角设计坐标和方格网坐标，现按直角坐标法放样，请计算测设数据，并说明测设方法步骤。

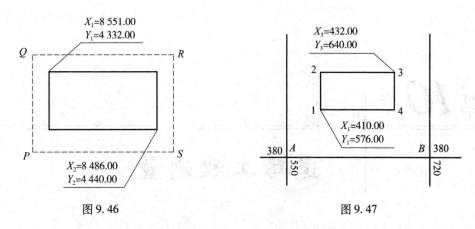

图 9.46　　　　　　　　　　图 9.47

15. 如图 9.48 所示,为测设建筑方格网主轴线的主点 A、O、B,根据已知控制点测设了 A'、O'、B' 三点。为了检核又精确测定了角 $\beta = 179°59'42''$,已知距离 $a = 150$ m,$b = 200$ m,求各点的移动量 δ。

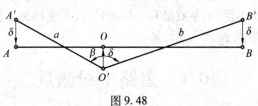

图 9.48

16. A、B 为一基础轴线上的两个沉降点,距离 25 m,C 为 A、B 之间的一个沉降点,距 A 点 12 m,现测得 A、B、C 三点的沉降量分别为 16.7 mm、14.1 mm、20.8 mm,试计算其挠度。

第10章

道路工程测量

【本章提要】 本章主要介绍测量学在道路工程中的基本应用,讲述道路中线测量和道路纵、横断面测量的原理及常用方法以及道路工程施工测量的基本技术。

【学习目标】 要求掌握道路中线测量以及道路纵、横断面测量的基本方法,重点掌握圆曲线和缓和曲线的测设,基平测量和中平测量,以及道路施工测量和桥涵结构物测量等主要内容的基本原理、方法和有关计算。

10.1 道路中线测量

在道路的勘测设计和施工中所进行的测量工作称为道路工程测量。其工作程序也应遵循"先控制后细部"的原则,一般为先进行道路工程控制测量和沿路线走向的带状地形图测绘,再进行道路工程的勘测设计,然后进行道路工程的施工测量。

道路作为一个空间三维的工程结构物,它的中线是一条空间曲线,在水平面上的投影就是平面线形,它受自然条件(沿线的地形、地质、水文、气候等)的制约需要改变路线方向。这样,在转折处为了满足行车要求,需要用适当的曲线把前后直线连接起来,这种曲线称之为平曲线。平曲线包括圆曲线和缓和曲线。

道路平面线形由直线、圆曲线、缓和曲线三要素组成,如图 10.1 所示。圆曲线是具有一定曲率半径的圆弧。缓和曲线是在直线和圆曲线之间或两不同半径的圆曲线之间设置的曲率连续变化的曲线。我国公路、铁路缓和曲线的线形采用回旋线。

图 10.1 道路平面线形的组成

道路工程中线测量是通过直线和曲线的测设,将道路中线的平面位置具体地敷设到地面上,并标定其里程,供设计和施工之用。

10.1.1　交点和转点的测设

1. 交点的测设

所谓交点是指路线改变方向时相邻两直线的延长线相交的转折点。它是中线测量的主要控制点,在路线测设时,首先要选定出交点。

当公路设计采用一阶段的施工图设计时,交点的测设可采用现场标定的方法,即根据已定的技术标准,结合地形、地质等条件,在现场反复测设比较,直接定出路线交点的位置。这种方法不需测地形图,比较直观,但只适合技术简单、方案明确的低等级公路。

当公路设计采用两阶段的初步设计和施工图时,应采用先纸上定线,再实地放线确定交点的方法。即对于高等级公路或地形、地物复杂的情况,要先在实地布设导线,测绘大比例地形图,在地形图纸上定线,然后再到实地放线,把交点在实地标定出来,一般有放点穿线法、拨角放线法、坐标放样法等方法。

(1)放点穿线法

此法是利用地形图上的测图导线点与纸上路线之间的角度和距离的关系,在实地将路线中线的直线测设出来,然后将相邻直线延长相交,定出地面交点桩的位置。具体步骤如下:

①放点。在地面上测设路线中线的直线部分,只需定出直线上若干个点,即可确定这一直线的位置。如图 10.2 所示,欲将纸上定线的两直线 JD_3 至 JD_4 和 JD_4 至 JD_5 测设于地面,只需在地面上定出 1~6 个临时点即可。这些临时点的放样可采用支距法、极坐标法或其他方法。支距法放点,即选择能够控制中线位置的任意点,如 5 点;或选择测图导线边与纸上定线的直线相交的点,如 3 点。为保证放线的精度和便于检查核对,一条直线至少应选择 3 个临时点。这些点一般应选在地势较高,通视良好,距导线点较近且便于测设的地方。

临时点选定之后,即可在图上用比例尺和量角器量取这些点与相应导线点之间的距离和角度,如图 10.2 中距离 l_1~l_6 和角度 β。然后绘制放点示意图,标明点位和数据作为放点的依据。

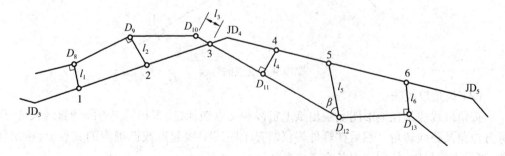

图 10.2　放点

放点时,应在现场找到相应的导线点。临时点如是支距法放点,即用方向架定出垂线方向,再用皮尺量出支距法定出点位;如果是任意点,则用极坐标法放点,即将经纬仪安置在相应导线点上,拨角定出临时点方向,再用皮尺量距定出点位。

②穿线。由于测量仪器、测设数据以及放点操作存在误差,在地形图上同一直线上的各点放于地面后,一般不能准确地位于一条直线上。因此,需要通过穿线,定出一条尽可能多的穿过或靠近临时点的直线。穿线可用目估或经纬仪进行,如图 10.3 所示。

图 10.3　穿线

采用目估法,在适当的位置选择 A、B 点竖立花杆。一人在 AB 延长线上观测,看直线 AB 是否穿过或靠近多数临时点。否则移动 A 或 B,直到达到要求。最后在 AB 或其方向上至少打下两个控制桩,称为直线转点桩 ZD,直线即固定在地面上。

采用经纬仪法,仪器可置于 A 点,然后照准大多数临时点所穿过或靠近的方向定出 B 点。当多数临时点不通视时,可将仪器置于直线中部较高的位置,瞄准一端多数临时点都靠近的方向,倒镜后若视线不能穿过另一端多数临时点所靠近的方向,则需将仪器左右移动,重新观测,直至达到要求为止,最后定出转点桩。

③交点。当相邻两直线在地面上定出后,即可延长直线进行交会定出交点。如图 10.4 所示,先将经纬仪置于 ZD_2,盘左瞄准 ZD_1,然后倒镜在视线方向于交点 JD 的概略位置前后打下两个木桩,俗称骑马桩,并沿视线方向用铅笔在两桩顶上分别标出 a_1 和 b_1 点。用盘右仍瞄准 ZD_1,倒镜在两桩顶上又标出 a_2 和 b_2 点,分别取 a_1 与 a_2 及 b_1 与 b_2 的中点,钉上小钉得 a 和 b,并用细线将 a、b 两点相连。这种以盘左、盘右两个盘位延长直线的方法称为正倒镜分中法。用同样方法再将仪器置于 ZD_3,瞄准转点 ZD_4,倒镜后视线与 ab 细线相交处打下木桩,然后用正倒镜分中法在桩顶精确定出交点 JD 位置,钉上小钉。

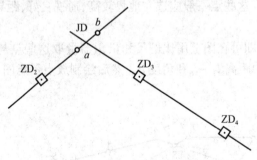

图 10.4　交点的钉设

（2）拨角放线法

拨角放线法是在地形图上量出纸上定线的交点坐标,反算相邻交点间的直线长度、坐标方位角及路线转角。然后在野外将仪器置于路线中线起点或已确定的交点上,拨出转角,测设直线长度,依次定出各交点位置。

在实际工程中,该法工作迅速,但是拨角放线的次数越多,误差累积也越大,所以每隔一定距离应将测设的中线与测图导线联测,以检查拨角放线的质量。联测闭合的精度要求与测图导线相同。当闭合差超限时,应检查原因予以纠正;当闭合差符合精度要求时,则按具体情况进行调整,使交点位置符合纸上定线的要求。

（3）坐标放样法

交点坐标在地形图上确定以后,利用测图导线按全站仪坐标放样法将交点直接放样到地面上,这种方法施工速度快,而且由于利用测图导线放点,所以不会出现误差累积的现象。

2. 转点的测定

转点是指路线测量过程中,相邻两交点间互不通视时,在其连线或延长线上定出一点或数点,以供交点测角、量距或延长直线时瞄准之用的点。测设方法如下:

（1）在两交点间设转点

如图 10.5 所示,设 JD_5、JD_6 为相邻两交点,互不通视,ZD' 为粗略定出的转点位置。将经纬仪置于 ZD',用正倒镜分中法延长直线 JD_5 至 ZD' 于 JD_6'。若 JD_6' 与 JD_6 重合或量取的偏差 f 在路线容许移动的范围内,则转点位置即为 ZD',这时应将 JD_6 移至 JD_6',并在桩顶上钉上小钉表示交点位置。

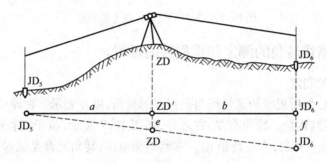

图 10.5　在两交点间设转点

当偏差 f 超过容许范围或 JD_6 不许动时,则需重新设置转点,设 e 为 ZD' 应横向移动的距离,仪器在 ZD' 用视距测量方法测出距离 a、b,则 $e = \dfrac{a}{a+b} f$,将 ZD' 沿偏差 f 的相反方向横移 e 至 ZD。将仪器移至 ZD,延长直线 JD_5 至 ZD 看是否通过 JD_6 或偏差小于容许值,否则应再次设置转点,直至符合要求为止。

（2）在两交点延长线上设转点

当两交点间不便设置转点或根据需要,也可将转点设在其延长线上。如图 10.6 所示,设 JD_8、JD_9 互不通视,ZD' 为其延长线上转点的概略位置。将经纬仪置于 ZD',盘左照准 JD_8 处,在 JD_9 处标出一点;盘右再瞄准 JD_8,在 JD_9 处再标出一点,取两点的中点得 JD_9'。若 JD_9' 与 JD_9 重合或偏差 f 在容许范围内,即可用 JD_9' 代替 JD_9 作为交点,ZD' 即作为转点。否则应调整 ZD' 的位置重设转点。设 e 为 ZD' 应横向移动的距离,用视距测量方法测出距离 a、b,则 $e = \dfrac{a}{a-b} f$,将 ZD' 沿与 f 相反的方向移动 e,即得新转点 ZD。置仪器于 ZD,重复上述方法,直至偏差 f 小于容许值为止。最后将转点和交点 JD_9 用木桩标定在地面上。

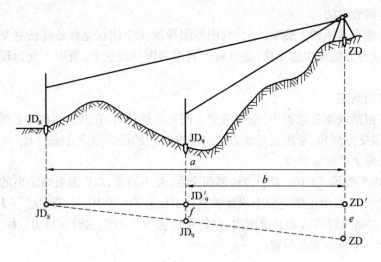

图 10.6　在两交点延长线上设转点

10.1.2　路线转角的测定和里程桩的设置

1. 路线转角的测定

转角是指交点处后视线的延长线与前视线的夹角,以 α 表示。在路线转折处,为了测设曲线,需要测定其转角。转角有左、右之分,如图 10.7 所示,位于延长线右侧的为右转角 α_Y,位于延长线左侧的,为左转角 α_Z。在路线测量中,转角通常是通过观测路线右角 β 计算求得。

当右角 $\beta < 180°$,为右转角,此时 $\alpha_Y = 180° - \beta$;

当右角 $\beta > 180°$,为左转角,此时 $\alpha_Z = \beta - 180°$。

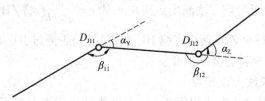

图 10.7　转角的测设

右角的测定,应使用精度不低于 J_6 级经纬仪,采用测回法观测一个测回,两个半测回所测角值相差的限差根据公路等级而定,高速公路、一级公路限差为 ±20″ 以内,二级及以下公路限差为 ±60″ 以内,如果限差在容许范围内可取其平均值作为最后结果。

由于测设曲线的需要,在右角测定后,保持水平度盘位置不变,在路线设置曲线的一侧定出分角线方向。如图 10.8 所示,设测角时后视方向的水平度盘读数为 a,前视方向的读数为 b,则分角线方向的水平度盘读数应为 $c = b + \dfrac{\beta}{2}$,因 $\beta = b - a$,则 $c = \dfrac{a+b}{2}$。在实践中,无论是在路线右侧还是左侧设置分角线,均可按上式计算。当转动照准部使水平读盘读数为 c 时,望远镜所指方向有时会指在相反的方向,这时需倒转望远镜,在设置曲线一侧定出分角线方向。为了保证测角的精度,还需进行路线角度闭合差的检核。当路线导

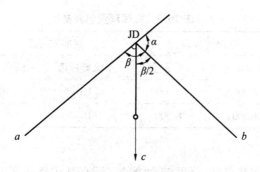

图 10.8 分角线的测设

线与高级控制点连接时,可按附和导线计算角度闭合差。若闭合差在限差之内,则可进行闭合差调整。当路线未与高级控制点联测时,可每隔一段距离观测一次真方位角,用来检核角度闭合差。为了及时发现测角错误,可在每日作业开始和收工前用罗盘仪各观测一次磁方位角,与以角度推算的方位角相核对。

此外,在角度观测后,还须用视距测量方法测定相邻交点间的距离,以检核中线测量钢尺量距的结果。

2. 里程桩设置

在路线交点、转点及转角测定后,即可进行道路中线测量,经过实地量距设置里程桩,以标定道路中线的具体位置。

(1)道路中线测量的基本要求

道路中线的边长测量要求同导线测量。中线上设有里程桩,也称为中桩,桩上写有桩号,表示该桩至路线起点的水平距离。例如,桩号记为 K1 + 125.45,表示该桩至路线起点的水平距离为 1 125.45 m。

中桩的设置应按规定满足其桩距及精度的要求,直线上的桩距 l_0 一般为 20 m,地形平坦时不应大于 50 m;曲线上的桩距一般为 20 m,且与圆曲线半径大小有关。中桩桩距应按表 10.1 的规定。

表 10.1 中桩间距表

直线/m		曲 线			
平原微丘区	山岭重丘区	不设超高的曲线	$R>60$	$60 \geqslant R \geqslant 30$	$R<30$
≤50	≤25	25	20	10	5

中线量距精度及桩位限差,不得超过表 10.2 的规定。曲线测量闭合差,应符合表 10.3 的规定。

表 10.2 中线量距及中桩桩位限差表

公路等级	距离限差	视距校链限差	桩位纵向误差/m		桩位横向误差/cm	
			平原微丘区	山岭重丘区	平原微丘区	山岭重丘区
高速、一级	1/2 000	1/200	$S/2 000+0.05$	$S/2 000+0.1$	5	10
二、三、四级	1/1 000	1/100	$S/1 000+0.10$	$S/1 000+0.1$	10	15

表 10.3 曲线测量闭合差

公路等级	纵向闭合差		横向闭合差/cm		曲线偏角闭合差/(″)
	平原微丘区	山岭重丘区	平原微丘区	山岭重丘区	
高速、一级	1/2 000	1/1 000	10	10	60
二、三、四级	1/1 000	1/500	10	15	120

（2）里程桩设置

里程桩包括路线起终点桩、公里桩、百米桩，还有其控制作用的交点桩、转点桩、平曲线主点桩、桥梁和隧道轴线桩等。按其所表示的里程数，里程桩又分整桩和加桩两类。整桩按规定每隔 20 m 或 50 m 设置桩号为整数的里程桩。百米桩和公里桩均属整桩，一般情况下均应设置，如图 10.9 所示。

加桩分地形加桩、地物加桩、曲线加桩和关系加桩等。地形加桩是路线纵横向地形有明显变化处设置的桩；地物加桩是中线上桥梁、涵洞、隧道等人工构造物处，以及与已有公路、铁路、管线、渠道等交叉处设置的桩；曲线加桩是在曲线起点、中点、终点等曲线主点上设置的桩；关系加桩是在转点和交点上设置的桩。此外，还可根据具体情况在拆迁建筑物处、工程地质变化处、断链处等加桩。对于人工构造物，在书写里程时，要冠以工程名称如"桥"、"涵"等。在书写曲线和关系加桩时，应在桩号之前加其缩写名称，如图 10.10 所示。我国公路采用汉语拼音的缩写名称见表 10.4。

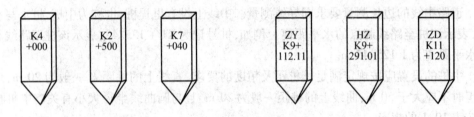

图 10.9 里程桩   图 10.10 主点桩和关系加桩

表 10.4 平曲线主点名称及缩写表

名称	简称	汉语拼音缩写	英语缩写
交点		JD	IP
转点		ZD	TP
圆曲线起点	直圆点	ZY	BC
圆曲线中点	曲中点	QZ	MC
圆曲线终点	圆直点	YZ	EC
公切点		GQ	CP

续表 10.4

名称	简称	汉语拼音缩写	英语缩写
第一缓和曲线起点	直缓点	ZH	TS
第一缓和曲线终点	缓圆点	HY	SC
第二缓和曲线起点	圆缓点	YH	CS
第二缓和曲线终点	缓直点	HZ	ST

钉桩时,对起控制作用的交点桩、转点桩、平曲线控制桩、路线起终点桩以及重要的人工构造物加桩,如桥位桩、隧道定位桩等均采用方桩。方桩钉至与地面齐平,顶面钉一小钉表示点位。在距方桩 20 cm 左右设置指示桩,上面书写桩的名称和桩号。钉指示桩要注意字面应朝向方桩,直线上的指示桩应打在路线的同一侧,曲线上则应打在曲线的外侧。主要起控制作用的方桩应用混凝土浇筑,也可用钢筋加混凝土预制桩,且钢筋顶面锯成"十"字以示点位。必要时加设防护桩,防止桩的损坏或丢失。除控制桩以外,其他的桩位标志桩,一般采用板桩,直接打在点位上,桩号要面向路线起点方向,并露出桩号为宜。

里程桩的设置是在中线丈量的基础上进行的,一般是边丈量边设置。丈量一般使用钢尺,低等级公路可用皮尺。

10.1.3　圆曲线的测设

路线平面线形中的平曲线一般由圆曲线和缓和曲线组成。圆曲线是具有一定曲率半径的圆弧线,其测设一般分两步进行。先测设对圆曲线起控制作用的主点桩,即圆曲线的起点、中点、终点;然后在圆曲线的详细测设即主点桩之间进行加密,按规定桩距测设圆曲线的其他各点。

圆曲线测设元素如图 10.11 所示,设交点的转角为 α,圆曲线半径为 R,则圆曲线的测设元素可按下列公式计算:

切线长　　$T = R\tan\dfrac{\alpha}{2}$

曲线长　　$L = R\alpha\dfrac{\pi}{180°}$

外距长　　$E = R(\sec\dfrac{\alpha}{2} - 1)$

切曲差　　$D = 2T - L$

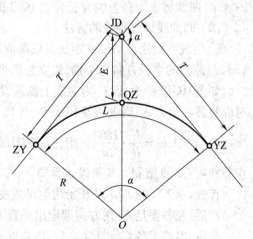

图 10.11　圆曲线测设元素

1. 圆曲线主点测设

圆曲线主点测设先计算主点的里程,再进行测设。

(1) 主点里程的计算

交点的里程是在中线丈量中得到的,根据交点的里程和圆曲线测设元素,即可推算圆

曲线上各主点的里程并加以校核。

ZY 里程 = JD 里程 − T,YZ 里程 = ZY 里程 + L,

QZ 里程 = YZ 里程 − $L/2$,JD 里程 = QZ 里程 + $D/2$

在这里需要注意的是 YZ 里程 = ZY 里程 + L,而并非 YZ 里程 ≠ JD 里程 − T。因为在路线转折处道路中线的实际位置应为曲线位置,而并非切线位置。

（2）主点测设

将经纬仪置于交点 JD_i 上,望远镜照准后交点 JD_{i-1} 或此方向上的转点,自交点 JD_i 沿此方向量取切线长 T,即得圆曲线起点 ZY,插一测钎。然后用钢尺丈量 ZY 至最近一个直线桩的距离,若两桩之差等于所丈量的距离或相差在容许范围内,即可在测钎处打下 ZY 桩。若超出容许范围,应查明原因,以保证桩位的正确性。设置圆曲线终点时,将望远镜照准前交点 JD_{i+1} 或此方向上的转点,往返量取切线长 T,得到圆曲线终点,打下 YZ 桩。设置圆曲线中点时,可自交点沿分角线方向量取外距 E,打下 QZ 桩。

2. 圆曲线的详细测设

（1）圆曲线测设的基本要求

在圆曲线测设时,除了设置圆曲线的主点桩及地形、地物等加桩外,当圆曲线较长时,应按表 10.1 的规定进行加桩,即进行圆曲线的详细测设。

按桩距 l_0 在曲线上设桩,通常有两种方法。

① 整桩号法。即将曲线上靠近曲线起点的第一个桩凑成为 l_0 倍数的整桩号,然后按桩距 l_0 连续向曲线终点设桩,这样设置的桩均为整桩号。

② 整桩距法。从曲线起点和终点开始,分别以桩距 l_0 连续向曲线中点设桩,或从曲线的起点,按桩距 l_0 设桩至终点。由于这样设置的桩均为零桩号,因此应注意加设百米桩和公里桩。

中线测量中一般均采用整桩号法。此外,对中桩量距精度及桩位限差应符合表 10.2 的规定,曲线测量闭合差也应符合表 10.3 的规定。

（2）圆曲线详细测设的方法

① 切线支距法。切线支距法是以圆曲线的起点 ZY 或终点 YZ 为坐标原点,以切线为 x 轴,过原点的半径方向为 y 轴,建立直角坐标。按曲线上各点坐标 x、y 设置曲线。

如图 10.12 所示,设 P_i 为曲线上欲测设的点位,该点至 ZY 点或 YZ 点的弧长为 l_i,l_i 所对应的圆心角为 φ_i,圆曲线半径为 R,则 P_i 的坐标可按下式计算:$x_i = R\sin\varphi_i$,$y_i = R(1 - \cos\varphi_i)$,式中,$\varphi_i = \dfrac{l_i}{R}\cdot\dfrac{180°}{\pi}$。用切线支距法测设曲线,为了避免支距过长,一般由 ZY 、YZ 点分别向 QZ 点施测。其测设步骤如下:

首先,从 ZY(或 YZ)点开始用钢尺或皮尺沿切线方向量取 P_i 的横坐标 X_i 得垂足 N_i。

然后,在各垂足 N_i 用方向架定出垂直方向,量取纵坐标 Y_i,即可定出 P_i 点。

最后,曲线上各点设置完毕后,应量取相邻各桩之间的距离,与相应的桩号之差作比较,且考虑弧线差的影响,若较差均在限差之内,则曲线测设合格;否则应查明原因,予以纠正。

这种方法适用于平坦开阔的区域,具有操作简单、测设方便、测点误差不累积的优点,但测设的点位精度偏低。

② 偏角法。偏角法是以圆曲线起点 ZY 或终点 YZ 至曲线任一待定点 P_i 的弦线与切线 T 之间的弦切角(这里称为偏角)Δ_i 和弦长 C_i 来确定点 P_i 的位置。

如图 10.13 所示,根据几何原理,偏角 Δ_i 等于相对应弧长 l_i 所对圆心角 φ_i 的一半,即

$$\Delta_i = \frac{\varphi_i}{2},\ \text{又}\ \varphi_i = \frac{l_i}{R} \cdot \frac{180°}{\pi}$$

$$\Delta_i = \frac{l_i}{R} \cdot \frac{90°}{\pi}$$

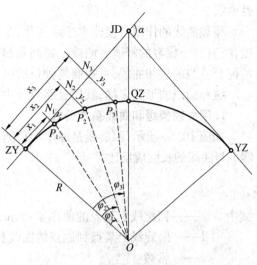

弦长　　　　　　　$C_i = 2R\sin\dfrac{\varphi_i}{2}$

图 10.12　切线支距法测设圆曲线

由于经纬仪水平度盘的注字是顺时针方向增加的,因此测设曲线时,如果偏角的增加方向与水平度盘一致,也是顺时针方向增加,称为正拨;反之称为反拨。对于右转角,仪器置于 ZY 点上测设曲线为正拨,置于 YZ 点上则为反拨。对于左转角,仪器置于 ZY 点上测设曲线为反拨,置于 YZ 点上则为正拨。正拨时,望远镜照准切线方向,如果水平度盘读数配置在 0°,各桩的偏角读数就等于各桩的偏角值。但在反拨时则不同,各桩的偏角读数应等于 360° 减去各桩的偏角值。

偏角法不仅可以在 ZY 和 YZ 点上测设曲线,而且可在 QZ 点上测设,也可在曲线任一点上测设。它是一种灵

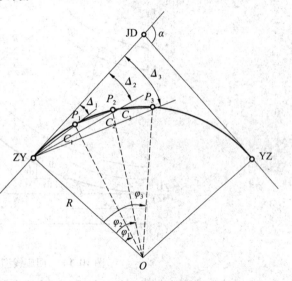

图 10.13　偏角法测设圆曲线

活性大、测设精度较高、适用性较强的常用方法。但这种方法存在着测点误差累积的缺点,所以宜从曲线两端向中点或自中点向两端测设曲线。

应用偏角法测设曲线,置仪点至曲线各桩点视线应通视,当曲线上遇障碍视线受阻时,偏角法搬站次数较多。

10.1.4　缓和曲线的测设

汽车在行驶过程中,经历一条曲率连续变化的曲线,这条曲线称为缓和曲线,即为了使路线的平面线形更加符合汽车的行驶轨迹、离心力的逐渐变化,确保行车的安全和舒适,需要在直线与圆曲线之间插入一段曲率半径由无穷大逐渐变化到圆曲线半径的过渡

性曲线。

缓和曲线的作用是使曲率连续变化,车辆便于遵循,保证行车安全;离心加速度逐渐变化,有利于旅客的舒适。曲线上超高和加宽的逐渐过渡,行车平稳和路容美观;与圆曲线配合适当的缓和曲线,可提高驾驶员的视觉平稳性,增加线形美观。

缓和曲线的形式多样,我国公路设计中,以回旋线作为缓和曲线。

1. 回旋线型缓和曲线基本公式

如图 10.14 所示,回旋线是曲率半径随曲线长度增长而成反比例均匀减小的曲率半径 r 与曲线的长度成反比。

$$r = \frac{c}{l} \tag{10.1}$$

式中　　r——回旋线上某点的曲率半径,m;

　　　　l——回旋线上某点到原点的曲线长,m;

　　　　c——常数。

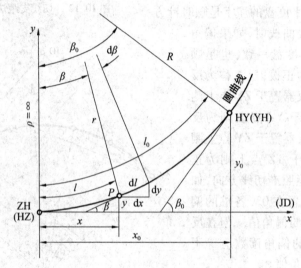

图 10.14　回旋线型缓和曲线

为了使上式两边的量纲统一,引入回旋线参数 A,令 $A^2 = c$,A 表征回旋线曲率变化的缓急程度。因此可以得到回旋线基本公式为 $rl = A^2$,在缓和曲线的终点 HY 点,$r = R$,$l = l_s$,l_s 为缓和曲线全长,则有 $Rl_s = A^2$。

缓和曲线长度的确定应考虑乘客的舒适、超高过渡的需要,并不应小于 3 s 的行程。考虑上述因素,我国《公路路线设计规范》规定了不同设计速度的缓和曲线最小长度,见表 10.5。

表 10.5　缓和曲线最小长度

设计速度 /(km·h^{-1})	120	100	80	60	40	30	20
缓和曲线最小长度 /m	100	85	70	50	35	25	20

2. 回旋线切线角公式

如图 10.14 所示,回旋线上任一点 P 的切线与 x 轴的夹角称为切线角,用 β 表示。该

角值与 P 点至曲线起点长度 l 所对应的中心角相等。在 P 处取一微分弧段 $\mathrm{d}l$，所对的中心角为 $\mathrm{d}\beta$，于是

$$\mathrm{d}\beta = \frac{\mathrm{d}l}{r} = \frac{l\mathrm{d}l}{A^2}$$

积分得

$$\beta = \frac{l^2}{2A^2} = \frac{l^2}{2Rl_s}$$

当 $l = l_s$ 时，β 以 β_0 表示，上式可以变成 $\beta_0 = \frac{l_s}{2R}(\mathrm{rad})$，以角度表示则为 $\beta_0 = \frac{l_s}{2R} \cdot \frac{180°}{\pi}(°)$。

β_0 即为缓和曲线全长 l_s 所对的中心角，也称为缓和曲线角。

3. 缓和曲线的参数方程

如图 10.14，以缓和曲线起点为坐标原点，过该点的切线为 x 轴，过原点的半径为 y 轴，任取一点 P 的坐标为 (x,y)，则微分弧段 $\mathrm{d}l$ 在坐标轴上的投影为

$$\mathrm{d}x = \mathrm{d}l \times \cos\beta, \mathrm{d}y = \mathrm{d}l \times \sin\beta$$

经过推导得出缓和曲线的参数方程如下

$$x = l - \frac{l^5}{40R^2l_s^2} \qquad y = \frac{l^3}{6Rl_s}$$

当 $l = l_s$ 时，得到缓和曲线终点坐标

$$x_0 = l_s - \frac{l_s^3}{40R^2}, \qquad y_0 = \frac{l_s^2}{6R}$$

4. 缓和曲线的主点测设

（1）内移值 p 与切线增值 q 的计算

如图 10.15 所示，在直线与圆曲线之间插入缓和曲线时，必须将原有的圆曲线向内移动距离 p，才能使缓和曲线的起点位于直线方向上，这时切线增长 q。公路上一般采用圆心不动的平行移动方法，即未设缓和曲线时的圆曲线为弧 FG，其半径为 $(R + p)$；插入两端缓和曲线 AC 和 BD 后，圆曲线向内移，其保留部分为弧 CMD，半径为 R，所对的圆心角为 $(\alpha - 2\beta_0)$。

测设时必须满足的条件为：$\alpha \geq 2\beta_0$，否则应缩短缓和曲线长度或加大圆曲线半径使之满足条件。由图 10.14 可知

$$p = y_0 - R(1 - \cos\beta_0), q = x_0 - R\sin\beta_0 \tag{10.2}$$

经过推导有

$$p = \frac{l_s^2}{24R}, q = \frac{l_s}{2} - \frac{l_s^3}{240R^2} \tag{10.3}$$

根据此式可知，内移距 p 等于缓和曲线中点纵坐标 y 的两倍；切线增值约为缓和曲线长度的 $\frac{1}{2}$，缓和曲线的位置大致是一半占用直线部分，另一半占用圆曲线部分。

（2）平曲线测设元素

当测得转角 α，圆曲线半径 R 和缓和曲线长 l_s 确定后，即可计算切线角、内移值和切线增值。在此基础上计算平曲线测设元素。

切线长

$$T_{\text{H}} = (R + p)\tan\frac{\alpha}{2} + q$$

曲线长

$$L_{\text{H}} = R(\alpha - 2\beta_0)\frac{\pi}{180°} + 2l_{\text{s}}$$

或

$$L_{\text{H}} = R\alpha\frac{\pi}{180°} + l_{\text{s}}$$

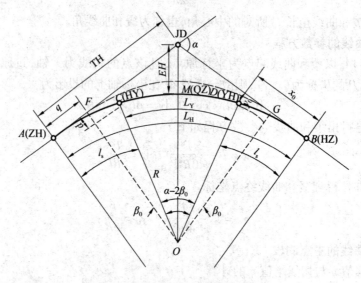

图 10.15　带有缓和曲线的平曲线

其中圆曲线长

$$L_{\text{Y}} = R(\alpha - 2\beta_0)\frac{\pi}{180°}$$

外距

$$E_{\text{H}} = (R + p)\sec\frac{\alpha}{2} - R$$

切曲差

$$D_{\text{H}} = 2T_{\text{H}} - L_{\text{H}}$$

（3）平曲线主点测设

根据交点的里程和平曲线测设元素,计算主点里程:

直缓点　　　　　　　ZH = JD − TH

缓圆点　　　　　　　HY = ZH + l_{s}

圆缓点　　　　　　　YH = HY + L_{Y}

缓直点　　　　　　　HZ = YH + l_{s}

曲中点　　　　　　　QZ = HZ − L_{H}/2

交点　　　　　　　　JD = QZ + D_H/2（校核）

主点 ZH、HZ、QZ 的测设方法与圆曲线的主点测设方法一致,HY、YH 点可通过计算 x_0、y_0 用切线支距法测设。

5. 缓和曲线的详细测设

（1）切线支距法

切线支距法是以直缓点或缓直点作为坐标原点，以过原点的切线为 x 轴，以过原点曲率半径方向为 y 轴，利用缓和曲线和圆曲线上各点的坐标可按缓和曲线参数方程式计算，即

$$x = l - \frac{l^5}{40R^2l_s^2}, y = \frac{l^3}{6Rl_s} \tag{10.4}$$

如图 10.16 所示，圆曲线上各点坐标的计算公式如下

$$x = R\sin\varphi + q, y = R(1 - \cos\varphi) + p \tag{10.5}$$

其中

$$\varphi = \frac{l}{R} \cdot \frac{180°}{\pi} + \beta_0$$

式中　　l——该点到缓圆点或圆缓点的曲线长，仅为圆曲线部分的长度。

再算出缓和曲线和圆曲线上各点坐标后，即可按照圆曲线切线支距法的测设方法进行设置。

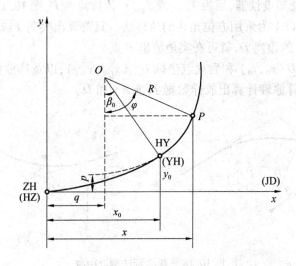

图 10.16　切线支距法

（2）偏角法

用上述切线支距法算出缓和曲线和圆曲线上各点的坐标，偏角法测设平曲线时，可将经纬仪安置在 ZH 或 HZ 点进行测设。如图 10.17 所示，设平曲线上任意一点 P 的支距坐标为 (x, y)，则其偏角 δ 和弦长 c 为

$$\delta = \text{arccot}\frac{y}{x}, c = \sqrt{x^2 + y^2} \tag{10.6}$$

计算出平曲线上各点的偏角和弦长后，将经纬仪置于 ZH 或 HZ 点上，与偏角法测设圆曲线的方法相似进行测设。

（3）极坐标法

由于全站仪在公路工程中的广泛使用，极坐标法已成为平曲线测设的一种简便、迅速、精确的方法。

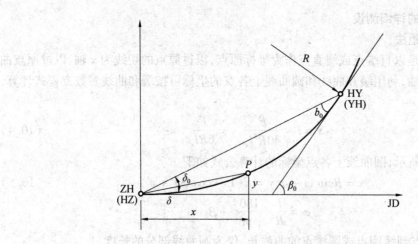

图 10.17   偏角法测设平曲线

极坐标测设的基本原理是以控制导线为依据,以角度和距离交会定点。如图 10.18 所示,在导线点 T_i 处架设仪器,后视 T_{i-1}(或 T_{i+1}),待放点为 P,图 10.18(a) 为采用夹角 J 的放样法,图 10.18(b) 为采用方位角 A 的放样法。只要算出夹角 J 或方位角 A 和仪器放置点 T_i 到待放点 P 的距离 D,就可在实地放出 P 点。

根据测站坐标 $D_i(x_0,y_0)$ 和后视点坐标 $D_{i-1}(x_{i-1},y_{i-1})$,以及待放样点 P 的坐标(x_P, y_P),即可按坐标反算原理计算出放样数据 J(或 A) 和 D。

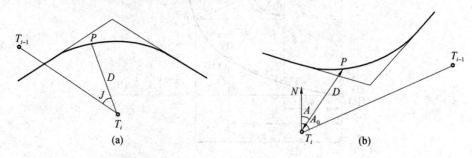

图 10.18   极坐标法测设中桩

10.1.5   中线逐桩坐标计算

对于一条道路而言,其中桩数目众多,因此,中线逐桩坐标表通常是通过计算机程序编制的。而目前在高等级道路的设计文件中,要求编制中线逐桩坐标表。如果在中线测量时采用红外测距仪或全站仪,也会给测设带来诸多方便。在这里我们了解原理并会简单推算即可。

如图 10.19 所示,交点 JD 的坐标(X_{JD},Y_{JD}) 已经测定,路线导线的坐标方位角和边长 S 按坐标反算求得。在各圆曲线半径 R 和缓和曲线 i、$i + 1$ 长度 l_s 后,根据各桩的里程桩号,按下述方法即可推算出 $i - 1$、i 相应的坐标值 X、Y。

1. HZ 点至 ZH 点之间的中桩坐标计算

如图 10.19 所示,此段为直线,桩点的坐标按下式计算

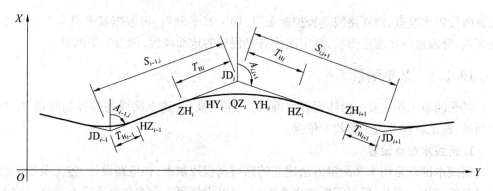

图 10.19　中桩坐标计算图

$$X_i = X_{HZ_{i-1}} + D_i \cos A_{i-1,i}$$

$$Y_i = Y_{HZ_{i-1}} + D_i \sin A_{i-1,i} \tag{10.7}$$

其中，$A_{i-1,i}$ 为路线导线 JD_{i-1} 至 JD_i 的坐标方位角，D_i 为桩点至 HZ_{i-1} 点的距离，即桩点里程与 HZ_{i-1} 点里程之差；$X_{HZ_{i-1}}$、$Y_{HZ_{i-1}}$ 为 HZ_{i-1} 点的坐标，由下式计算

$$X_{HZ_{i-1}} = X_{JD_{i-1}} + T_{H_{i-1}} \cos A_{i-1,i}$$

$$Y_{HZ_{i-1}} = Y_{JD_{i-1}} + T_{H_{i-1}} \sin A_{i-1,i} \tag{10.8}$$

式中　$X_{JD_{i-1}}, Y_{JD_{i-1}}$——交点 JD_{i-1} 的坐标；

$T_{H_{i-1}}$——切线长。

2. ZH 点至 YH 点之间的中桩坐标计算

此段包括第一缓和曲线及圆曲线，可先计算出切线支距坐标 (x,y)，然后通过坐标变换将其转换为测量坐标 (X,Y)。坐标变换公式为

$$X_i = X_{ZH_i} + x_i \cos A_{i-1,i} - y_i \sin A_{i-1,i}$$

$$Y_i = Y_{ZH_i} + x_i \sin A_{i-1,i} + y_i \cos A_{i-1,i} \tag{10.9}$$

在运算过程中，当曲线为左转角时，y_i 应以负值代入。

3. YH 点至 HZ 点之间的中桩坐标计算

此段为第二缓和曲线，可先计算支距坐标再按照下式转换为测量坐标

$$X_i = X_{ZH_i} - x_i \cos A_{i-1,i} + y_i \sin A_{i-1,i}$$

$$Y_i = Y_{ZH_i} - x_i \sin A_{i-1,i} - y_i \cos A_{i-1,i} \tag{10.10}$$

在运算过程中，当曲线为右转角时，y_i 应以负值代入。

10.2　道路纵横断面测量

　　路线纵端面测量又称中线高程测量，它的任务是道路中线测定之后，测定中线各里程桩的地面高程，供路线纵断面图点绘地面线和设计纵坡之用。横断面测量是测定路中线各里程桩两侧垂直于中线方向的地面高程，供路线横断面图绘出地面线、路基设计、土石方数量计算以及施工边桩放样等使用。

　　路线纵断面高程测量采用水准测量。为了保证测量精度和有效地进行成果检核，按照"从整体到局部"的测量原则，纵断面测量可分为基平测量和中平测量。一般先是沿路

线方向设置水准点,建立路线高程控制测量,即为基平测量;再根据基平测量测定的水准点高程,分段进行水准点测量,测定路线各里程桩的地面高程,称为中平测量。

10.2.1 基平测量

基平测量工作主要是沿线设置水准点,测定其高程,建立路线高程控制测量,作为中平测量、施工放样及竣工验收的依据。

1. 路线水准点设置

路线水准点是用水准测量方法建立的路线高程控制点,在道路设计、施工及竣工验收阶段都要使用。因此,根据需要和用途不同,道路沿线可布设永久性水准点和临时性水准点。在路线的起终点、大桥两岸、隧道两侧以及一些需要长期观测高程的重点工程附近均应设置永久性水准点,在一般地区也应每隔适当距离设置一个。永久性水准点应为混凝土桩,也可在牢固的永久性建筑物顶面凸出处位置,点位用红油漆画上"×"记号;山区岩石地段的水准点桩可利用坚硬稳定的岩石并用金属标志嵌在岩石上。混凝土水准点桩顶面的钢筋应锉成球面。为便于引测及施工放样方便,还需沿线布设一定数量的临时水准点。临时性水准点可埋设大木桩,顶面钉入大铁钉作为标志,也可设在地面突出的坚硬岩石或建筑物墙角处,并用红油漆标记。

水准点布设的密度,应根据地形和工程需要而定。水准点沿路线布设宜设于道路中线两侧50~300 m范围之内。水准点布设间距宜为1~1.5 km;山岭重丘区可根据需要适当加密为1 km左右;大桥、隧道洞口及其他大型构造物两端应按要求增设水准点。水准点应选在稳固、醒目、易于引测、便于定测和施工放样,且不易被破坏的地点。

水准点用"BM"标注,并注明编号、水准点高程、测设单位及埋设的年月。

2. 基平测量的方法

基平测量时,首先应将起始水准点与附近国家水准点进行联测,以获取绝对高程,并对测量结果进行检测。如有可能,应构成附和水准路线。当路线附近没有国家水准路线或引测困难时,则可参考地形图或用气压表选定一个与实际高程接近的高程作为起始水准点的假定高程。

我国公路水准测量的等级,高速、一级公路为四等,二、三、四级公路为五等。公路有关构造物的水准测量等级应按有关规定执行。

水准点的高程测定,应根据水准测量的等级选定水准仪级水准尺,通常采用一台水准仪在水准点间作往返观测,也可用两台水准仪作单程观测。具体观测及计算方法也可参阅水准测量一章。

基平测量时,采用一台水准仪往返观测或两台水准仪单程观测所得高差不符值应符合水准测量的精度要求,且不得超过容许值。

高速、一级公路:

(1) 平原微丘区:$f_{h容} = \pm 20\sqrt{L}\,(\text{mm})$;

(2) 山岭重丘区:$f_{h容} = \pm 0.6\sqrt{n}\,(\text{mm})$或$f_{h容} = \pm 25\sqrt{L}\,(\text{mm})$。

二、三、四级公路:

（1）平原微丘区：$f_{h容} = \pm 30\sqrt{L}\,(\mathrm{mm})$；

（2）山岭重丘区：$f_{h容} = \pm 45\sqrt{L}\,(\mathrm{mm})$。

式中　　L——水准点的路线长度,km；

　　　　n——测站数。

当测段高差不符值在规定容许闭合差之内,取其高差平均值作为两水准点间的高差,超出限差则必须重测。

10.2.2　中平测量

中平测量主要是利用基平测量布设的水准点及高程,引测出各桩的地面高程,作为绘制路线纵断面地面的依据。

1. 中平测量的方法

中平测量一般是以两相邻水准点为一测段,从一个水准点开始,逐个测定中桩的地面高程,直至闭合于下一个水准点上。在每一个测站上,除了传递高程、观测转点外,应尽量多地观测中桩。相邻两转点间所观测的中桩,称为中间点,其读数为中视读数。由于转点起着传递高程的作用,在测站上应先观测转点,后观测中间点。转点读数至 mm 级,视线长不大于 150 mm,在转点处,水准尺应立于尺垫、稳固的桩顶或坚石上。中间点读数可至 cm 级,视线也可适当放长,立尺应紧靠桩边的地面上。

如图 10.20 所示,水准仪置于 Ⅰ 点,后视水准点 BM_1,前视转点 ZD_1,将读数记入表 10.6 后视、前视栏内。然后观测 BM_1 与 ZD_1 间的中间点 K0 + 000、+ 020、+ 040、+ 060、+ 080,将读数记入中视栏。再将仪器搬至 Ⅱ 点,后视转点 ZD_1,前视转点 ZD_2,然后观测各中间点 K0 + 100、+ 120、+ 140、+ 160、+ 180,将读数分别记入后视、前视和中视栏中。按上述方法继续前测,直至闭合于水准点 BM_2。

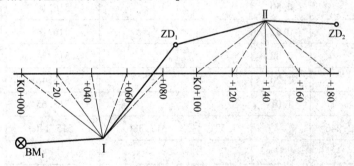

图 10.20　中平测量

中平测量只作单程测量。一测段观测结束后,应计算测段高差 $\Delta h_{中}$。它与基平所测测段两端水准点高差 $\Delta h_{基}$ 之差,称为测段高差闭合差 f_h。测段高差闭合差应符合中桩高程测量精度要求,否则应重测。中桩高程测量的精度要求,其容许误差:高速公路、一级公路为 $\pm 30\sqrt{L}\,(\mathrm{mm})$,二级及二级以下公路为 $\pm 50\sqrt{L}\,(\mathrm{mm})$（其中 L 单位为 km）。中桩高程检测限差:高速公路、一级公路为 ± 5 cm;二级及二级以下公路为 ± 10 cm。中桩高程测量,对需要特殊控制的建筑物、铁路轨顶等,应按规定测出其标高,检测限差为 ± 2 cm。

中桩的地面高程以及前视点高程应按所属测站的视线高程进行计算。每一测站的计

算按下列公式进行：

$$视线高程 = 后视点高程 + 后视读数$$
$$中桩高程 = 视线高程 - 中视读数$$
$$转点高程 = 视线高程 - 前视读数$$

复核　　　　　$$f_{h容}/mm = \pm 50\sqrt{L} = \pm 50\sqrt{1.24} = \pm 56$$

其中　　　　　$$L/mm = K1 + 240 - K0 + 000 = 1.24$$

$$\Delta h_{基}/m = 524.824 - 512.314 = 12.51$$

复核　　　　　$$\Delta h_{中}/m = 524.782 - 512.314 = 12.468$$

$$(\sum a - \sum b)/m = (2.191 + 3.162 + 2.246 + \cdots) - (1.006 + 1.521 + \cdots + 0.606) = 12.468$$

$$\Delta h_{基} - \Delta h_{中} = (12.51 - 12.468)m = 0.042 \ m = 42 \ mm < f_{h容}，精度符合要求。$$

表 10.6　中平测量记录表

测点	水准尺读数/m			视线高程/m	高程/m	备 注
	后视	中视	前视			
BM$_1$	2.191				512.505	
K0 + 000		1.62			512.89	
+ 020		1.90			512.61	
+ 040		0.62			513.89	
+ 060		2.03			512.48	
+ 080		0.90			513.61	
ZD$_1$	3.162		1.006	516.661	513.499	BM$_1$ 高程为基平
+ 100		0.50			516.16	所测，基平测得
+ 120		0.52			516.14	BM$_2$ 高程为
+ 140		0.82			515.84	524.824 m
+ 160		1.20			515.46	
+ 180		1.01			515.65	
ZD$_2$	2.246		1.521	517.386	515.140	
⋮	⋮	⋮	⋮	⋮	⋮	
K1 + 240		2.32			523.06	
BM$_2$			0.606		524.782	

2. 纵断面图的绘制

纵断面图是沿着道路中线方向绘制的反映地面起伏和纵坡设计的线状图，它能表示出各路段纵坡的大小和坡长及中线位置的填挖高度，是道路设计和施工的重要技术文件之一。

如图 10.21 所示，纵断面图由上下两部分组成。在图的上部，从左至右有两条贯穿全

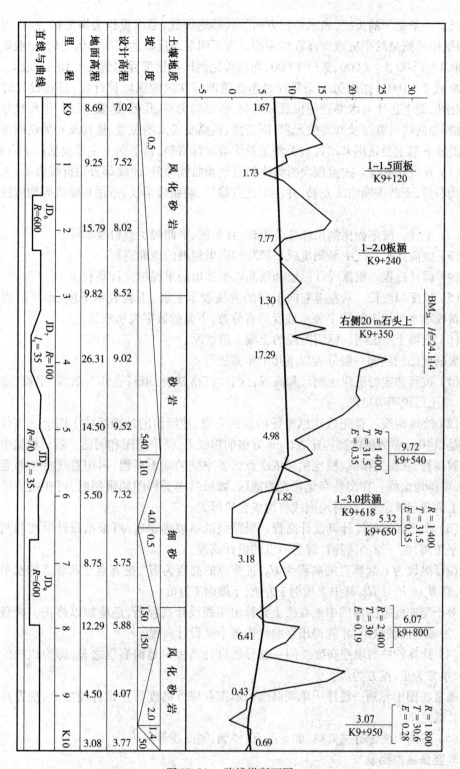

图 10.21　路线纵断面图

图的线。一条是细的折线,表示中线方向的实际地面线,是以里程为横坐标、高程为纵坐标,根据中平测量的中桩地面高程绘制的。为了明显地反映地面的起伏变化,一般里程比例尺取 1∶5 000、1∶2 000 或 1∶1 000,而高程比例尺则比里程比例尺大 10 倍,取 1∶500、1∶200 或 1∶100。图中另一条粗线是包含竖曲线在内的纵坡设计线,是在设计时绘制的。此外,图上还注有水准点的位置和高程,桥涵的类型、孔径、跨数、长度、里程桩号和设计水位,竖曲线示意图及其曲线元素,同公路、铁路交叉点的位置、里程及有关说明等。

图的下部主要是用来填写有关测量及纵坡设计资料,自下而上主要包括以下内容:

(1) 直线与曲线。按里程表明路线的直线和曲线部分,曲线部分用折线表示,上凸表示路线右转,下凸表明路线左转,并注明交点编号、圆曲线半径、带缓和曲线等均应注明其长度。

(2) 里程。按里程比例尺标注公里桩、百米桩、平曲线主点桩及加桩。

(3) 地面高程。按中平测量成果填写相应里程桩的地面高程。

(4) 设计高程。根据设计纵坡和竖曲线推算出的里程桩设计高程。

(5) 坡度和坡长。从左至右向上斜的直线表示上坡,下斜表示下坡,水平的表示平坡。斜线或水平线上的数字表示坡度的百分数,下面的数字表示坡长。

(6) 土壤土质说明。标明路段的土壤土质情况。

纵断面图的绘制一般分为以下几个步骤进行:

(1) 按照选定的里程比例尺和高程比例尺打格制表,填写直线与曲线、里程、地面高程、土壤土质说明等资料。

(2) 绘地面线。首先选定纵坐标的起始高程,使绘出的地面线位于图上适当位置。一般是以 10 m 整数倍的高程定在 5 cm 方格的粗线上,便于绘图和阅图。然后根据中桩的里程和高程,在图上按纵、横比例尺依次点出各中桩的地面高程,再用直线将相邻点顺次连接,可得地面线。在高差变化较大的地区,如果纵向受到图幅限制时,可在适当地段变更图上高程起算位置,此时地面线将构成台阶形式。

(3) 根据纵坡设计计算设计高程。当路线的纵坡确定后,可根据设计纵坡和两点间的水平距离,由一点的高程计算另一点的设计高程。

设计纵坡为 i,起算点的高程为 H_0,推算点的高程为 H_p,推算点至起算点的水平距离为 D,则 $H_p = H_0 + iD$,其中上坡时 i 为正,下坡时 i 为负。

对于竖曲线范围内的中桩在按上式算出切线设计高程后,还应加以修正。按竖曲线凹凸,加减竖曲线纵距,才能得出竖曲线内各中桩设计高程。

(4) 计算各桩的填挖高度。同一桩号的设计高程与地面高程之差,即为该桩的填挖高度,填方为正,挖方为负。

通常在图中专列一栏注明填挖高度。本图在填方高度写在设计线之上,挖方高度写在设计线之下。

(5) 在图上注记有关资料,如水准点、桥涵、竖曲线等。

3. 竖曲线的测设

在路线纵坡变化处,为了行车的平稳和视距的要求,用一段曲线来缓和,这种曲线被称为竖曲线。竖曲线一般采用二次抛物线,有凸形和凹形两种,如图 10.22 所示。

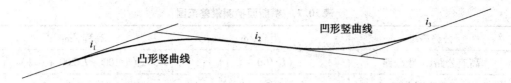

图 10.22　竖曲线

如图 10.23 所示,两相邻纵坡的坡度分别为 i_1、i_2,竖曲线半径为 R,则竖曲线测设元素为:曲线长 $L = \omega R$,ω 为竖曲线相邻纵坡的坡差。由于 ω 较小,有 $\omega = i_1 - i_2$,则有 $L = R(i_1 - i_2)$,切线长 $T = R\tan\dfrac{\omega}{2}$,由于 ω 较小,有 $\tan\dfrac{\omega}{2} = \dfrac{\omega}{2}$,则有

$$T = R\frac{\omega}{2} = \frac{L}{2} = \frac{1}{2}R(i_1 - i_2)$$

如图 10.23 所示,存在 $CD = E$,$AC = T$,根据 $\triangle ACO$ 与 $\triangle ACF$ 相似,可以列出:$R : T = T : 2E$,则有,外距 $E = T^2/(2R)$。同理,可推导竖曲线上任一点 P 距切线的纵距计算公式为

$$y = \frac{x^2}{2R} \tag{10.11}$$

其中,x 为竖曲线上任一点 P 至竖曲线起点或终点的水平距离;y 值在凹形竖曲线中取正号,在凸形竖曲线中取负号。

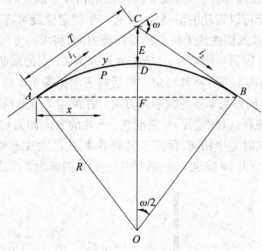

图 10.23　竖曲线测设元素

10.2.3　横断面测量

由于横断面测量时测定中桩两侧垂直于中线的地面线,因此首先要确定横断面的方向,然后在此方向上测定地面坡度变化点和地物特征点与中桩的距离和高差,再按一定比例绘制横断面图。横断面测量的宽度,应根据路基宽度、填挖高度、边坡大小、地形情况以及有关工程的特殊要求而定,一般要求中线两侧各测 10 ～ 50 m,以满足路基和排水设计需要。横断面测绘的密度,除各中桩应施测外,在大、中桥头、隧道洞口、挡土墙等重点工程地段,可根据需要加密,对于地面点距离和高差的测定,一般只需精确至 0.1 m。横断面检测限差见表 10.7。

表 10.7　横断面检测限差范围

公路等级	距离/m	高程/m
高速公路、一级公路	$\pm(L/100+0.1)$	$\pm(h/100+L/200+0.1)$
二级及以下公路	$\pm(L/50+0.1)$	$\pm(h/50+L/100+0.1)$

其中，L 是测点至中桩的水平距离，m；h 是测点至中桩的高差，m。

横断面测量一般分为横断面方向的测定，横断面测量及横断面图的绘制等工作。

1. 横断面方向的测定

横断面方向与路线中线垂直，曲线路段与测点的切线垂直。一般可采用方向架、方向盘定向，精度要求高的横断面定向可用经纬仪、全站仪定向。

（1）直线段横断面方向的测定

直线段横断面方向与路线中线垂直，一般采用方向架测定。如图 10.24 所示，将方向架置于桩点上，方向架上有两个相互垂直的固定片，用其中一个瞄准该直线上任一中桩，另一个所指方向即为该桩点的横断面方向。

（2）圆曲线横断面方向的测定

圆曲线上任意一点的横断面方向即是该点指向圆心的半径方向。圆曲线上横断面方向确定时采用"等角"原理，即同一圆弧上的弦切角相等。测定时一般采用求心方向架，即在方向架上安装一个可以转动的活动片，并有一个固定螺旋可将其固定。

如图 10.25 所示，欲测圆曲线上桩点的横断面方向，将求心方向架置于 ZY 点上，用固定片 ab 瞄准切线方向，则另一固定片 cd 所指方向即为 ZY 点的横断面方向。保持方向架不动，转动活动片 ef 瞄准 1 点并将其固定。然后将方向架搬至 1 点，用固定片 cd 瞄准 ZY 点，则活动片 ef 所指方向即为 1 点的横断面方向。在测定 2 点的横断面方向时，可在 1 点的横断面方向上插上花杆，以固定片 cd 瞄准它，ab 片的方向即为切线方向。此后的操作与测定 1 点横断面方向时完全相同，保持方向架不动，用活动片 ef 瞄准 2 点并固定之。将方向架搬至 2 点，用固定片 cd 瞄准 1 点，活动片 ef 的方向即为 2 点的横断面方向。如果圆

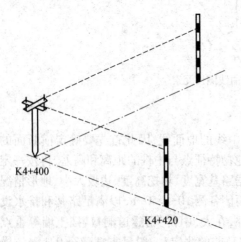

图 10.24　测定直线段横断面方向

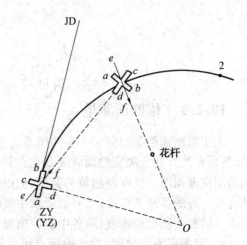

图 10.25　测定圆曲线的横断面方向

曲线上桩距相同,在定出 1 点横断面方向后,保持活动片 ef 原来位置,将其搬至 2 点上,用固定片 cd 瞄准 1 点,活动片 ef 即为 2 点的横断面方向。圆曲线上其他各点也可按上述方法进行。

（3）缓和曲线横断面方向的测定

缓和曲线上任一点的横断面方向,就是该点切线的垂直方向。

① 方向架。如图 10.26 所示,先用公式 $t_d = \dfrac{2}{3}l + \dfrac{l^3}{360R^2}$ 计算,l 为 P 点至 ZH 点的弧长,再从 ZH 点沿切线方向量取 t_d 得 Q 点,将方向架置于测点 P,以固定指针 ab 瞄准 Q 点,则固定指针 cd 方向为 P 点的横断面方向。

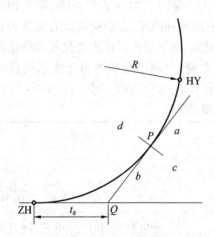

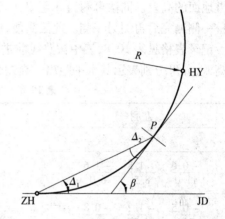

图 10.26　方向架测定横断面方向　　　　图 10.27　方向盘或经纬仪测定横断面方向

② 方向盘或经纬仪。测定横断面方向的原理为"倍角"关系,即缓和曲线上任意一点与起点的弦同该点切线的夹角,等于缓和曲线起点与该点的弦与起点切线夹角的 2 倍,即 $\Delta_2 = 2\Delta_1$。如图 10.27 所示,由缓和曲线关系可知 $\Delta_1 = \dfrac{1}{3}\beta$,$\Delta_2 = \dfrac{2}{3}\beta$。置方向盘或经纬仪于 ZH 点,测出 P 偏角 Δ_1,再将仪器移到 P 点瞄准 ZH 点,拨角 $\Delta_2 = 2\Delta_1$ 即为 P 点的切线方向,然后旋转方向盘指针或经纬仪照准部 90° 即为 P 点的横断面方向,以后各点依次进行。

③ 全站仪。如图 10.28 所示,先用公式 $\beta = \dfrac{l^2}{2Rl_s}$ 计算出 P 点的缓和曲线角,再用路线方位角 θ_i 及 β 计算出 P 点的切线方位角 $\theta = \theta_i \pm \beta$,则 P 点的横断面方向方位角为 $\theta_m = \theta \pm 90°$。利用 P 点坐标 $P(x, y)$ 和 θ_m,可求出 P 点横断面上一点 M 的坐标,用坐标法实地放出 M 点,PM 方向即为 P 点的横断面方向。

2. 横断面的测量方法

常用的测量方法有以下 4 种:花杆皮尺法、水准仪法、经纬仪法、全站仪法。

（1）花杆皮尺法

如图 10.29 所示,A、B、C… 为横断面方向上所选定的变坡点。施测时将花杆立于 A

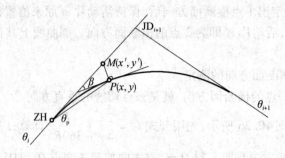

图 10.28　全站仪测定横断面方向

点,从中桩出地面将尺拉平至 A 点的距离,并测出皮尺截于花杆位置的高度,即 A 相对于中桩地面的高差。同法可测得 A 至 B、B 至 C 等的距离和高差,直至所需要的宽度为止。中桩一侧测完后再测另一侧。此法简便,但精度较低,适用于山区地形变化较多的地段。

记录表格见表 10.8,表中按路线前进方向分左侧、右侧。分数的分子表示测段两端的高差,分母分别表示其水平距离。高差为正表示上坡,为负表示下坡。

表 10.8　横断面测量记录表

左侧			桩号	右侧			
....				....			
$\dfrac{-0.6}{11.0}$	$\dfrac{-1.8}{8.5}$	$\dfrac{-1.6}{6.0}$	K4 + 000	$\dfrac{+1.5}{4.6}$	$\dfrac{+0.9}{4.4}$	$\dfrac{-1.6}{7.0}$	$\dfrac{+0.5}{10.0}$
$\dfrac{-0.5}{7.8}$	$\dfrac{-1.2}{4.2}$	$\dfrac{-0.8}{6.0}$	K3 + 980	$\dfrac{+0.7}{7.2}$	$\dfrac{+1.1}{4.8}$	$\dfrac{-0.4}{7.0}$	$\dfrac{+0.9}{6.5}$

(2) 水准仪法

在平坦地区可使用水准仪测量横断面。施测时选一适当位置安置水准仪,后视中桩水准尺读取后视读数,前视横断面方向上各变坡点上水准尺得各前视读数,后视读数分别减去各前视读数即得各变坡点与中桩地面高差。用钢尺或皮尺分别量取各变坡点至中桩的水平距离。根据边坡点与中桩及距离即可绘制横断面。

(3) 经纬仪法

在地形复杂、山坡较陡的地段适合运用经纬仪,将经纬仪安置在中桩上,用视距法测出横断面方向各变坡点至中桩的水平距离和高差。

(4) 全站仪法

在测站安置全站仪,路线中桩上安置棱镜,按全站仪斜距测量中桩至测站斜距,然后移动棱镜于中桩横断面地形变化点,利用全站仪的对边测量功能,可直接测得地形变化点至中桩的斜距、平距及高差。

3. 横断面的绘制

横断面图一般采用现场一边测量一边绘制,方便现场核对。也可以现场记录后再室内绘图。比例尺一般采用 1∶200、1∶100,绘制在方格纸上。绘图时,先将中桩位置标出,然后分左右两侧,按照相应的水平距离和高差,将边坡点标在图纸上,再用直线连接相邻各点,即可得出横断面地面线。如图 10.30 所示为横断面图,其中细线为横断面地面线,粗线为横断面设计线。

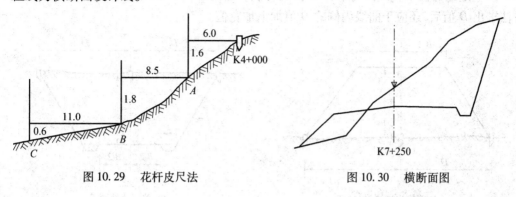

图 10.29　花杆皮尺法　　　　　　　　图 10.30　横断面图

10.3　道路施工测量

道路施工测量主要包括恢复道路中线、路基边桩、路基边坡、结构层的测设等工作。

10.3.1　道路中线恢复

从路线勘测到开始施工经常会出现由于时间过长而引起的丢桩现象,所以施工前要根据设计文件进行道路中桩的恢复,并对原有中线进行复核,保证施工的准确性。

恢复中线的方法与路线中线测量方法基本相同。此外,对路线水准点也应进行复核,必要时应增加一些水准点以满足施工的需求。

常用的方法有延长线法、平行线法。延长线法是在道路转弯处的中线延长线上以及曲线中点 QZ 至交点 JD 的延长线上,测设施工控制桩。平行线法是在线路直线段路基以外测设两排平行于中线的施工控制桩。控制桩的间距一般为 20 m。

10.3.2　路基边桩的放样

路基边桩的测设就是在地面上将每一个横断面的路基边线与地面的交点用木桩标定出来。边桩的位置由两侧边桩至中桩的距离来确定。经常用到的方法有:图解法、解析法。

1. 图解法

直接在横断面上量取中桩至边桩的距离,然后在实地上用皮尺沿横断面方向测量并确定位置。挖方较少时适合此方法。

2. 解析法

(1)平坦地段路基边桩的测设

填方路基称为路堤,挖方路基称为路堑。路堤边桩至中桩的距离为 $D = \dfrac{B}{2} + m \cdot h$,路堑边桩至中桩的距离为 $D = \dfrac{B}{2} + s + m \cdot h$,式中的 B 为路基设计宽度;m 为设计的边坡系

数;h 为路基中心填土高度或挖土深度;s 为路堑边沟顶宽,如图 10.31 所示。

以上是断面位于直线段时求算 D 值的方法。若断面位于曲线上有加宽时,在以上述方法求出 D 值后,还应于曲线内侧的 D 值加上加宽值。

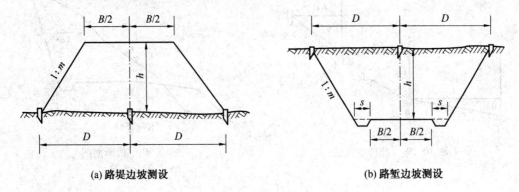

(a) 路堤边坡测设   (b) 路堑边坡测设

图 10.31   边坡测设

(2) 倾斜地段路基边桩的测设

在倾斜地面计算时,应考虑地面横向坡度的影响,如图 10.32 所示。

路堤边桩至中桩的距离 $D_{上}$、$D_{下}$ 为:

斜坡上侧:$D_{上} = \dfrac{B}{2} + m(h_{中} - h_{上})$;斜坡下侧:$D_{下} = \dfrac{B}{2} + m(h_{中} + h_{下})$

路堑边桩至中桩的距离 $D_{上}$、$D_{下}$ 为:

斜坡上侧:$D_{上} = \dfrac{B}{2} + s + m(h_{中} + h_{上})$;斜坡下侧:$D_{下} = \dfrac{B}{2} + s + m(h_{中} - h_{下})$

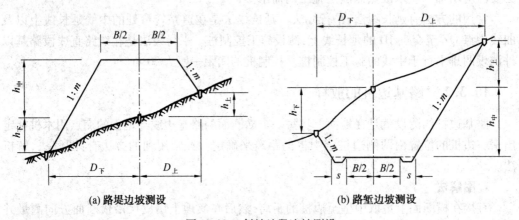

(a) 路堤边坡测设   (b) 路堑边坡测设

图 10.32   斜坡地段边坡测设

式中,B、S、m 同上,$h_{中}$ 为中桩处的填挖高度,$h_{上}$、$h_{下}$ 为斜坡上、下侧边桩与中桩的高差,在边桩未定出之前为未知数,所以 $D_{上}$、$D_{下}$ 不能直接量出,而是采用逐渐趋近的方法来实现,其方法步骤为:

   ① 根据 $h_{中}$ 和地面横坡的大小,先假定 D',并据此初步定出边桩;

   ② 实测此桩与中桩的高差 h',代入上面公式计算出 D;

   ③ 若 $D = D'$,即边桩放样正确,否则调整边桩位置并量出 D'' 和实测出 h'',再计算 D,一

般 2 ～ 3 次即可完成。

10.3.3　路基边坡的放样

路基边桩测设后,为了使填挖的边坡达到设计的坡度要求,还应把设计边坡在实地标定出来,以方便施工。方法有:

(1)用竹竿、绳索测设边坡;

(2)用边坡样板测设边坡。

10.3.4　路面结构层的放样

为了便于测量,通常在施工之前,将线路两侧的导线点和水准点引测到路基上,以便施工时就近对路面进行标高复核。引测的导线点与水准点和高一级的水准点进行附合或者闭合导线。

施工阶段的测量放样工作依然包括恢复中线、测量边线以及放样高程。路面基层施工测量方法与路面垫层施工测量方法相同,但高程控制值不同。需要计算该路面面层上3 个标高控制点分别是:路面中心线的中桩标高、路面面层左右边缘处的标高、路面面层左右行车道边缘处的标高。路面各结构层的施工放样测量工作依然是先恢复中线,然后由中线控制边线,再放样高程控制各结构层的标高。除面层外,各结构层的路拱横坡按直线形式放样,要注意的是路面的加宽和超高。

路基顶精加工验收的内容包括:路基中线高程、边线高程、路基横坡度、路基宽度、路基压实度、路基的弯沉值等内容。根据设计图纸放出路线中心线及路面边线;在路线两旁布设临时水准点,以便施工时就近对路面进行标高复核。引测的导线点和水准点要和高一级的水准点进行附合或闭合导线。施工阶段的测量放样工作依然包括恢复中线、测量边线以及放样高程。常用机具设备有:蛙式打夯机、柴油式打夯机、手推车、筛子、铁锹等,工程量较大时,大型机械有:自卸汽车、推土机、压路机及翻斗车等。

10.4　桥涵构造物测量

桥涵作为公路的重要组成部分,其在公路建设中的测量工作也是尤为重要的。桥涵测量的主要内容包括桥(涵)位的测量和桥涵施工测量两部分。

10.4.1　桥(涵)位的控制测量

桥位勘测的主要目的是为选择桥址和进行设计提供地形和水文资料,这些资料越详细、全面,就越有利于桥址方案的确定。对于大型的桥梁的桥位确定需要单独进行,必要时路线的位置要服从桥梁的位置。桥位的控制测量包括平面控制和高程控制两部分。

1. 平面控制

桥梁的中心线称为桥轴线,桥轴线两岸控制在 A、B 间的水平距离称为桥轴线长度,桥位控制网的形式如图 10.33 所示。建立桥位控制网的目的是为了按规定精度求出桥轴线的长度和放样墩台的位置。

建立桥位控制网的传统方法是采用三角网,此法只测三角形的内角和一条或两条基线。随着电磁波测距仪的广泛应用,测边已经很容易实现。如果在控制网中只测三角形的边长,从而求算控制点的位置,这种控制网通常称为测边网。测边网有利于控制纵向误差及长度误差,而测角网有利于控制方向误差即横向误差。为了充分发挥二者的优点,可布设同时测角和测边的控制网,这种控制网称为边角网。

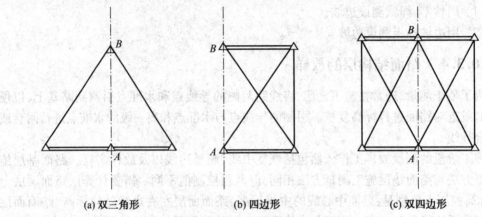

(a) 双三角形   (b) 四边形   (c) 双四边形

图 10.33　桥位平面控制网形式

在桥梁边角网中,角度和边长的测量比较灵活。可在测角网的基础上按需要加测若干个边长,或在测边网的基础上加测若干个角度。测角网、测边网、边角网三者只是在观测要素方面不同,而观测方法及布设形式是相同的。此外,桥位三角网的布设要求控制点选在不被水淹、不受施工干扰的地方。桥轴线应与基线一端连接且尽可能正交。基线长度一般不小于桥轴线长的70%,困难地段不小于50%。

桥位三角网的主要技术要求应符合表 10.9 的规定。

表 10.9　桥位三角网主要技术指标

等级	桥轴线长度 /m	测角中误差 /(")	桥轴线相对中误差	基线相对中误差	三角形最大闭合差 /(")
五	501 ~ 1 000	±5.0	1/20 000	1/40 000	±15.0
六	201 ~ 500	±10.0	1/10 000	1/20 000	±30.0
七	≤200	±20.0	1/5 000	1/10 000	±60.0

桥位三角网基线观测采用精密量距法或测距仪测距法,三角网水平角观测采用方向观测法。桥轴线、基线及水平角观测的测回数应满足表 10.10 所示。

表 10.10　桥位三角网观测技术要求

等级	丈量测回数		测距仪测回数		方向观测法测回数		
	桥轴线	基线	桥轴线	基线	J1	J2	J6
五	2	3	2	3	4	6	9
六	1	2	2	2	2	4	6
七	1	1	1 ~ 2	1 ~ 2		2	4

2. 高程控制

桥位的高程控制,一般是在路线基平测量时建立。当路线跨越水面宽度在 150 m 以上的河流、海湾、湖泊时,两岸水准点的高程应采用跨河水准测量的方法建立。桥梁在施工过程中,还必须加设施工水准点。所以桥址高程水准点不论是基本水准点还是施工水准点都应根据其稳定性和应用情况定期检测,以保证施工高程放样测量和以后桥梁墩台变形观测的精度。检测间隔期一般在标石建立初期应短一些,随着标石稳定性逐步提高,间隔期也逐步加长。桥址高程控制测量采用的高程基准必须与其连接的两端路线所采用的高程基准一致,一般采用国家高程基准。

10.4.2　桥涵施工测量

在桥梁墩、台施工测量中,最主要的工作是准确地定出桥梁墩、台的中心位置及墩、台的纵横轴线。所谓墩、台施工定位即测设墩、台的中心位置。在墩、台定位以后,还要测设出墩、台的纵横轴线及固定墩、台的方向。

1. 墩、台定位

墩、台定位所根据的资料为桥轴线控制桩的里程和墩、台中心的设计里程,若为曲线桥梁,其墩、台中心有的位于路线中心线上,有的位于路线中心外侧,依次还需要考虑设计资料、曲线要素及主点里程等。

直线桥梁的墩、台中心均位于桥轴线方向上,如图 10.34 所示,已知桥轴线控制桩 A、B 及各墩、台中心的里程,由相邻两点的里程相减,可得期间的距离。墩、台定位的方法,视河宽、水深及墩、台位置的情况而异。根据条件一般可采用直接丈量法、电磁波测距法或交会法。

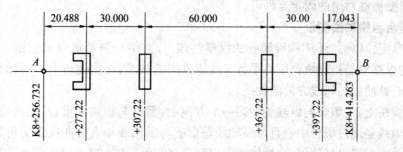

图 10.34　桥梁墩、台平面图

（1）直接丈量法

当桥梁墩、台位于无水河滩上或水面较窄,用钢尺可以跨量时,可用直接丈量法。使用的钢尺需经检定,丈量方法与精密距法相同。由于是测设已知的长度,所以应根据地形条件将其换算为应设置的斜距,并应进行尺长和温度改正。

为保证测设精度,施工的拉力应与检定尺时的拉力相同。在测设的点位上要用大木桩进行标记,在桩上应钉一小钉,最好从一端到另一端,并与终端在桥轴线上的控制桩进行校核,也可从中端向两端测设。按照这种顺序,容易保证每一跨度都满足精度要求。只有在不得已时,才从桥轴线两端的控制桩向中间测设,这样容易将误差积累在中间衔接的

一跨上,因而一定要对衔接的一跨设法进行校核。直接丈量法,其距离必须丈量两次以上作为校核。当校核结果证明定位误差不超过 1.5 ~ 2 cm 时,则认为满足要求。

（2）电磁波测距法

此方法最为迅速、方便,只要墩台中心处可以安置棱镜,而且测距仪与棱镜能够通视,不管中间是否有水流障碍均可采用。若用全站仪,先算出放样墩台的中心坐标,测站点可以选在施工控制网的任意控制点上,用直角坐标法或极坐标法进行定位。

此外,测设时应考虑当时测出的气象参数和测设距离求出的气象改正值。

（3）交会法

如果桥墩所在的位置河水较深致使不能进行丈量,同时不便于采用电磁波测距仪时,则可用角度交会法测设墩位。

用角度交会测设墩位的方法为:利用已有的平面控制点及墩位的已知坐标,如图 10.35 所示,计算出在控制点上应测设的角度 α、β,将型号 J_1 或 J_2 的 3 台经纬仪分别安置在控制点 A、B、D 上,从 3 个方向交会得出。交会的误差三角形在桥轴线上的距离 C_2C_3,对于墩底定位不宜超过 25 mm,对于墩顶定位不宜超过 15 mm。再由 C_1 向桥轴线作垂线 C_1C,C 点即为桥墩中心。

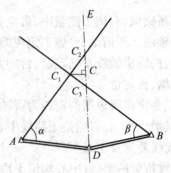

图 10.35　墩、台交会法测设

在桥墩的施工过程中,需要多次交会桥墩的中心位置。但为了简化工作,可把交会方向延伸到对岸并加以固定,这样在以后交会墩位时,只要照准对岸的固定点即可。

2. 墩、台纵横轴线测设

在墩台定位以后,还应测设墩台的纵横轴线,作为墩台细部放样的依据。在直线桥上,墩台的纵横轴是指过墩台中心平行于线路方向的轴线;在曲线桥上,墩台的纵轴线则为墩台中心处曲线的切线方向的轴线。

在直线桥上,各墩台的纵轴线在同一个方向上,而且与桥轴线重合,无需另行测设。墩台的横轴线是通过墩台中心且与纵轴线垂直或与纵轴线垂直方向成斜交角度的,测设时应在墩台中心架设经纬仪,自桥轴线方向测设 90° 角或 90° 减去斜交角度,即为横轴线方向。因各个墩台的纵轴线是同一个方向,且与桥轴线重合,所以用桥轴线的控制桩作为护桩。墩台横轴线的护桩每侧均不应少于两个。护桩的位置应设在施工场地外一定距离处。当工期较长时,应对护桩采取保护措施。在施工过程中需要经常恢复纵横轴线的位置,所以需要将这些方向及护桩标在地面上,如图 10.36 所示。

在曲线桥上,若墩台中心位于路线中线上,则墩台的纵轴线为墩台中心曲线的切线方向,而横轴与纵轴垂直。如图 10.37 所示,假定相邻墩台中心间曲线长度为 l,曲线半径为 R,测设时,在墩台中心安置经纬仪,自相邻的墩台中心方向测设 $\dfrac{\alpha}{2}$ 角,即得纵轴线方向,自纵轴线方向再测设 90° 角,即得横轴线方向。若墩台中心位于路线中线外侧时,首先按上述方法测设中线上的切线方向和横断面方向,然后根据设计资料给出的墩台中心外移值将测设的切线方向平移,即得墩台中心纵轴线方向。在纵横轴线方向上,每侧至少要钉设两个护桩。

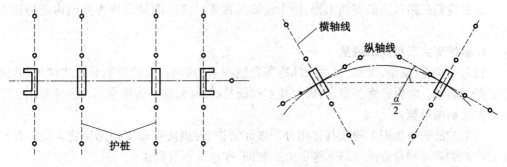

图 10.36　直线桥墩、台护桩布设　　　　　图 10.37　曲线桥墩、台护桩布设

10.4.3　涵洞施工测量

涵洞施工测量时,首先根据设计图纸上涵洞的里程,放出涵洞轴线与道路中线的交点,然后根据涵洞轴线与道路中线的夹角,放出涵洞的轴线方向。

直线上的涵洞放样时,可根据涵洞的里程,自附近测设的里程桩沿路线方向量取相应距离即可得出涵洞线与道路中线的交点。

曲线上的涵洞放样时,采用曲线测设的方法定出涵洞与道路中线的交点。根据地形条件,涵洞轴线与路线存在正交与斜交两种形式。我们将经纬仪安置在涵洞线与道路中线的交点处,测设出已知的夹角,这样得出涵洞轴线的方向,如图 10.38 所示。涵洞轴线通常用大木桩作为标志桩,其位置一般应在涵洞的施工范围以外,且每侧两个。自涵洞轴线与道路中线的交点处沿涵洞轴线方向量出涵长,即得涵洞口的位置,洞口位置用小木桩作标注。

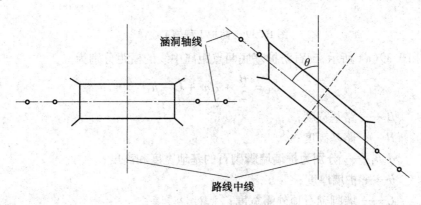

图 10.38　涵洞轴线放样

涵洞基础及基坑的边线根据涵洞的轴线测设,在基础轮廓线的转折处要设置木桩。开挖基础要根据开挖的深度及土质情况定出边坡线。基础砌筑完毕后,安装涵管或砌筑端墙时,各个细部的放样均以涵洞的轴线作为放样的依据。涵洞细部的高程放样,一般是

利用附近的水准点用水准仪测设。

10.4.4　其他构造物施工测量

通常我们把路基防护支挡工程、排水设施工程等的施工测量统称为其他构造物施工测量。

1. 防护支挡工程施工测量

公路受水流、波浪、雨水、风力及冰冻等自然因素的影响,因此可能导致边坡坍塌、路基破损等病害。为保证路基稳定,做好排水设施是必须的,此外需根据当地条件采用必要的防护及加固措施。

路基的防护与加固工程按其作用分为坡面防护、冲刷防护和支挡结构物3类。其中坡面防护的施工测量方法与路基施工方法相同,在这里不再赘述。

对于冲刷防护有直接与间接防护两种,直接防护主要是砌石护坡,常见的形式如图10.39所示。间接防护形式有丁坝、顺坝等,其位置可以根据路线的中线位置放样或根据设计计算其坐标进行放样。

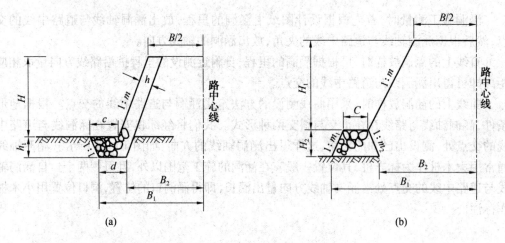

图 10.39　防护工程施工放样

如图 10.39(a)所示,砌石防护基底两点距离中线的横距分别为

$$B_1 = \frac{B}{2} + Hm + C - h_1 \tag{10.12}$$

式中　　B——路基宽度;

　　　　H——路基高度;

　　　　d, h_1——分别为护墙墙脚砌石的基地宽度和高度;

　　　　h——护墙厚度;

　　　　C——墙脚砌石顶外露宽度;

　　　　B_1, B_2——分别墙脚基底外侧和内侧至路基中心的宽度。

$$B_2 = B_1 - d \tag{10.13}$$

如图 10.39(b)所示,砌石基底两点距离中线的中点距离分别为

$$B_1 = \frac{B}{2} + H_1 m + C + H_2 m_1 \qquad (10.14)$$

$$B_2 = \frac{B}{2} + H_1 m - H_2 m_2 \qquad (10.15)$$

式中　B——路基宽度；

　　　H_1——砌石顶至路基顶高度；

　　　H_2——砌石高度；

　　　C——砌石顶宽度；

　　　B_1，B_2——分别为砌石基底外侧和内侧至路基中心的距离。

施工测量时分别从中线对应的中桩处沿横断面方向量取 B_1、B_2 值,即可放样处基底的平面位置,然后用水准仪测量基底标高以确定是否达到设计标高。基底平面位置的坐标也可用对应的中桩坐标和横距值计算出,然后用全站仪按坐标法进行放样。

2. 排水设施施工测量

路基排水设施有边沟、截水沟、排水沟、跌沟、急流槽、蒸发池、明沟、暗沟、渗沟及渗井等,施工放样前一般首先计算出这些排水设施平面中线或轴线与路基中线的相对位置,例如横距或坐标等,施工放样时可根据路基中线位置放样出排水设施的中线,然后用水准仪按设计高程值放样排水设施的施工标高。

思考题与习题

1. 名词解释:交点、转点、转角、里程桩、缓和曲线、基平测量、中平测量。

2. 已知路线交点处的右角 β:(1)$\beta = 210°42'$;(2)$\beta = 162°06'$,试计算路线的转角值,并说明是左转角还是右转角。

3. 在路线右角测定后,保持原度盘位置,如果后视方向的读数为 $32°40'00''$,前视方向的读数为 $172°18'12''$,试求出分角线方向的度盘读数。

4. 已知交点的里程桩号为 K4 + 300.18,测得转角 $\alpha_{左} = 24°18'$,圆曲线半径 $R = 500$ m。请完成如下计算:(1)圆曲线测设元素和主点里程桩号;(2)按切线支距法和偏角法详细测设曲线的数据。

5. 什么是正拨? 什么是反拨? 如果某桩点的偏角值为 $3°18'24''$,在反拨的情况下,要使该桩点方向的水平度盘读数为 $0°00'00''$,在瞄准切线方向时,读盘读数应配置在多少?

6. 已知交点的里程桩号为 K5 + 327.56,测得转角 $\alpha_{左} = 37°16'$,圆曲线半径 $R = 300$ m,缓和曲线长 $l_s = 60$ m。试计算该曲线的测设元素、主点里程桩号,并说明主点的测设方法。

7. 路线纵断面测量分哪两步? 其概念为何?

8. 纵断面图反映的内容有哪些?

9. 道路横断面测量主要有哪些方法?

10. 道路施工测量中需要注意的问题有哪些?

参考文献

[1] 许娅娅,雒应. 测量学[M]. 北京:人民交通出版社,2009.

[2] 过静君,刘永明. 土木工程测量[M]. 武汉:武汉理工大学出版社,2003.

[3] 姬玉华,夏冬君. 测量学[M]. 哈尔滨:哈尔滨工业大学出版社,2008.

[4] 朱爱民,郭宗河. 土木工程测量[M]. 北京:机械工业出版社,2008.

[5] 聂让,许金良. 公路施工测量手册[M]. 北京:人民交通出版社,2000.

[6] 张国辉. 工程测量实用技术手册[M]. 北京:中国建筑工业出版社,2009.

[7] 苗景荣. 建筑工程测量[M]. 北京:中国建筑工业出版社,2009.

[8] 聂让. 全站仪与高等级公路测量[M]. 北京:人民交通出版社,1997.

[9] 中华人民共和国国家标准. GB/T 7929—1995 1:500,1:1 000,1:2 000 地形图图式[S]. 北京:国家质量技术监督局,2007.

[10] 中华人民共和国国家标准. GB 50026—2007 工程测量规范[S]. 北京:国家质量技术监督局,2007.

[11] 中华人民共和国国家标准. GB/T 18315—2001 全球定位系统(GPS)测量规范[S]. 北京:国家质量技术监督局,2001.

[12] 中华人民共和国行业标准. JTG C10—2007 公路勘测规范[S]. 北京:人民交通出版社,2007.

[13] 中华人民共和国行业标准. JTG/T C10—2007 工程勘测细则[S]. 北京:人民交通出版社,2007.

[14] 中华人民共和国行业标准. JTG D20—2006 公路路线设计规范[S]. 北京:人民交通出版社,2006.